U0410104

现代中小学教育建筑设计理念与实践

DESIGN CONCEPT AND PRACTICE OF MODERN PRIMARY AND MIDDLE SCHOOL BUILDINGS

马 迪 赵小龙 陈 弘 魏丹枫 | 著

中国建筑工业出版社

图书在版编目（CIP）数据

现代中小学教育建筑设计理念与实践 = DESIGN CONCEPT AND PRACTICE OF MODERN PRIMARY AND MIDDLE SCHOOL BUILDINGS / 马迪等著. --北京：中国建筑工业出版社，2024.4

ISBN 978-7-112-29741-2

Ⅰ.①现… Ⅱ.①马… Ⅲ.①中小学—教育建筑—建筑设计 Ⅳ.①TU244.2

中国国家版本馆CIP数据核字（2024）第072550号

中小学教育是我国基础教育的主要组成部分，也是我国在读规模最大的教育类型。随着现代教育理念和教学模式的变化，对中小学教育建筑空间的需求也在逐渐转型。然而，当前出版的有关中小学教育建筑图书大多是纯理论的读本或者是实践作品的集合，而缺少在工程实践基础上的理论著作。本书内容主要是浙江工业大学工程设计集团有限公司的建筑师以及浙江工业大学建筑系教师近年来在中小学教育建筑方面的理论研究、工程设计与实践案例的多维呈现，并以理论思考+案例评析的顺序和形式展开。全书分为理论研究和设计实践两大部分共8个章节，全书总体按照“需求转型—历史演进—现状问题—空间策略—范例实证”的逻辑思路撰写，为提升读者阅读体验，加深对教育建筑的理解，本书在最后部分提供了浙江工业大学工程设计集团公司近年来实践的24个中小学教育建筑设计案例，并对每个案例都进行了评析，包括总体理念、总体布局、造型材料、空间组织以及设计感悟等内容，由此形成一本基础理论扎实、专业指导性强、理论实践相结合的教育建筑设计指南。

本书可作为广大建筑师、城乡规划设计师、风景园林师、高等建筑院校师生、中小学学校以及教育管理部门等相关人员学习和参考。

责任编辑：吴宇江　刘颖超
文字编辑：谢育珊　周志扬
书籍设计：锋尚设计
责任校对：王　烨

现代中小学教育建筑设计理念与实践
DESIGN CONCEPT AND PRACTICE OF MODERN PRIMARY AND MIDDLE SCHOOL BUILDINGS
马　迪　赵小龙　陈　弘　魏丹枫　著
*
中国建筑工业出版社出版、发行（北京海淀三里河路9号）
各地新华书店、建筑书店经销
北京锋尚制版有限公司制版
临西县阅读时光印刷有限公司印刷
*
开本：880毫米×1230毫米　1/16　印张：18½　字数：560千字
2024年8月第一版　　2024年8月第一次印刷
定价：228.00元
ISBN 978-7-112-29741-2
（42800）

版权所有　翻印必究
如有内容及印装质量问题，请与本社读者服务中心联系
电话：（010）58337283　QQ：2885381756
（地址：北京海淀三里河路9号中国建筑工业出版社604室　邮政编码：100037）

作者简介

马迪：教授级高级工程师，国家一级注册建筑师，浙江大学、湖南大学研究生导师。现任浙江工业大学工程设计集团副总裁、总建筑师，靠近设计事务所创始人、主持建筑师，中国建筑学会理事。主要荣誉：2022亚洲建筑师协会建筑奖金奖获得者、2019—2020中国青年建筑师奖十位获奖者之一、2020杭州市十大青年建筑师。设计作品在国内外获得广泛认可和关注，曾获得包括2023WAF世界建筑节唯一最高奖-年度最佳建筑奖、WA中国建筑奖最高优胜奖、Dezeen Awards、Blueprint Awards, ICONIC Awards, The Architecture Master Prize Awards以及由中国建筑学会、中国勘察设计协会、教育部、浙江省勘察设计协会评选的一系列重要奖项，并收录由中国建筑学会和《建筑学报》杂志社编著的《中国建筑设计作品选2017—2019》一书中。作者还受到中央电视台、美国CNN、新华社、《参考消息》《人民日报》《中国日报》《ChinaDaily》、凤凰卫视中文台、德国World-Architects、法国AD、加拿大CTVNews、中国台湾中时新闻网以及《Domus》《DEZEEN》《世界建筑》《时代建筑》《建筑技艺》《三联生活周刊》“有方空间”“gooood”“ArchDaily”等国内外知名媒体的广泛报道和关注。

赵小龙：浙江诸暨人，副教授，硕士生导师，国家一级注册建筑师。现任浙江工业大学设计与建筑学院院长助理、建筑学学科负责人，主要从事地域建筑设计及其理论方向的教学、研究与工程实践。学术兼职有：中国建筑学会乡土建筑分会委员、中国建筑学会环境行为学术委员会委员、中国建筑学会建筑教育分会理事、浙江省土木建筑学会建筑师分会理事、浙江省科技厅项目评审专家等。主持和参与国家自然科学基金、国家社会科学基金、教育部人文社科项目、浙江省自然科学基金以及浙江省高校重大人文社科攻关计划重点项目等纵向课题15项，主持完成各类重大社会横向、工程设计实践项目近50 项，出版编著1部，发表学术论文30余篇。曾获浙江省建设科学技术奖一等奖、民政部政策理论研究三等奖、浙江省优秀勘察设计三等奖等科研和工程设计奖6项；获浙江工业大学教学成果奖一、二等奖2项，指导学生获国内外各类建筑设计竞赛奖50余项，并多次获优秀指导教师奖。

陈弘：浙江桐乡人，教授级高级工程师，国家一级注册建筑师，浙江工业大学建筑系特聘实践导师。现任浙江工业大学工程设计集团副总建筑师、第一建筑设计研究院院长，长三角建筑学会联盟副秘书长。学术兼职有：中国建筑学会地下空间学术委员会理事、长三角建筑学会联盟资深专家、浙江省勘察设计协会优秀设计评审专家、浙江省教育厅重大项目论证专家、杭州市教育局重大项目论证及施工图质量评审专家、浙江省九年义务教育普通学校建设标准编制组成员等。主持完成浙江省援川抗震救灾省级重点项目“青川木鱼中小学”、浙江省重点项目“临平星灿九年一贯制学校”、学军中学、浙大附中、竞舟小学等知名教育类建筑项目50余项，指导完成省内外各阶段教育类项目100余项。历年来获省、市级勘协优秀勘察设计各等级奖项26项。

魏丹枫：现任浙江工业大学工程设计集团总裁助理、工程设计中心主任，高级工程师、国家一级注册建筑师。曾获2022年度杭州市优秀青年建筑师（共10位），多次荣获浙江省建设工程钱江杯（优秀勘察设计）综合工程一、二等奖，杭州市建设工程西湖杯一、二、三等奖等奖项，参与多项省建设行业标准编写。主创设计且全过程深度参与的杭州拱墅瓜山未来社区入选浙江省首批未来社区，不仅是全国首例城中村改造新方向的探索项目，更是初步形成了“拆改结合”类未来社区建设的实践样本。

序　言

2023年适逢浙江工业大学工程设计集团公司创建40周年，四十年沧海桑田，建筑赋予了我们一把神奇的钥匙，由生长走向繁荣，在不同的时空格局中探索理念并见证传奇。浙江工业大学工程设计集团公司从初创时期一间不足十人的建筑设计室发展到如今员工逾2000人、产值近40亿，业务范围涵盖工程建设全过程的大型综合型设计咨询企业。企业的成长过程也见证了设计师的成长之路，这期间涌现了诸多坚守匠心的优秀设计师，催生了大量具有影响力的建筑设计作品。在回望历史长卷、细数作品点滴的当下，我们又惊喜地发现教育建筑设计作品其实一直都是我们集团公司最靓丽的一张名片。

浙江工业大学工程设计集团作为浙江省教育厅直属的高等院校设计院，它与教育建筑天生结缘。我们集团公司一贯重视教育建筑领域的前瞻性理论研究和创新性应用实践，先后组织编写了《浙江省小学小班化设计图集编制与实践》《九年义务教育普通学校建设标准》《普通高级中学建设标准》等多部行业标准，并努力构建适应新发展理念的现代教育建筑设计标准体系。我们曾在青海、四川震后援建任务中用了短短月余时间完成近40所学校的重建设计。我们还主动回应地域、环境与社会发展关切的问题，积极探索和建构新型的教育理念和教育建筑设计方法体系，先后参与了数百所各类学校项目的设计工作，塑造了一批校园规划和教育建筑典范，为浙江省乃至全国的校园建设发展贡献了“浙工大设计”的智慧与力量。

百年大计，教育先行。教育建筑作为承载教学的重要载体有着不同于其他建筑的特殊使命。新时代背景下的教育正在变得更加灵活、多元、开放，传统的学校建筑已经无法满足新时代的教育和教学需求。教育的高质量发展不仅需要与时俱进的学校建设，也呼唤未来学校的前瞻性设计。我们始终坚持探索和创新的原则，通过丰富的设计经验和多专业融合的技术特长，服务于更加多元化的市场，并致力于赋予校园更丰富的使用功能和视觉形象以及探索教育建筑的未来可能性，从而为城市带来教育发展的新坐标。

这部书稿既是我们集团公司建筑师对教育建筑设计理念的凝练和再思考，也是我们集团公司对教育建筑项目的回顾和盘点，更是全书作者独具匠心的体现。在集团创建40周年之际更有温度、更具意义、更显珍贵。我们愿做教育的寻光者，以设计触发成长的无限可能；我们更愿为追光者领航，以匠心点亮教育的万千星火——与参与此书编写的所有设计师们共勉！

浙江工业大学工程设计集团
党总支书记、董事长　应义淼

前 言

科教兴国是我国的基本国策，中小学校作为最普遍最大量的公共建筑，其建筑与环境质量直接影响着我国基础教育质量。随着社会、经济、科技的快速发展，社会对人才培养目标也提出了新的要求，并促使中小学教育体系、培养方向发生深刻变革。在此背景下，我国中小学教育模式和教学空间的设计面临着全新的挑战。一方面，当前经济社会的快速转型、新一轮科技革命的触发，以及全社会对于美好教育的期望都为中小学教育的变革创造了条件，并提出了空间新需求；另一方面，针对中小学教育建筑，传统的设计思维与习惯使教学空间的设计创新面临着较多的问题与困境。面向新时代、新征程，我国中小学教育变革的新发展、新需求与传统教学空间设计之间的矛盾已十分突出，这迫切需要新的设计理论、设计方法和设计实践。本书以浙江工业大学工程设计集团公司多年来的教育建筑实践为基础，结合中小学教育建筑相关理论研究，提出了在教育理念发展与需求转型背景下现代中小学教育建筑设计的新理念与新思路。

全书共分为8章，按照“需求转型—历史演进—现状问题—空间策略—范例实证”的逻辑思路撰写，使读者对现代中小学教育建筑的设计基础理论和工程实践有了全面的认识。本书第1章主要阐述了当前我国中小学教育发展的主要目标和未来发展的主导方向，提出了新需求背景下师生数量、教育建筑建设规模变化，以及由此引起的城乡建设条件的差异性，并进一步结合中小学生心理发展新变化，总结梳理出教学模式转变下教学空间转型的代表性模式。第2章通过梳理国内外中小学教育建筑规划模式的时空发展特征，构建出一条反映教学空间模式的演进逻辑链，并提出了当前中小学建筑设计中存在的一些问题。第3章、第4章、第5章、第6章主要从校园空间布局、教学空间组合、育人空间环境，以及适应气候、地形地貌、自然环境的教育建筑规划4个层面，并结合大量案例研究现代教育建筑设计的新策略与新方法。第7章则从丰富教育建筑内涵的视角，研究梳理了两类特殊类型的教育建筑设计现状与策略。最后，第8章则收集整理了浙江工业大学工程设计集团公司20多个典型的中小学教育建筑实践案例，并为本书的设计理论研究提供了实证范例。

本书是浙江工业大学工程设计集团公司和浙江工业大学建筑学系的共同研究成果。在前期研究和本书撰写过程中，浙江工业大学建筑学系教师张玛璐博士、建筑学研究生蔡轶各、宋欣雨、郎圣伟、丁瑜坚、石力、陶俊睿、麻天然等师生在资料收集、文字整理、图表绘制方面做了大量辛苦工作。浙江工业大学工程设计集团公司丁坚红、胡伟民、潘丽春三位副总建筑师为本书整体框架构建、设计案例甄选提出了许多建设性的宝贵意见。在此一并表示感谢！同时，还要感谢浙江工业大学工程设计集团公司各个院所为本书提供了大量代表性作品案例！特别要感谢我们集团公司的应义淼董事长、章雪峰总裁两位领导对本书出版的大力支持！

目 录

序言 应义淼

前言

第1章 中小学教育理念发展与需求转型

1.1 当前我国中小学教育发展概述 002
1.1.1 当前发展的主要目标 002
1.1.2 未来发展的主导方向 003

1.2 需求增长驱动下的建设规模发展 004
1.2.1 学生数量增长 004
1.2.2 教师数量增长 005
1.2.3 建设规模攀升 007

1.3 教育体制发展下的建设条件差异 009
1.3.1 招生制度 009
1.3.2 办学主体 010
1.3.3 城乡分异 012
1.3.4 公益援建 014

1.4 教育学科发展对学生心理的关注 016
1.4.1 中小学学生心理发展逐渐受到重视 016
1.4.2 中小学学生心理发展特征 017

1.5 教学模式转变下的空间需求转型 020
1.5.1 以“编班授课制”为代表的工业化教学模式 020
1.5.2 以“素质教育”为核心的人本化多元教学理念 021
1.5.3 新时期强调跨学科实践的综合性教学理念 023

第2章

中小学教育建筑规划模式特征与演进

2.1 工业革命前的教育空间演变历程 026
2.1.1 文字与口语作为媒介时期 027
2.1.2 依托于教育工作者的文化传递时期 027
2.1.3 东西方教育空间模式的雏形 028
2.1.4 印刷术带来的初等教育与空间形态演进 030
2.1.5 早期东西方教育建筑空间布局差异 032

2.2 以物质功能分区为主导的空间布局模式 033
2.2.1 工业化教育体系的形成 033
2.2.2 强化行政功能的总体布局 033
2.2.3 教学平面空间组织模式 035
2.2.4 空间形式的制约与尝试 036

2.3 以功能多元复合为导向的开放布局模式 036
2.3.1 开放式教育理念的出现 036
2.3.2 注重灵活开放的总体布局 037
2.3.3 开放式教学空间设计 039
2.3.4 与交通空间结合的公共空间 041

2.4 城市高密度桎梏下的模式突破 043
2.4.1 垂直校园模式 043
2.4.2 固有意象改变 046
2.4.3 城市界面融合 049

2.5 当前中小学教育建筑设计反思 050
2.5.1 总体空间布局封闭 050
2.5.2 活动空间形式固化 050
2.5.3 智慧节能有待提升 051

第3章

特色共享的校园空间布局

3.1 校地共享模式 054
3.1.1 体育设施空间共享 054
3.1.2 学习设施空间共享 058
3.1.3 中小学接送集散空间 060

3.2 校内共享空间 064
3.2.1 走廊过厅空间 064
3.2.2 屋面平台空间 067
3.2.3 地下空间 070

第 4 章
多元融合的教学空间组合

4.1 “走班制”模式下的教学空间组织 074
4.1.1 “走班制”教学模式的空间需求 074
4.1.2 “走班制”模式下的校园空间组织 074
4.2 “跨学科”交流下的校园布局模式 078
4.2.1 STEAM 教育模式下教学空间的转变 078
4.2.2 STEAM 教育模式下的教学空间组织 078
4.3 “混龄”编班下教学空间的发展趋势 080
4.3.1 “混龄”编班教育模式的发展 080
4.3.2 “混龄”编班的教学空间特征 081

第 5 章
智慧绿色的育人空间环境

5.1 智慧校园建设 086
5.1.1 智慧校园平台 086
5.1.2 大数据交换中心 087
5.2 绿色育人空间 088
5.2.1 绿色校园设计 088
5.2.2 被动式低能耗措施 092
5.2.3 主动式辅助节能措施 096

第 6 章
因地制宜的教育建筑规划

6.1 气候因素影响 100
6.1.1 气候因素影响下的建筑布局 100
6.1.2 气候因素影响下的建筑形态 103
6.2 地形地貌影响 107
6.2.1 地形地貌影响下的建筑布局 107
6.2.2 地形地貌影响下的建筑组群 110
6.3 利用自然环境 113
6.3.1 环境因素影响下的建筑形态 113
6.3.2 优化教育建筑空间整体环境 117

第 7 章

特殊类型
中小学教育建筑

7.1 职业技术中学 122
7.1.1 职业技术中学的现状 122
7.1.2 基于特定培养的空间需求 124
7.1.3 空间设计策略 126

7.2 特殊教育学校 130
7.2.1 特殊教育学校的现状 131
7.2.2 基于行为障碍特征的空间需求 134
7.2.3 空间设计策略 136

第 8 章

中小学教育
建筑实践
案例评析

8.1 守正创新 144

8.2 案例优选 144

8.3 展望未来 145

参考文献 277

第1章

中小学教育理念发展与需求转型

1.1 当前我国中小学教育发展概述

中小学教育是我国基础教育的主要组成部分，分为小学、初中和高中教育三个阶段，覆盖6周岁到18周岁，这是我国在读规模最大的教育类型。目前，我国义务教育（小学、初中阶段）已得到全面普及，并达到了世界高收入国家的平均水平。与此同时，高中阶段教育体系结构也逐渐趋于合理，普及水平已超过世界中高收入国家的平均水平。

1.1.1 当前发展的主要目标

在党的二十大战略部署下，当前我国中小学教育发展主要遵循《中国教育现代化2035》《加快推进教育现代化实施方案（2018—2022年）》等政策指引进行[①②]。

（1）**党的二十大战略部署。**党的二十大提出，要办好人民满意的教育，培养什么人、怎样培养人、为谁培养人是根本问题。同时，要求加快建设高质量教育体系，发展素质教育，促进教育公平，并加快义务教育优质均衡发展和城乡一体化，以及优化区域教育资源配置。

（2）**《中国教育现代化2035》**提出了我国教育现代化发展的十大战略任务，而与中小学教育密切相关的主要是其中第三项任务——“推动各级教育高水平高质量普及”，这重点包括：

- 推进义务教育优质均衡发展。统筹县域内公办民办义务教育协调发展，合理控制民办义务教育办学规模。全面落实县域内城乡义务教育学校的建设标准、教师编制标准、生均公用经费基准定额以及基本装备配置标准的统一，并强化分类施策[③]。开展城乡对口帮扶和一体化办学，通过学校联盟、集团化办学等多种方式促进优质教育资源共享。
- 提升高中阶段教育普及水平。推进中等职业教育和普通高中教育协调发展，鼓励普通高中多样化且有特色发展。

预计到2035年，我国中小学教育主要发展指标将进一步提高（表1-1）。

我国中小学教育主要发展指标　　表1-1

	2009年	2015年	2018年	2020年	2035年
九年义务教育：					
在校生（万人）	15772	16100	—	16500	—
巩固率（%）	90.8	93.0	94.2	95.0	>97

① 中共中央国务院印发《中国教育现代化2035》[N]. 人民日报，2019-02-24（001）.
② 中共中央办公厅、国务院办公厅印发《加快推进教育现代化实施方案（2018—2022年）》[J]. 中华人民共和国教育部公报，2019（Z1）：6-8.
③ 李帅超. 城乡义务教育一体化研究[D]. 郑州大学，2016.

续表

	2009年	2015年	2018年	2020年	2035年
高中阶段教育:					
在校生(万人)	4624	4500	—	4700	—
毛入学率(%)	79.2	87.0	88.8	90	>97

注 1. 2009年、2015年、2020年的数据为《国家中长期教育改革和发展规划纲要(2010—2020年)》[①]中教育事业发展的主目标。

2. 2018年的数据来自《2018年全国教育事业发展统计公报》[②]。

3. 巩固率是2013年公布的教育学名词,是指在特定教育阶段内,完成了某一年级学习的学生人数占这届学生入学时总人数的比例。

(3)《加快推进教育现代化实施方案(2018—2022年)》。该方案指出,教育现代化使得普及、质量、公平、结构等方面的整体水平提升,并在此基础上提出了推进教育现代化的十项重点任务,其中的第二项"基础教育巩固提高"是构建现代中小学教育体系的重要着力点[③],它包括:

- 推进义务教育优质均衡发展,加快城乡义务教育一体化发展。
- 推进学前教育普及普惠发展,健全学前教育管理机构和专业化管理队伍,加强幼儿园质量监管与业务指导。
- 加快高中阶段教育普及攻坚,推动普通高中优质特色发展。
- 保障特殊群体享有受教育权利,将进城务工人员随迁子女义务教育纳入城镇发展规划,并加强对留守儿童的关爱保护,以及组织实施特殊教育提升计划。
- 着力减轻中小学学生过重的课外负担,同时支持中小学校普遍开展课后服务。

1.1.2 未来发展的主导方向

基于我国中小学教育现状、相关政策指引及相关研究实践,未来中小学教育发展将主要围绕"提高教育质量"展开,这主要包括以下几个方面:

(1)健全"五育并举"的教育体系。这是"高质量发展"的基本路径,其重点是将劳动教育纳入全面培养的教育体系,并努力克服长期以来教育中存在的"重智、轻德、弱体、少美、缺劳"的问题。

(2)推进中小学教育课程改革。《国家中长期教育改革和发展规划纲要(2010—2020年)》首次提出要鼓励学生个性化发展,并为每个学生提供"适合的教育"[④]。其实质就是"提供适合学生发展的课程",从"整体育人"的角度构建学校课程体系。

(3)推进信息技术与教育的深度融合。国家"十三五"规划纲要、《教育信息化十年发展规划(2011—2020年)》均提出了教育信息化体系的要求,这主要包括大数据时代、云时代、5G时代等背景下的教育教学问题,力争以教育信息化带动教育现代化。

(4)落实立德树人根本任务。将其作为检验学校一切工作的根本标准,推动基础教育学校开展生动的育人实践。

---

① 国家中长期教育改革和发展规划纲要(2010—2020年)[N]. 人民日报,2010-07-30(013).

② 中华人民共和国教育部. 2018年全国教育事业发展统计公报[R]. 北京:中华人民共和国教育部,2019.

③ 中共中央办公厅、国务院办公厅印发《加快推进教育现代化实施方案(2018—2022年)》[J]. 中华人民共和国教育部公报,2019(Z1):6-8.

④ 国家中长期教育改革和发展规划纲要(2010—2020年)[N]. 人民日报,2010-07-30(013).

（5）**推动教育评价改革**。这是“高质量发展”的关键领域，从根本上解决了教育评价指挥棒的问题，扭转了教育功利化的倾向，克服了“唯分数、唯升学”的顽瘴痼疾。

（6）**其他方面**。包括加强教育哲学和办学理念的支持，注重学校历史的传承，提高整体性、系统性，合理利用科学方法和工具等。

1.2 需求增长驱动下的建设规模发展

1.2.1 学生数量增长

中小学建筑的总体建设规模主要取决于相应的在校生规模，后者又受到学龄人口数量和各阶段入学率两方面因素影响。

近年来，我国中小学学龄人口[①]数量稳步增长，到2020年已接近2.5亿人（图1-1）。在此基础上，我国中小学入学率总体上亦呈上涨趋势（图1-2），其中涨幅较为明显的是高中毛入学率[②]，而初中毛入学率则略有下滑，特别是2018年的波动较为明显，但均保持在100%以上。小学净入学率也基本稳定在100%左右[③]。

在学龄人口增长与入学率稳步上升的情况下，我国中小学在校生总体规模亦逐年上升（图1-3）。截至2020年，在校生总人数已突破1.8亿人。从2015—2020年均值来看，在校的中小学生、初中生、高中生分别占在校生规模约60%、26%和14%。其中，初中在校生人数平均增长速度最快，但波动较大（图1-4）；小学在校生数量的平均增长速度略低于初中，增速基本保持平稳；而高中在校生数量的平均增长速度则相对最低，但从2019年开始快速上升，并在2020年超过了初中和小学在校生规模的增长速度。

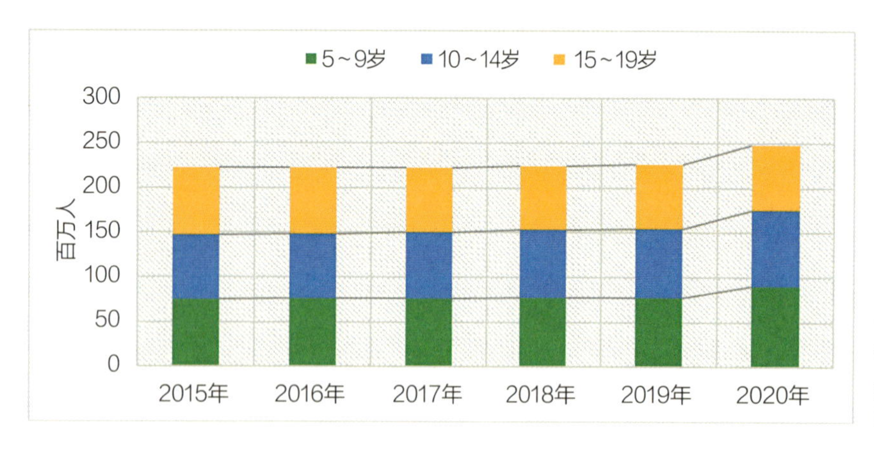

图1-1　2015—2020年我国5~19岁的人口数

数据来源：中国国家统计局网站

① 由于各地入学年龄实际执行标准略有差异，因此，以5~19岁作为估算我国中小学学龄人口数量的范围。

② 毛入学率，是指某一级教育不分年龄的在校学生总数占该级教育国家规定年龄组人口数的百分比。由于包含非正规年龄组（低龄或超龄）学生，毛入学率可能会超过100%。

③ 中华人民共和国教育部．2020年全国教育事业发展统计公报［R］．北京：中华人民共和国教育部，2021.

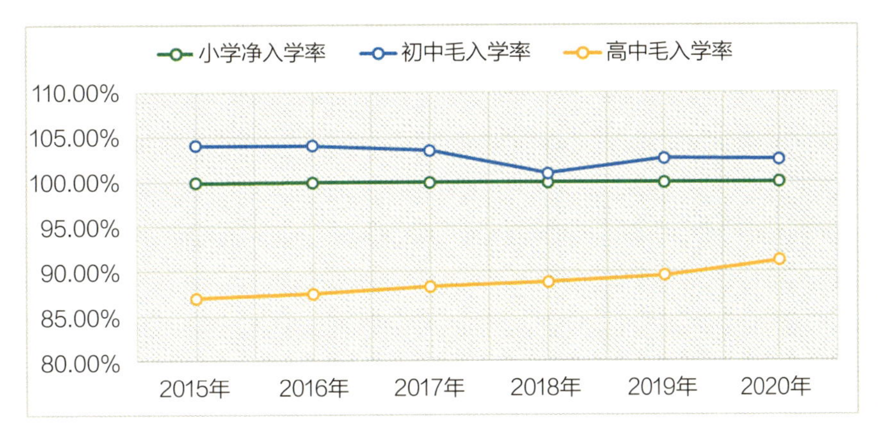

图1-2　2015—2020年我国中小学入学率

数据来源:《中国教育统计年鉴》

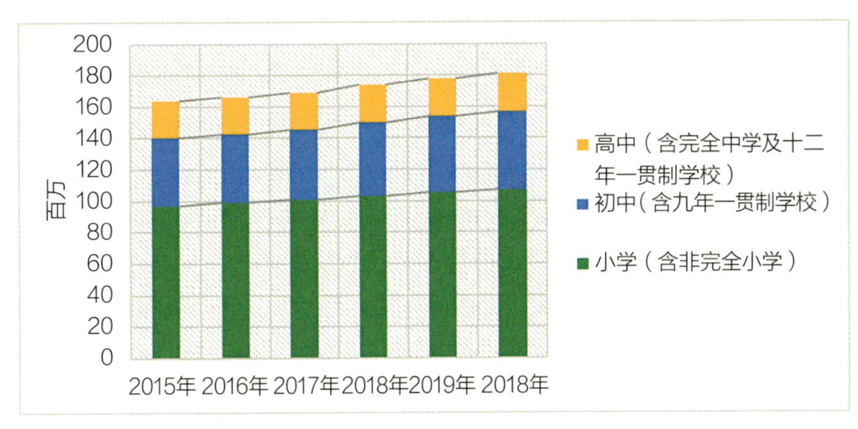

图1-3　2015—2020年我国中小学在校生人数

数据来源:《中国教育统计年鉴》

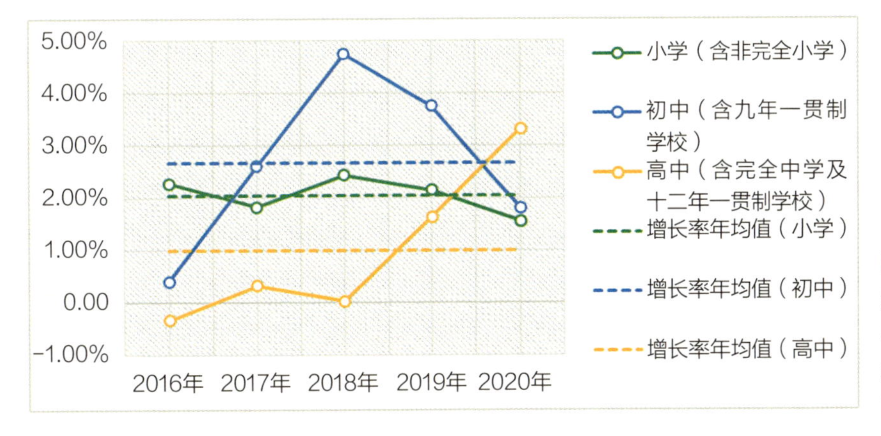

图1-4　2016—2020年我国各阶段在校生人数年增长率

数据来源:《中国教育统计年鉴》

由此可见，近年来我国中小学在校生规模总体发展平稳，但小学、初中、高中阶段有所差异。其中，高中在校生规模增长相对较快，新建和扩建需求也较高；而小学在校生规模增长则相对平稳，主要存在既有建筑更新的需求或随新城区开发而亟须配套新建。

1.2.2　教师数量增长

随着在校生规模的扩大，我国中小学教师及教职工规模也在逐年上升，这是影响我国中小学建筑建设规模需求的另一项因素。总体来看，各阶段教职工及专任教师人数均逐年平稳上升（图1-5）[①]，

① 因九年一贯制学校的教职工数计入初中阶段教育，完全中学、十二年一贯制学校的教职工数计入高中阶段教育，而专任教师是按照教育层次进行归类，存在小学教职工数据小于专任教师数据的情况。

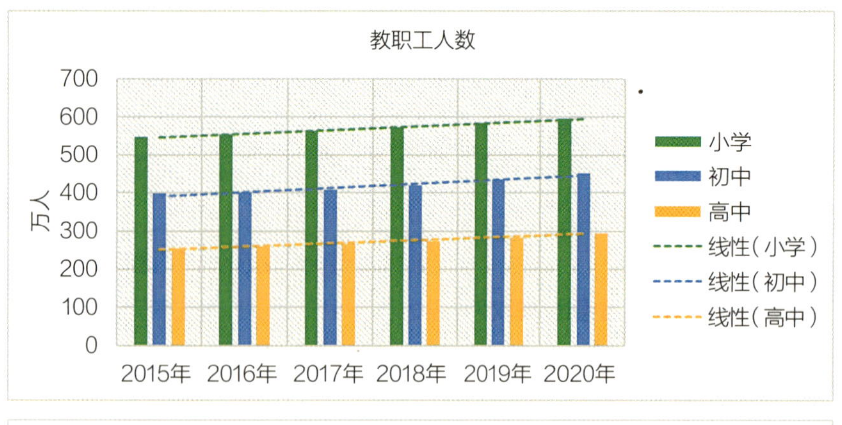

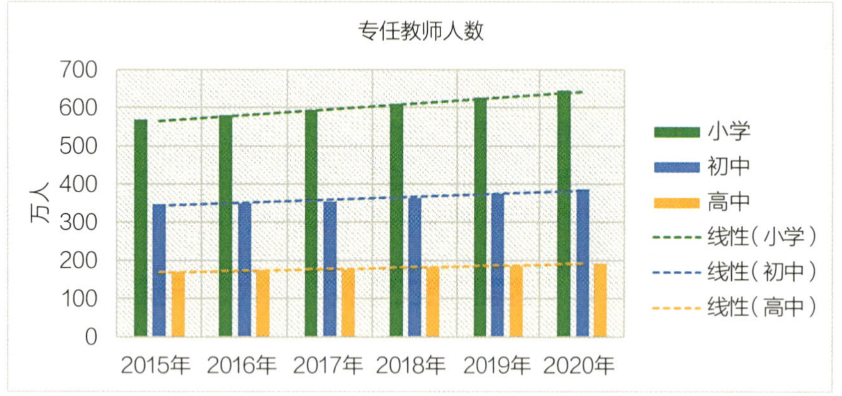

图1-5　2015—2020年我国中小学教职工和教师人数

数据来源:《中国教育统计年鉴》

截至2020年，小学教职工和专任教师人数已分别达到约597万人和643万人，初中教职工和专任教师分别达到约450万人和386万人，高中教职工和专任教师分别达到约295万人和193万人。其中，小学专任教师规模上升速度相对最快，而高中阶段则相对最为平稳。对比在校生规模发展情况来看，小学教师的规模发展甚至超过了其在校生的规模发展，而初中教师的规模发展则不及在校生的规模发展。该差异可能与相应阶段的教学理念、教育模式差异有关。

反映在校生人均教师资源的代表性指标，称为“生师比”：生师比越小，则平均每位在校生获得的教师资源越多。从统计数据来看（图1-6）[①]，我国小学阶段的生师比远高于初中和高中阶段的生师比，后二者在2019年后趋于一致；我国中小学各阶段的生师比总体呈下降趋势，其中小学阶段的生师比平稳下降，与相应教师规模的上升趋势相吻合；高中阶段的生师比下降略快于小学阶段，其主要原因在于高中在校生规模扩增速度不及小学阶段；而初中阶段的生师比在2018年有所回升，这可能与当年初中在校生规模的突增有关（图1-3），之后则稳步回落。

由此可见，我国中小学教师和教职工的规模在总量和生均资源上均稳步上升，一方面直接指向相应教师教辅用房规模需求的上升；另一方面也间接说明了教学质量、人均教学资源标准的逐步提升，进而要求进一步改善、扩增相关教学和教辅用房建设。

① 中华人民共和国教育部. 2020年全国教育事业发展统计公报［R］. 北京：中华人民共和国教育部，2021.

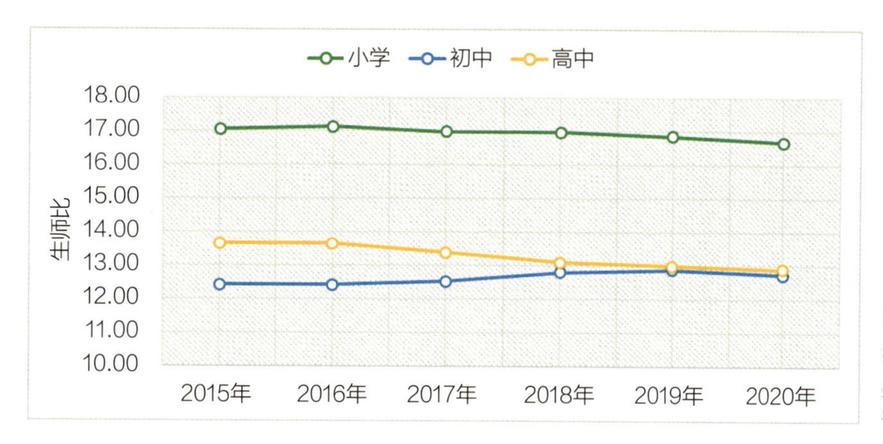

图1-6　2015—2020年我国中小学“生师比”

数据来源:《中国教育统计年鉴》

1.2.3　建设规模攀升

在上述各方面需求的驱动下，我国中小学基本建设投资逐年增长（图1-7）。2015—2020年期间，普通中学和小学的基本建设历年投资均值分别超过1600亿元和1200亿元。至2020年，包括小学和普通中学在内的基本建设投资已超过4000亿元。在此基础上，我国中小学基础建设年竣工面积保持在约0.57亿m^2/年（普通中学）和0.49亿m^2/年（小学），呈稳定发展态势（图1-8）。与此同时，在相关政策的支持下，中小学用地面积也逐年上升（图1-9）。可见，不论从土地资源还是人、物、财力资源投入方面来看，我国中小学基本建设规模近年来均稳步上升，与中小学教师规模和在校生规模的增长相吻合。

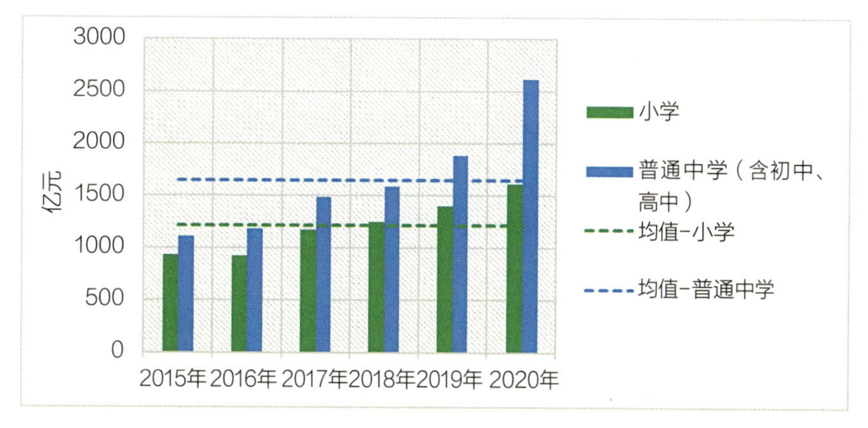

图1-7　2015—2020年我国中小学基本建设历年投资

数据来源:《中国教育统计年鉴》

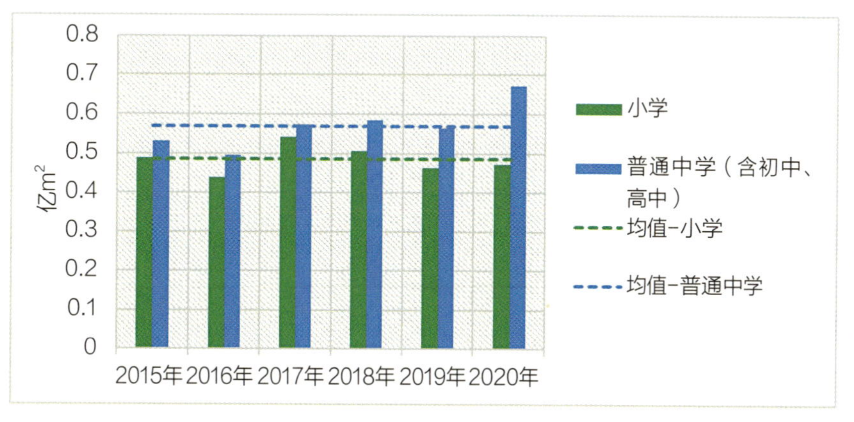

图1-8　2015—2020年我国中小学基本建设历年竣工建筑面积

数据来源:《中国教育统计年鉴》

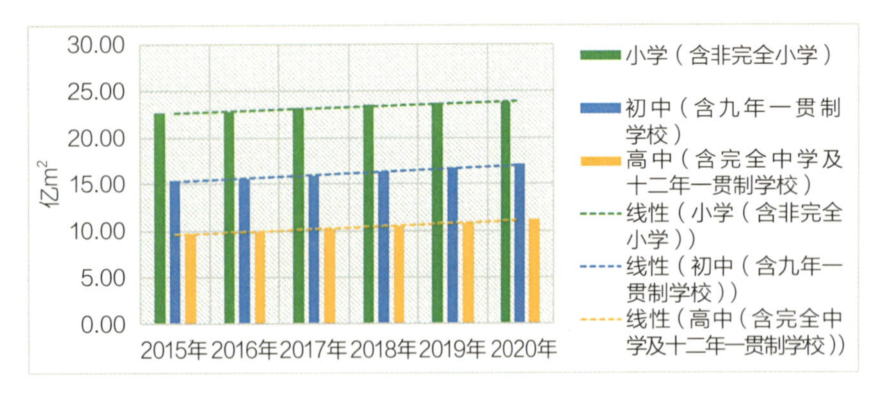

图1-9　2015—2020年我国中小学校占地面积

数据来源：《中国教育统计年鉴》

在此基础上，一方面，我国中小学校舍面积逐年上升（图1-10），其中小学和初中校舍面积增长速度略快于高中校舍，这说明相应建设强度略高于高中；另一方面，我国中小学危房面积也在逐年大幅度消减（图1-11）。截至2020年，我国仍有超过200万m^2的小学危房、超过170万m^2的初中危房和超过150万m^2的高中危房有待改造更新。

虽然我国中小学校舍规模保持着稳定增长，但其机构数量却并未显著增加（图1-12）：初中和高中数量虽有略微上升，但总体保持稳定，小学数量甚至在逐年减少。可见，近年来我国中小学校舍建设主要是对现有学校的“改扩建”，而“新建”则相对较少，这也符合当前我国城乡发展由“增量式”到“存量式”转变的基本趋势。

综上所述，受到以在校生规模发展为核心的中小学教育需求增长的驱动，我国中小学房屋建设规模亦在逐年上升，要求通过空间品质和人均空间规模等方面规划设计，来应对人员规模上涨所要求的空间规模扩增，并恰当回应教育品质提升的需求已日趋强烈。

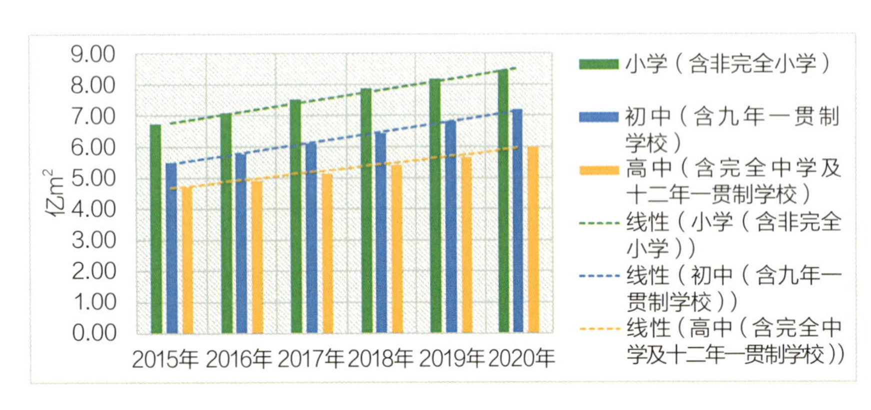

图1-10　2015—2020年我国中小学校舍面积

数据来源：《中国教育统计年鉴》

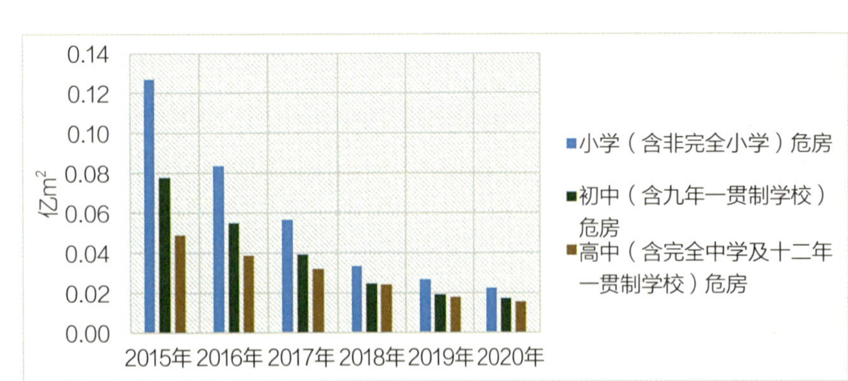

图1-11　2015—2020年我国中小学校舍危房面积

数据来源：《中国教育统计年鉴》

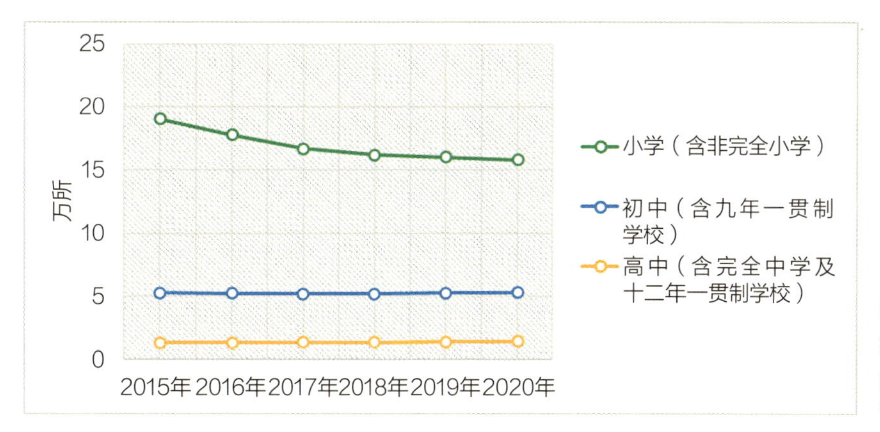

图1-12　2015—2020年我国中小学机构数量

数据来源：《中国教育统计年鉴》

1.3 教育体制发展下的建设条件差异

1.3.1 招生制度

目前，我国中小学招生方式分为两种类型，义务教育阶段的小学和初中主要采取以就近入学为原则的招生方式，而高中则主要基于选拔性考试进行招生。

（1）**义务教育阶段**。为体现教育资源的公平性，我国相关政策要求义务教育阶段以“就近入学”为主要招生原则。以初中为例[①②]，教育部《关于进一步做好小学升入初中免试就近入学工作的实施意见》明确规定，要“按照就近入学原则……为每一所初中合理划定对口小学（单校划片）。对于城市老城区暂时难以实行单校划片的，可按照初中新生招生数和小学毕业生基本相当的原则为多所初中划定同一招生范围（多校划片）。优质初中要纳入多校划片范围。”“地方各级教育行政部门和公办、民办学校均不得采取考试方式选拔学生。公办学校不得以各类竞赛证书或考级证明作为招生入学依据。”[③]对此，各地方在具体措施上虽然略有差异，但基本都体现了就近入学和公平原则。比如，《杭州市教育局关于做好2020年义务教育阶段学校招生入学工作的通知》[④]规定，“公办小学按学区招生，学区由区、县（市）教育行政部门确定，公办初中按小学对口直升或按学区招生。民办学校在审批地范围内招生。”并明确指出，公办学校“按照‘住、户一致’优先原则排序录取”、民办学校采用“电脑随机派位录取”[⑤]。

然而，即便相关政策不断引导教育资源在义务教育阶段公平分配和校际流动，但不同学校之间仍然不可避免地存在着教学质量差异，其中的“优质学校”必然会不断吸引更多学生报名就

① 马程宏. 学区划分的法律程序研究［D］. 温州大学，2021.

② 朱洞风，王晓露，翟爱斌. 让优质教育资源普惠广大学生——西安市大学区制和小升初改革探讨［J］. 陕西教育（综合），2014（07）：71-74.

③ 关于进一步做好小学升入初中免试就近入学工作的实施意见［J］. 基础教育参考，2014（05）：3-4.

④ 市教育局基教处. 杭州市教育局关于做好2020年义务教育阶段学校招生入学工作的通知［EB/OL］.（2020-05-12）［2023-04-18］. https://edu. hangzhou. gov. cn/art/2020/5/12/art_1228921942_42919195.html.

⑤ 陈骏峰. 基于“接送需求”的中小学地下集散空间设计研究［D］. 浙江：浙江大学，2021.

读，也会不断驱动其教学方式、教学条件的优化更新，且相关经费也往往较为充裕，由此将产生较大的空间规模扩张需求。然而，在这种划片入学，尤其是“单校划片”入学的招生制度下，学校与所在“学区”绑定，不同学校之间教学质量的差异进一步造成了不同“学区”之间的价值差异，进而产生了近年来广为讨论的“学区房”现象，在相关社会、经济因素的综合作用下，既有“优质学校”往往很难实现整体搬迁。由此一来，在现有用地条件限制和空间扩张需求的综合作用下，相关小学和初中往往只能在局促的用地条件下采用相对紧凑的空间布局方式展开修补式更新建设。

（2）**高中阶段。**主要基于选拔性考试招生，并通过在各片区或初中统一分配优质高中招生名额的方式兼顾教育公平性问题。比如，《关于进一步推进杭州市高中阶段学校考试招生制度改革的实施意见》（杭教基〔2019〕3号）要求“进一步完善优质示范普通高中招生名额合理分配到区域内初中的办法”，并规定其“招生名额以初中毕业生人数为依据基本均衡分配，根据当年名额分配生总计划数和各初中学校应届毕业生数，确定各初中学校名额分配生可推荐名额。”

在此基础上，相对于小学和初中，高中校园建设在选址用地方面所受制约因素相对较少，且由于不属于义务教育，其经费来源渠道也更广，相关用地一般相对宽裕，其校园建设也涵盖了整体搬迁、分校区整体新建、既有校区更新和改扩建等多种类型。

1.3.2　办学主体

按照办学主体，目前我国中小学可分为由政府机构（教育或其他部门）主办的“公办学校”（图1-13）、由社会组织或个人主办的“民办学校”（图1-14）、由地方企业主办的学校以及中外合资办学等类型。其中，公办学校占绝对主导地位。而随着我国经济所有制多元化进程的发展和相关政策的引导，民办中小学教育也开始逐渐发展成熟（表1-2）。1982年，随着改革开放的深入和社会对人才需求的加大，第五届全国人大第五次会议提出了“两条腿”办教育的方针，随后，国务院在

图1-13　公办学校
图片来源：浙江工业大学工程设计集团公司相关项目

图1-14　民办学校

图片来源：浙江工业大学工程设计集团公司相关项目

1997年颁布了新中国第一个规范民办教育的行政法规《社会力量办学条例》[①]。2002年，《民办教育促进法》首次颁布，其中，在2016年第二次修正中提出了分类管理的要求[②]，为历届《民办教育促进法》修订的核心变动。

我国民办中小学教育发展情况　　表1-2

时期	民办教育发展情况
十一五（2006—2010年）	支持民办教育发展，形成公办教育与民办教育共同发展的格局。
十二五（2011—2015年）	继续鼓励社会力量兴办教育，落实民办学校与公办学校平等的法律地位，规范民办教育的教学秩序。
十三五（2016—2020年）	对民办教育分类管理、差异化扶持，鼓励社会力量和民间资本提供多样化教育服务。
十四五（2021—2025年）	进一步加强民办学校监管，稳步推进“基本公共教育均等化”，民办学校办学审批、民办义务教育在校生比例等被缩减。

来源：根据《从鼓励到规范、限制，中国民办教育发展三十年》[③]整理

不论从学校数量还是从在校生规模来看，目前公办学校占比最高的均为小学阶段，相对较低的是高中阶段，而民办学校占比的情况则正好相反；从学校数量和在校生数量的绝对值来看，民办高中在民办学校中数量最少，民办小学、初中的数量均是民办高中的2倍左右（图1-15）。但在当前相关政策趋势下，各地将逐步压缩义务教育阶段民办学校的数量占比和在校生规模占比，于是出现大量“民转公”现象，因此，上述情况在未来可能发生较大转变。

① 何心勇．民办教育发展的回顾与思考［J］．许昌学院学报，2013，32（04）：140-142.

② 中华人民共和国民办教育促进法［J］．中华人民共和国国务院公报，2003（02）：5-9.

③ 新学说Hans．从鼓励到规范、限制，中国民办教育发展三十年［EB/OL］．（2021-09-22）［2023-04-18］．https://www.sohu.com/a/482441722_380485.

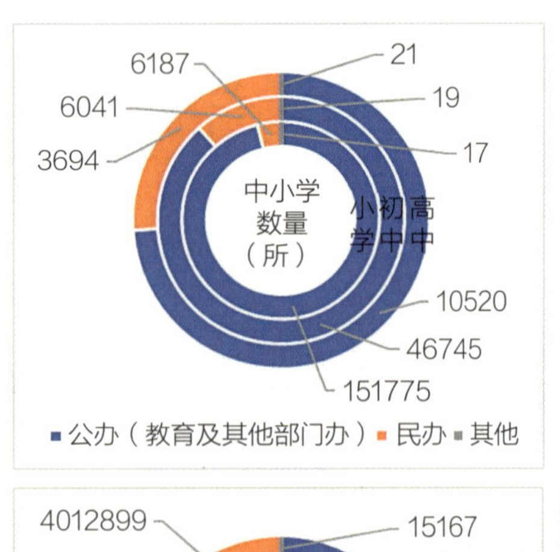

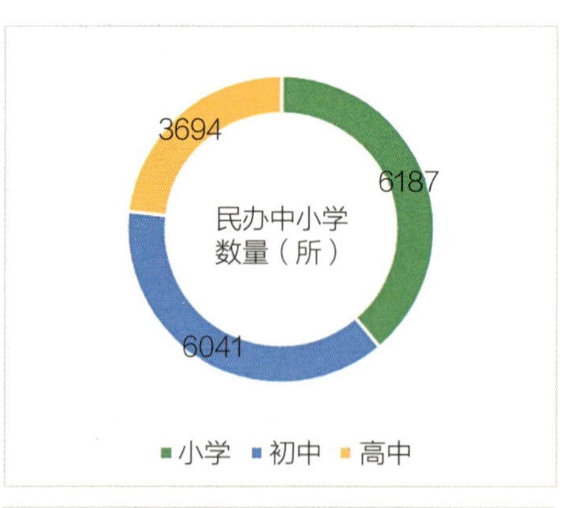

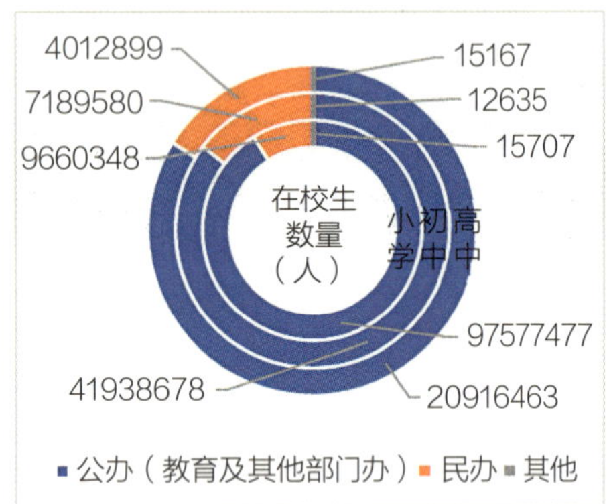

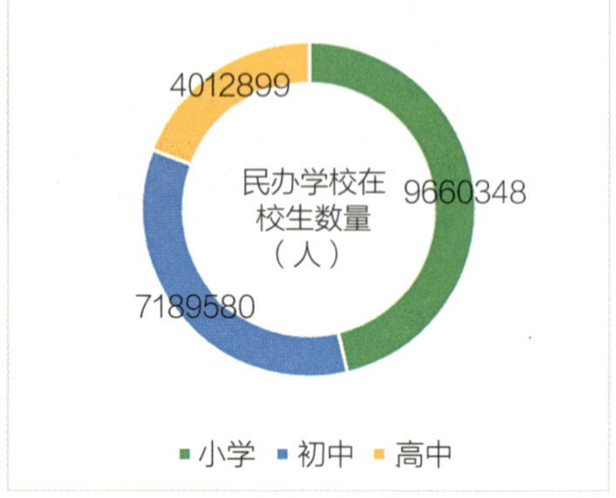

图1-15　2020年我国各类主体主办的中小学机构数量及在校生规模

数据来源：《中国教育统计年鉴》

根据我国《民办教育促进法》，“新建、扩建非营利性民办学校，人民政府应当按照与公办学校同等原则，以划拨等方式给予用地优惠。新建、扩建营利性民办学校，人民政府应当按照国家规定供给土地。”在此基础上，公办学校由于办学较早，土地规模受各方面因素制约，扩增速度往往难以匹配其教学规模的发展速度，因此，用地条件往往较为局促；而民办学校起步较晚，所获用地在当前发展状态下则显得相对宽裕。与此同时，由于运营模式差异，民办学校在特色化、多元化教学方面的需求更为突出，对校园空间品质有更高要求，其经费投入也相对宽裕。民办学校的建设条件总体上优于公办学校。

1.3.3　城乡分异

图1-16　宁波市惠贞高级中学

图片来源：浙江工业大学工程设计集团相关项目

图1-17　浙江某乡村小学

图片来源：作者自拍

我国曾经历了长期的城乡二元发展，因此中小学教育也深受影响。总体来看，目前我国乡村地区中小学建设水平低于城镇地区（图1-18）。一方面，由于乡村地区在用地规模、资金投入等建设条件上相对较弱，因此，其中小学的建设品质总体上不及城镇地区。另一方面，由于乡村地区生源在空间上相对城镇地区更为分散，因此，其中小学在校生规模通常也小于城镇地区（图1-19）。由于单体规模较小，乡村地区学校的教学空间可利用率降低，因而每生实际占用的建筑面积反而比城镇地区更高。

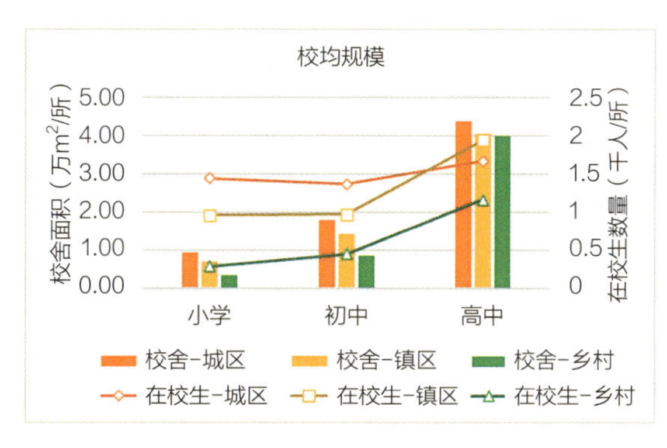

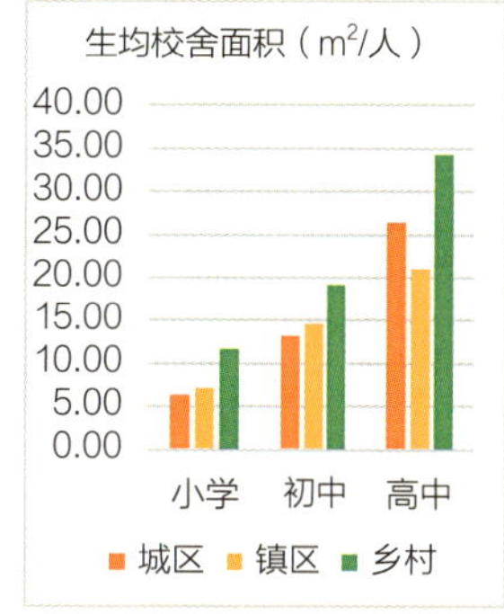

图1-18　2020年我国城乡中小学校均规模和生均校舍面积

数据来源：《中国教育统计年鉴》

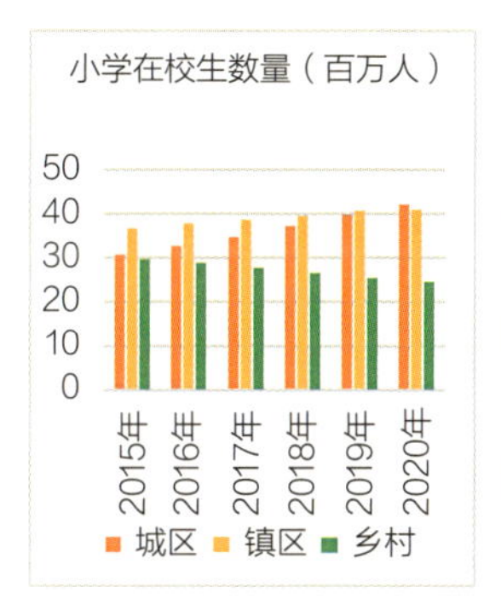

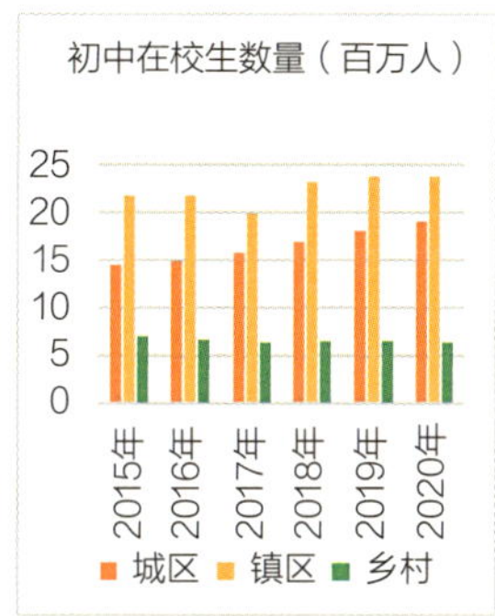

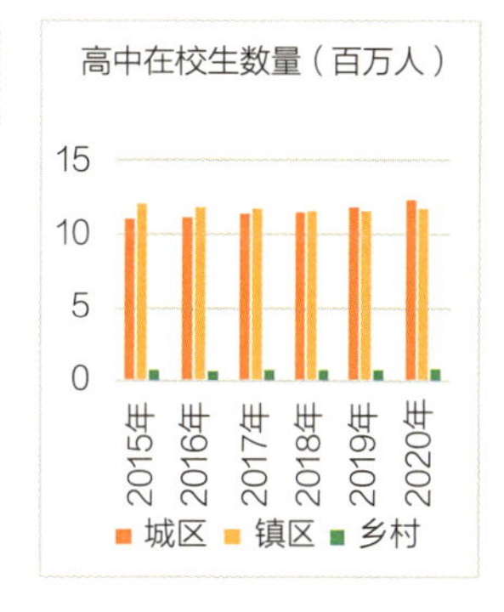

图1-19　2015—2020年我国城乡中小学在校生规模

数据来源：《中国教育统计年鉴》

目前，随着大量进城务工人员的流动，其子女不断随迁入城，导致乡村地区中小学适龄人口大量涌向城镇。一方面，城镇中小学在校生规模的不断增长进一步促进了其中小学校建设的数量和质量发展；另一方面，随着乡村中小学校在校生规模的缩减，相应学校数量亦随之减少，校舍面积增长速度远低于城镇地区（图1-20）。同时，乡村中小学虽得到逐年改善，但仍有大量校舍房屋年久失修，尤其是小学校舍（图1-21）。此外，部分学校因生源不足而与其他学校合并，或在师资力量尚不充足的条件下被迫采用混龄编班的方式教学。

在各方面因素的综合作用下，中小学建设的城乡差异主要体现在以下几个方面：其一，乡村地区中小学新建和扩建需求在规模上远低于城镇地区，即建设量存在较大差异；其二，由于大量学龄人口由乡村涌向城镇，乡村地区中小学以危房改造等更新建设为主，而中小学校的扩建和新建需求则更多存在于城镇地区；其三，由于城镇地区在校生相对集中，校均规模更大，因此，在空间布局上往往比乡村中小学更为集约；其四，相比城镇地区而言，乡村地区中小学生源不足或师资不足的情况更为普遍，因此，在教学空间设计上更关注混龄编班需求。同时，由于乡村地区生源较为分散，家校距离较远，因此，更倾向于采用寄宿制方式，这就要求校园规划建设需要考虑师生寄宿生活的需求。此外，在建造方式上主要考虑采用乡土材料和建造方式，而城镇地区的中小学建设则更关注绿色低碳问题。

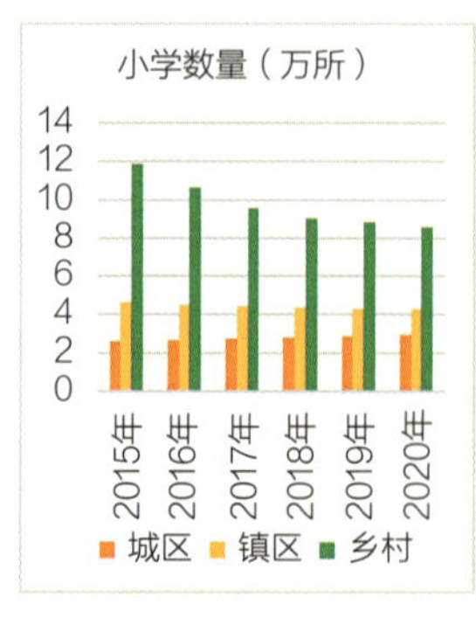

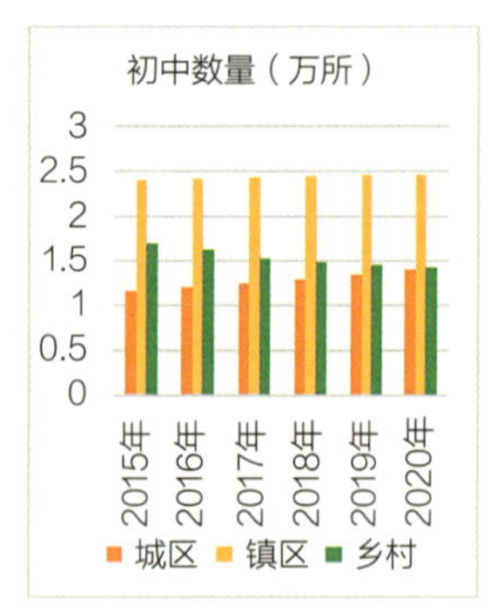

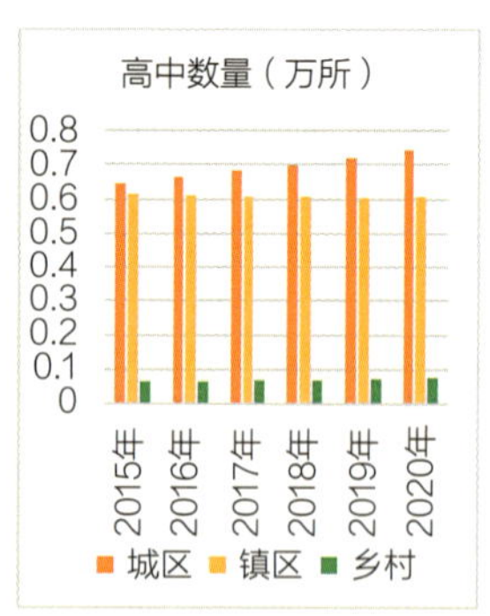

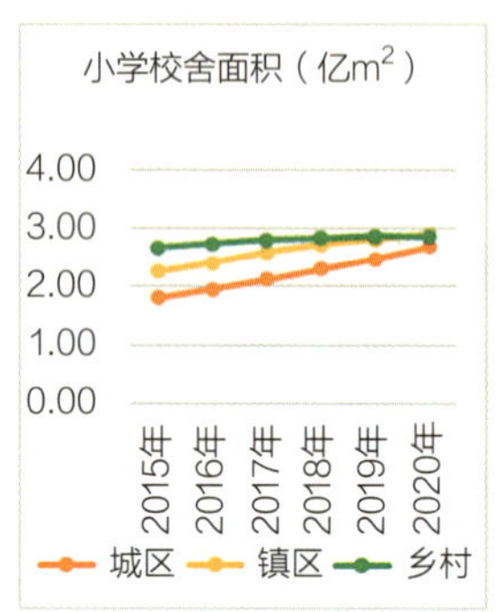

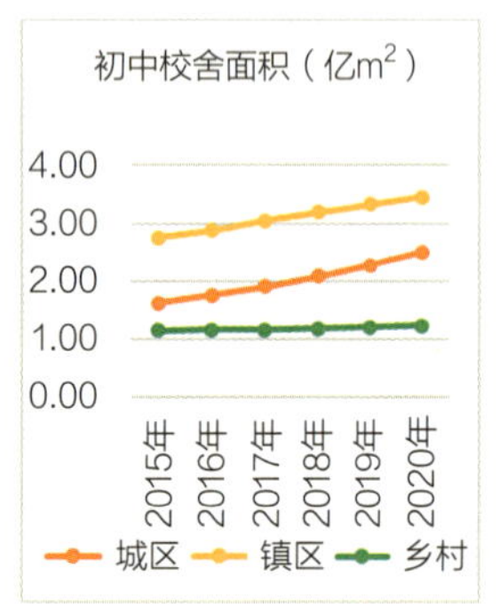

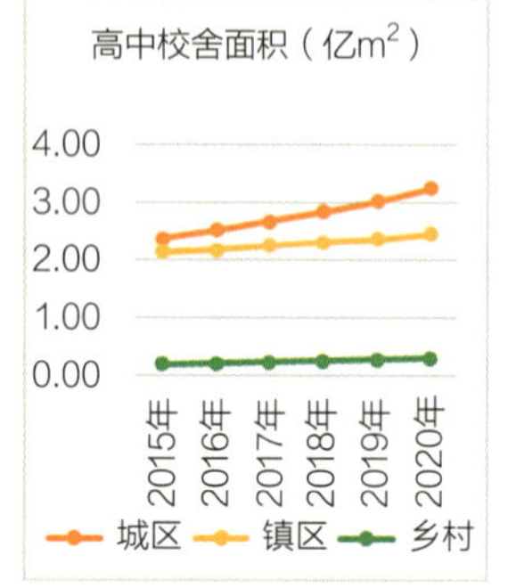

图1-20　2015—2020年我国城乡中小学校数量和校舍总面积

数据来源:《中国教育统计年鉴》

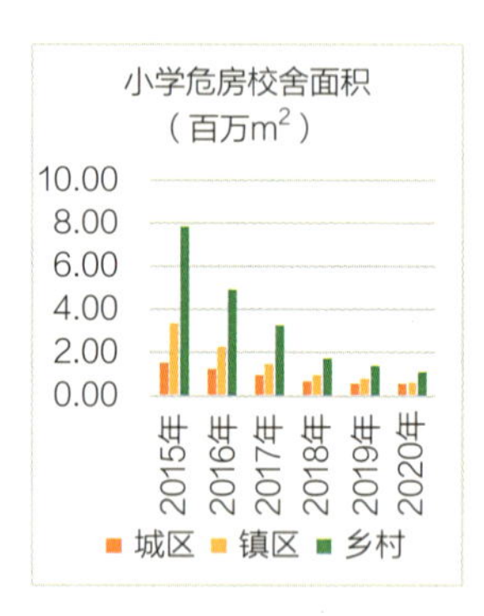

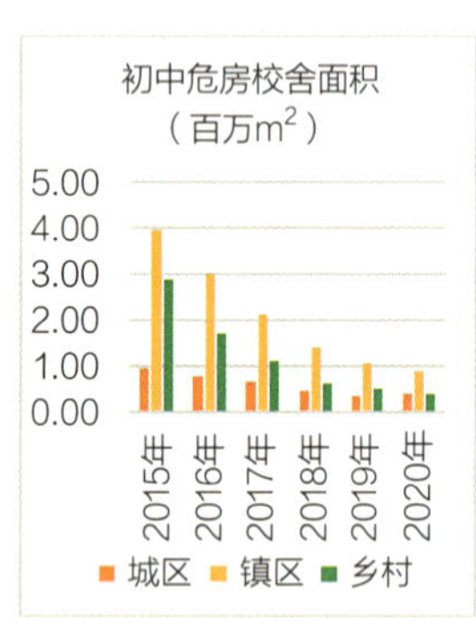

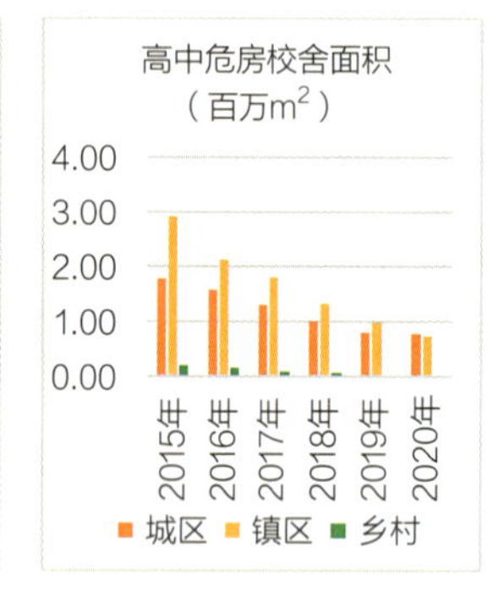

图1-21　2015—2020年我国城乡中小学校危房校舍面积

数据来源:《中国教育统计年鉴》

1.3.4　公益援建

除通过常规方式建设以外，也有部分中小学建设通过“援建项目”开展，其中较为典型的主要是针对地震等灾后的恢复建设（表1-3、表1-4）。相关援建一般集中在义务教育阶段，尤其是其中的小学阶段。

汶川地震灾后恢复重建的学校情况（单位：所）　　表1-3

项目	合计	四川	甘肃	陕西
小学	3462	1973	1194	295
其中：寄宿制	1503	955	253	295
初中	970	769	144	57
其中：寄宿制	891	710	124	57

续表

项目	合计	四川	甘肃	陕西
高中	153	112	28	13
中等职业学校	217	189	20	8
其中：技工学校	60	56	1	3
高等院校（点）	24	22	1	1
特殊教育学校	23	21	1	1
幼儿园	270	250	17	3
其他	62	62	—	—

来源：《关于印发汶川地震灾后恢复重建总体规划的通知》

玉树地震灾后恢复重建的学校情况[①] 表1-4

类型	数量
义务教育	小学41所，初中8所。其中，石渠县小学8所，初中1所。
高中阶段教育	高中3所，中等职业学校2所，教师培训中心1个。
特殊教育	特殊教育学校1所。
学前教育	幼儿园27所。其中，石渠县幼儿园1所。

来源：《关于印发玉树地震灾后恢复重建总体规划的通知》

灾后恢复重建的中小学援建项目一般有以下特点：其一，建设用地的自然地理条件往往较为复杂，设计施工存在一定难度；其二，所在地通常易发生自然灾害，因此，在安全性、牢固性等方面要求较高；其三，在灾后恢复重建中，中小学建筑作为公共服务设施往往需要优先恢复建设，因而设计施工的工期大多较为紧张。我国政府对于此类项目在相关审批流程上一般提供特殊绿色通道，可节省一定时间成本；其四，灾后援建中小学的建设经费一般来源于对口支援和社会公益捐赠，除无偿援助项目以外，主要按照市场运作、保本微利的原则开展设计施工建设，因而要求在满足功能使用的前提下尽量节约人力、物力和财力。此外，由于既有建筑质量的差异，受灾严重、援建需求量较大的往往也是欠发达的乡村地区，因此，灾后援建中小学项目一般也具有乡村中小学建设的特点。

① 国务院．国务院关于印发玉树地震灾后恢复重建总体规划的通知 国发〔2010〕17号［EB/OL］.（2010-06-09）［2023-04-16］. http://www.gov.cn/zhengce/content/2010-06/13/content_5598.htm.

1.4 教育学科发展对学生心理的关注

1.4.1 中小学学生心理发展逐渐受到重视

在教育研究领域内，对学生及其学习心理的探索由来已久。随着清朝末年师范教育的兴起，教育心理学在我国就已成为独立学科，主要引介和学习西方相关理论。中华人民共和国成立以后，国内教育心理学研究先后经历了马克思主义改造探索和在“文革”期间的停滞，在1978年后进入快速发展的阶段，并逐步形成了与我国教育教学实践相结合、具有中国特色的教育心理学研究体系。然而，我国早期的中小学教学实践由于受制于复杂的外部环境，其相关理论研究成果并未得到普遍重视，因此，中小学生的心理发展需求亦未得到充分关注。

近年来，随着我国经济社会的快速发展，相关领域开始关注教与学的整合研究、课堂教学研究、实践研究以及心理素质与个体差异研究等问题，中小学教育观念随之转变，形成了诸如主体性教学、素质教育、创新教育和综合活动教育等理念。一方面，强调学生的主体性，以及对教师心理、教师指导地位的研究，“被动学生观”逐渐转变为“主动学生观”，“教师观”也逐渐得到重视[①]；另一方面，强调交流与互动、课堂教学的组织和交往，以及教学的有效性，从“静止的教育过程观”转向“动态发展的教育过程观”，从“灌输型知识观”转变为“主动生成和建构型知识观”[②]。此外，随着社会变迁，中小学学生在心理成长方面也面临着更大的机遇和挑战，其完整心理需求逐渐得到人们的广泛关注，中小学校在日常教学中也开始追求更契合学生的心理发展规律和特点的教学模式。

除了常规意义上的教学模式优化外，我国关注中小学生心理发展的另一个表现则是展开专门的心理健康教育，通过提高心理健康素养水平来改善个体的心理健康水平[③]。改革开放以来，我国关于心理健康教育的政策经历了初步探索阶段（1999—2008年）、深化发展阶段（2009—2016年）和全面整合阶段（2017年至今），并在不断发展中日趋成熟。

改革开放初期，我国各级部门针对中小学学生的心理健康教育工作制定了《关于加强中小学心理健康教育的若干意见》（1999）、《国务院关于基础教育改革与发展的决定》（2001）、《中小学心理健康教育指导纲要》（2002）等一系列政策，明确将心理健康教育纳入中小学教育教学工作中。同时，针对突发自然灾害和重大公共卫生事件，相关部门及时制定心理辅导与心理健康政策，以减轻危机事件给青少年心理健康带来的负面影响。

2009年后，随着心理健康教育工作的不断推进，心理健康教育的概念得到了进一步明确，心理健康教育实施也得以进一步深化。《中共中央关于深化文化体制改革 推动社会主义文化大发展大繁荣若干重大问题的决定》（2011）首次从国家层面明确提出“加强心理疏导和培育社会心态”的

① 罗琴. 教育心理学研究领域转化的轨迹、原因及启示［J］. 扬州大学学报（高教研究版），2004（01）：38-40.
② 同上。
③ Jorm A F，Barney L J，Christensen H，et al. Research on mental health literacy: what we know and what we still need to know［J］. Australian and New Zealand Journal of Psychiatry，2006，40（01）：3-5.

战略要求[①]，《中小学心理健康教育指导纲要》（2012修订）明确提出“要根据中小学学生生理、心理发展特点和规律，运用心理健康教育的知识理论和方法技能，培养中小学学生良好的心理素质，促进其身心全面和谐发展”[②]。同时，各级部门也在不断加强和改进留守儿童的心理健康教育工作，比如，《关于加强义务教育阶段农村留守儿童关爱和教育工作的意见》（2013）提出，要高度重视农村留守儿童的心理健康教育工作。此后，相关配套设施和政策逐步完善。《中小学心理辅导室建设指南》（2015）明确了学校心理辅导室的功能定位及相关细节。此外，党和国家出台的一系列社会治理与社会心理服务政策文件也推动了学校心理健康教育政策的持续优化。

2017年，习近平总书记在中国共产党第十九次全国代表大会上的报告中提出，要加强社会心理服务体系建设，培育自尊自信、理性平和、积极向上的社会心态[③]。此后，《关于深化教育教学改革全面提高义务教育质量的意见》（2019）进一步指出，建立健全中小学心理健康教育工作机制是中小学的一项重要工作，并给出了相关措施[④]；而《健康中国行动——儿童青少年心理健康行动方案（2019—2022年）》则要求“形成学校、社区、家庭、媒体、医疗卫生机构等联动的心理健康服务模式”；“十四五”规划进一步强调，要“重视青少年身体素质和心理健康教育”，为更加系统地协同推进青少年心理建设指明了方向。与此同时，针对新冠肺炎疫情的负面影响，我国中小学教育系统也采取了多层面的心理健康教育措施，包括线上线下教学相结合、增强危机预防干预工作时效、针对学生及其家长建立心理和行为问题综合数据库并形成干预方案等。此外，《关于加强学生心理健康管理工作的通知》（2021）、《关于全面加强和改进新时代学校卫生与健康教育工作的意见》（2021）等文件进一步要求通过源头管理、日常咨询辅导、心理危机事件干预等全方位提升学生心理健康素养，并明确了相关人才配备要求[⑤⑥]。

1.4.2 中小学学生心理发展特征

中小学学生心理发展特征主要体现在其认知发展、情感意志发展和个性发展等方面。

（1）认知发展特征

认知能力是指人脑加工、储存和提取信息的能力，是人们成功地完成活动最重要的心理条件[⑦]，一般包括注意、记忆、感知、思维和想象等部分[⑧]。

1）注意。注意是认识过程的一种属性，指人在认识事物过程中的意识指向和集中[⑨]。注意是一

① 严晓丽. 基于音乐活动的小学心理健康教育校本课程开发研究——以上海市P小学为例［D］. 上海：上海师范大学，2018.
② 教育部. 教育部关于印发《中小学心理健康教育指导纲要（2012年修订）》的通知 教基一〔2012〕15号［EB/OL］.（2012-12-07）［2023-04-16］. http://www.gov.cn/zwgk/2012-12/18/content_2292504.htm.
③ 习近平. 决胜全面建成小康社会 夺取新时代中国特色社会主义伟大胜利——在中国共产党第十九次全国代表大会上的报告［J］. 党建，2017（11）：15-34.
④ 中共中央国务院关于深化教育教学改革全面提高义务教育质量的意见［N］. 人民日报，2019-07-09（001）.
⑤ 教育部办公厅. 教育部办公厅关于加强学生心理健康管理工作的通知 教思政厅函〔2021〕10号［EB/OL］.（2021-07-12）［2023-04-18］. http://www.moe.gov.cn/srcsite/A12/moe_1407/s3020/202107/t20210720_545789.html.
⑥ 教育部 发展改革委 财政部 卫生健康委 市场监管总局. 教育部等五部门关于全面加强和改进新时代学校卫生与健康教育工作的意见. 教体艺〔2021〕7号［EB/OL］.（2021-08-02）［2023-04-28］. http://www.gov.cn/zhengce/zhengceku/2021-09/03/content_5635117.htm.
⑦ 韩笑，石岱青，周晓文，杨颖华，朱祖德. 认知训练对健康老年人认知能力的影响［J］. 心理科学进展，2016，24（06）：909-933.
⑧ 熊睿. 基于小学生心理发展特点的小学音乐欣赏教学研究［D］. 湖南师范大学，2019.
⑨ 许政援，沈家鲜等编著. 儿童发展心理学［M］. 长春：吉林教育出版社，1987.

种有意识参与的内部心理活动，部分可通过外部动作呈现。注意又分为有意注意与无意注意两种，人们通常更关注前者，指学生需要有意运用注意才能集中意志力在学习等活动上；而后者则是指没有意识参与的注意。有意注意随年龄的增长而发展：学龄前儿童在参与活动时更常采用的是无意注意；入学后，随着学习生活环境的变化以及中小学的教育引导，学生的有意注意逐渐由低级向高级发展。

小学阶段学生注意发展最显著的特点是由被动注意逐渐发展为主动注意。在这一阶段，学生有意注意的发展尚不完善，具有容易分散的特点，且由于形象思维发展还处于低级向高级过渡的时期，因此，注意力更容易被直观的事物吸引，而概念、理论等抽象事物则不容易引起注意。此外，小学生的注意带有一定的情绪色彩，更容易关注新鲜、突变或运动的事物。到中学阶段，学生大多能够发展出较完备的交替运用有意注意和无意注意的能力，且注意力表现出更为明确的目的性、较强稳定性和持续的抗干扰能力，能够在自我调控下主动制订计划并有意识地进行注意活动。同时，由于中学生的注意分配能力尚未成熟，因此，兴趣爱好可在较大程度上影响他们对事物的注意程度[①]。

2）记忆。记忆分为无意识记忆和有意识记忆两种。前者指学生在无目的、不做任何努力下产生的记忆；后者主要出现在学习过程中，可进一步分为机械记忆和意义记忆两种方式。前者不需要理解事物意义，也不需要利用过去经验知识；后者则需要在理解后再实施记忆。少年儿童的记忆方式随着自身的成长而发展变化：学龄前儿童大多采用无意记忆；进入学龄后，为了适应科学文化知识的学习过程和周边环境的变化，学生的有意记忆能力逐渐得到锻炼，并在小学阶段后期逐步超过无意识记忆。

在小学阶段，有意识记忆发展的主要特点是从机械记忆逐渐转变为意义记忆，学龄前儿童更偏向于采用机械记忆来完成有意识记忆。进入学校后，随着学生学习生活经验的不断丰富、抽象思维能力的提升以及语言水平的提高，机械记忆逐渐转变为意义记忆方式。至中学阶段末，学生记忆力发展至“巅峰水平”，有意记忆占主导地位，而理解记忆代替机械记忆成为主要识记方式，其中的抽象记忆进一步代替形象记忆，并在理解记忆和机械记忆间表现出明显的性别差异[②]。

3）感知、思维和想象。感觉是人脑对直接作用于感觉器官的客观事物的个别属性的反应，知觉则是对事物整体属性的反应。知觉是在感觉基础上形成的，各种感觉在构成知觉时发生有机联系[③]。与之类似，思维也是对客观事物的反应，它是经过人脑加工的间接认知。学生思维能力的发展是一个从形象思维逐渐向抽象思维过渡，并最终形成以逻辑抽象思维为主要思维形式的过程。想象则是在客观事物的影响和言语的调节下，使得人脑中已有的表象经过改造和结合而产生新表象的心理过程[④⑤]。

在小学阶段，感知发展的主要特征是随着年龄的增长和教学的促进，不断从浅层向深层发展。同时，其思维方式由具象向抽象过渡，学生在低年级主要掌握直观具体的知识和简单的可直接感知的概念，到高年级则逐渐开始辨别抽象概念与具体事物的区别，但仍需要联系感性经验；在想象

① 曹华娟．基于心理发展规律视角的中学地理教材图像系统评价及优化研究——以湘教版必修二为例［D］．湖南科技大学，2019.
② 同上。
③ 黄珉珉主编．心理学［M］．合肥：中国科学技术大学出版社，1995：45.
④ 朱智贤．儿童心理学［M］．北京：人民教育出版社，2003：443.
⑤ 戴莉芳．基于儿童心理学的小学室内教学空间设计研究［D］．广西师范大学，2020.

方面，小学阶段发展的主要特点是从无意想象到有意想象，通过教师的引导学习使得学生的有意想象得到发展。同时，随着学生年龄的增长和认知以及思维的发展，想象中的创造性成分和逻辑性也日益增加。到中学阶段，学生的抽象逻辑思维明显占据优势，并向着理论性抽象逻辑思维进一步发展，思维整体结构基本趋于稳定，并能根据事物的本质和内在联系进行合理的判断和演绎，懂得现实和虚拟之间的区别，还能不受事物本身的限制提出假设、推理和论证，从而发现事物的内在联系[①]。到后期，学生的辩证逻辑思维基本形成，其思维的深刻性日益提高、思维的创造性也日益增强。同时，中学阶段学生想象的创造性、现实性和开阔性都比之前更为完善，具体表现为：完成复杂想象任务的速度加快；对具体表象在细节上的反应更为精准；对想象对象整体、综合的映射更具体[②]。

（2）情感意志和个性发展特征

1）情感意志。学生的学习过程受到智力因素与非智力因素的协同影响，而情感和意志因素则与学生的道德品质、智力活动和心理健康等均有密切关联，因而能够深刻影响学生的学习效果。

皮亚杰认为，儿童的认知发展是分阶段的，而且情感与认知是平行发展的。在小学阶段，小学生的情绪会不断丰富，程度也有所发展，意志调节与支配能力也在逐步提高，因而情感的稳定性日益增强[③]；当小学生个体意识逐渐形成之后，各种情感逐渐得到平衡，开始形成道德、理智和审美等方面的高级情感。与此同时，随着学习活动的要求，小学生逐渐可以调节控制自己的意志力，虽然其意志发展还不完善，但较学龄前儿童已有很大进步。到中学时期，随着身心发展的成熟，学生的情感体验出现新的特征，包括产生与社会评价和自我评价相关的情感、情感表征逐渐内隐、情绪易受外界干扰而波动较大且可能自相矛盾[④]、开始建立较为稳定的友谊、情感的社会性更加明朗、在道德理智和审美等方面的高级情感得到进一步发展等。在此基础上，中学生在适应学习活动、生理变化、情感波动等一系列活动时都需要意志力的参与，因此，其意志行动也就逐渐得到发展，主要表现为：意志行动目的性增强、主动性提升、对教师及家长的依赖性下降，特别是在完成学习任务时学习态度与克服困难的毅力随年级的升高而增强，但容易混淆坚定与执拗、勇敢与蛮干、无畏与冒险等[⑤]。

2）个性。个性是个人对其他人所显示的带有倾向性的、稳定的、独特的、整体性的面貌[⑥]。

在小学阶段，个性中具有代表性的心理特征，如自我意识、性格等均得到迅速发展。随着小学生自我意识在入学后的加速发展，其自我评价能力进一步增强，从具体评价逐步过渡到抽象、概括的评价，并发展出一定的独立见解，其自我评价更加稳定，并具备了一定的道德评价能力，但总体来说，小学生的自我评价能力仍较低，往往对自身缺点认识不足。同时，小学生情绪也逐渐丰富，并在高年级时表现出明显的独立性，但自制力与毅力有所下降。此外，小学生在理智方面稳步发展，并在六年级达到高峰。到中学阶段，学生的个性发展趋于稳定，自尊心和自信心不断增强，对

---

① 张春兴．教育心理学［M］．浙江：浙江教育出版社，2005．34-45.

② 曹华娟．基于心理发展规律视角的中学地理教材图像系统评价及优化研究——以湘教版必修二为例［D］．湖南科技大学，2019.

③ 曲连坤，傅荣，王玉霞．第三部分 中小学生心理特点与心理健康教育 第二讲 中小学生情感、个性发展特点及品德、社会发展特点［J］．中小学心理健康教育，2002（08）：33-35.

④ 任艳．中学生心理特征与提高生物教学有效性的研究［D］．上海师范大学，2013.

⑤ 同上。

⑥ 郭亨杰主编．童年期发展心理学［M］．江苏：南京大学出版社，2000：291.

外界评价高度敏感，胜负心强，但由于思维相对片面，因而易偏激和动摇[①]。同时，中学生往往表现出热情、重感情等特质，但情绪波动性大，其激情常占有较大成分。最后，中学生性格尚未定型，虽然精力充沛、能力不断提高，但还需要外界予以恰当的引导。

1.5 教学模式转变下的空间需求转型

随着教育学科自身的发展，我国中小学教育教学模式也在发生转变。中华人民共和国成立初期，我国教育资源尚不充足，教学活动主要追求效率，即利用较少的教师和教学硬件培养尽可能多的学生。此后，随着我国社会经济的发展和教师队伍的壮大，加之人本化、以学生为中心等教学理念的普及，教书育人的质量逐渐成为中小学教育发展的重点。在教学模式的转变下，相应中小学校建筑空间的需求亦随之转型。

1.5.1 以“编班授课制”为代表的工业化教学模式

“编班授课制”是一种典型的工业化教学模式，能够相对高效地向学生传递知识信息，这一模式自17世纪出现，直到20世纪60年代走向成熟，在我国早期中小学教学中广为应用。在1632年的《大教学论》中，捷克教育学家扬·阿姆斯·夸美纽斯（Comenius Johann Amos）系统地阐述了“编班授课制”的基本模式，即以课堂为单位，将学生按照不同年龄或知识程度编成班级，教师按不同专业设置学科，教学大纲规定授课内容，并在固定的时间内进行封闭式教学[②]。其教学的特点在于将技能知识形成系统并固定下来，再借助课本以及其他信息传播渠道，由一位老师即可向数十人传授教导，充分发挥教师的主动作用，以高度集中、高度统一的授课模式，产生高效的教学效率，这是一种以教师为中心的教学组织方式。同时，这一模式符合针对不同年龄段的学生进行针对性教育的思想，也符合工业革命时期大规模工业化组织生产的特点。

在编班授课制教学模式下，教学空间主要采用以教师为中心的组织逻辑。不论采用矩形、圆形、龟形或其他形态的教室，均要求将教师所在的“讲台”设置在视线中心，学生所在空间则居于从属地位。在此基础上，“班级”与教室一一对应，构成教学空间的基本单元，并由走廊串联在一起，进一步形成按“年级”划分的明确组团。由于编班授课制要求学生在本班教室内完成大部分学科的课程学习，因此，相应教学空间多注重不同学科学习的共性需求，并兼顾一定程度的可变性；而不同班级对教室空间的需求则基本相同，较为同质化。对于音乐、美术、科学实验、计算机等对教室有显著特性需求的教学内容，则另外设置相应的专业教学空间，由此形成了普通教学区、专业教学区以及教师办公与管理空间等功能空间。为了追求“效率”，编班授课制模式下的中小学建筑各功能区在空间划分上一般要求泾渭分明，各功能区之间也要求避免相互干扰，因此大多较为封闭。

① 姜沂林．伦理学视角下的未成年人犯罪问题研究［D］．曲阜师范大学，2015．
② 戴莉芳．基于儿童心理学的小学室内教学空间设计研究［D］．广西师范大学，2020．

1.5.2 以“素质教育”为核心的人本化多元教学理念

改革开放以来，我国对教育的投入不断增加，特别是在教育条件得到极大改善的同时，以“素质教育”为核心的教育教学质量逐渐成为我国中小学教育发展的重心。我国的素质教育开始于1985年。当时的《中共中央关于教育体制改革的决定》这样指出：“在整个教育体制改革过程中，必须牢牢记住改革的根本目的是提高民族素质，多出人才，出好人才。”[①]此后，《中华人民共和国义务教育法》《中共中央关于社会主义精神文明建设指导方针的决议》和中共十三大报告均强调“提高整个中华民族的思想道德素质和科学文化素质”[②]。

1993年2月，中共中央、国务院在《中国教育改革和发展纲要》中指出：“中小学要从‘应试教育’转向全面提高国民素质的轨道，面向全体学生，全面提高学生的思想道德、文化科学、劳动技能和身体心理素质，促进学生生动活泼地发展，办出各自的特色”，并提出了全面提高学生四个方面素质的要求[③]。在此基础上，中共中央在1994年召开的全国教育工作会议上提出：“基础教育必须从‘应试教育’转到素质教育的轨道上来，全面贯彻教育方针，全面提高教育质量”[④]。同年，《中共中央关于进一步加强和改进学校德育工作的若干意见》明确指出：“增强适应时代发展、社会进步以及建立社会主义市场经济体制的新要求和迫切需要的素质教育。”[⑤]“素质教育”一词正式进入中共中央文件。1999年6月，中共中央、国务院发布了《关于深化教育改革全面推进素质教育的决定》，该决定规定：“实施素质教育，就是全面贯彻党的教育方针，以提高国民素质为根本宗旨，以培养学生的创新精神和实践能力为重点，造就‘有理想、有道德、有文化、有纪律’的、德智体美等全面发展的社会主义事业建设者和接班人。”[⑥]由此，素质教育在全国范围内得到全面推行。2015年，全国人大修订《义务教育法》，在第三条中补充了“实施素质教育”，并将其作为“贯彻国家教育方针”的一种措施，并成为国家法律[⑦]。

2010年发布的《国家中长期教育改革和发展规划纲要（2010—2020年）》进一步将实施素质教育提高到“战略主题”的地位，该纲要指出：“坚持以人为本、全面实施素质教育是教育改革发展的战略主题，是贯彻党的教育方针的时代要求，其核心是解决好培养什么人、怎样培养人的重大问题，重点是面向全体学生、促进学生全面发展，着力提高学生服务国家与服务人民的社会责任感、勇于探索的创新精神和善于解决问题的实践能力。”[⑧⑨]2017年9月，中共中央办公厅、国务院办公厅印发《关于深化教育体制机制改革的意见》，明确提到：“全面贯彻党的教育方针……全面深化教育综合改革，全面实施素质教育，全面落实立德树人根本任务。”[⑩]同年，习近平总书记在党的十九大报告中提出了“发展素质教育”的理念。2018年9月全国教育大会之后，主管教育工作的

---

① 中共中央关于教育体制改革的决定［J］. 中华人民共和国国务院公报，1985（15）：467-477.
② 李惠民. 上海交通港航干部教育培训工作的思考［J］. 城市公用事业，2010，24（02）：37-38+44.
③ 中共中央、国务院关于印发《中国教育改革和发展纲要》的通知［J］. 中华人民共和国国务院公报，1993（04）：143-160.
④ 严文清. 素质教育的历史演进及价值探析［J］. 学校党建与思想教育（上半月），2008（02）：8-11.
⑤ 中共中央关于进一步加强和改进学校德育工作的若干意见［J］. 人民教育，1994（10）：3-5+11.
⑥ 中共中央、国务院关于深化教育改革全面推进素质教育的决定［J］. 中华人民共和国国务院公报，1999（21）：868-878.
⑦ 王义遒. 素质教育：回顾与反思［J］. 北京大学教育评论，2019，17（04）：58-74+185-186.
⑧ 国家中长期教育改革和发展规划纲要（2010—2020年）［N］. 人民日报，2010-07-30（013）.
⑨ 黄小梅. 规训与教化——基于教育目的的研究［D］. 广东：华南师范大学，2012.
⑩ 中共中央办公厅、国务院办公厅印发《关于深化教育体制机制改革的意见》［J］. 中国民族教育，2017（10）：4-7.

孙春兰副总理指出："素质教育是教育的核心。"[①]

在相关政策的倡导监督以及教育工作者的共同努力下，"素质教育"在我国中小学教育教学中得到了有效实施。一方面，在相关政策和招生考试制度改革的引导下，诸如取消"小升初"考试、改进评价制度、改革高考的方式和内容、实行分类考试、规范和减少加分制度等，中小学学生课业负担得到一定程度的缓解，也更加注重德智体美的全面发展；另一方面，围绕素质教育的人本化多元教育理念和教学模式在中小学教育中得到发展和推广，比如愉快教育、情境教育等教育模式，以及基于新课程改革的教师教学方式和学生学习方式的改变[②]。

素质教育并非对传统教育模式的全面否定，而是对传统模式的改进和发展，其核心目标是提高受教育者诸方面素质，重视人的思想道德素质、能力培养、个性发展、身体健康和心理健康教育[③④]。因此，在素质教育的全面发展下，我国中小学教育对校园空间、校舍空间的需求虽然总体上与以往一致，但在空间形态和组织方式上有较大差异，这主要包括三个方面：一是更加关注中小学学生的特性需求并提供空间支持，比如不同年龄层次学生的交往模式差异、不同内容的学习方式差异等；二是更注重不同学生群体、不同学科之间的交流、融合，并从空间上提供支持；三是更强调学生的主体地位，并要求在空间上予以体现。其中较为典型的是在小学中实行"混班制"、在中学中实行"走班制"。

"混班制"主要是将不同年龄的儿童编在一个班级中一起游戏、生活和学习。有研究指出，同班学生的多样化有助于认知和社交能力的增长，减少反社会行为，促进以研究为基础的、适应发展的、适宜的教学方法的实施，如主动学习综合课程；而且混班学生的年龄和能力差别能防止教师将年龄与年级简单地对应，更关注学生的个人学习需求。同时，混班教学也提高了对教师的要求，不仅增加了教学工作量，还需要经验丰富的教学经验。因此，目前"混班制"在我国的实施更多是基于现实原因，比如部分欠发达地区的校舍、师资不足，或部分学校生源规模不够等。在"混班制"教学模式下，相应的教学空间要求具有较高程度的复合性和灵活性，以便兼顾不同年龄段学生对空间尺度与空间形式的需求。

"走班制"主要指不把学生固定在一个教室。根据学科或教学层次的不同，学生在相应的教室中流动上课。学科的教室和教师固定，学生可根据自己的能力水平和兴趣选择在符合自身发展的层次班级上课。不同层次的班级，其教学内容和程度要求不同，作业和考试的难度也不同[⑤]。在该模式下，日常管理仍在一个固定的班级，称之为"行政班"，但学生可以自由选择上课的内容和学习的教室，学生走班后上课的教室称为"教学班"。不同班级的学生，可以根据自己所选科目的不同到不同的教室上课，需要时也会在教学班上自习[⑥]。在此模式下，教学空间应更契合相应学科及其教学层次的功能特点，而不再适合采用传统的同质化教学单元。此外，由于走班制模式下的学生需经常往返于不同教室，其动线与传统模式大相径庭，因此，其教室单元之间的组织方式也将有别于传统编班的授课制模式。

---

① 王义道．素质教育：回顾与反思［J］．北京大学教育评论，2019，17（04）：58-74+185-186.

② 褚成霞．高中生物高效课堂教学研究［C］．//中国教育学会基础教育评价专业委员会2017年专题研讨会论文集．2017：677-678.

③ 苏婷．伴随改革开放而来的教育和社会变革［N］．中国教育报，2008-11-05（004）.

④ 陈永金．新的学期怎能以悲剧开始？［EB/OL］．（2014-09-02）［2023-04-18］．https://blog.sciencenet.cn/blog-200380-824229.html.

⑤ 李萍．"走班制"十字路口的冷思考［N］．中国教育报，2015-11-12（006）.

⑥ 百度百科．走班制［EB/OL］．［2023-04-18］．https://baike.baidu.com/item/%E8%B5%B0%E7%8F%AD%E5%88%B6.

1.5.3 新时期强调跨学科实践的综合性教学理念

跨学科教学起源于国外，包括以学科为中心的多学科课程、以各学科共同拥有内容为中心的跨学科课程、以学生困惑与兴趣为中心的超学科课程以及现象教学等。我国关于跨学科教学的研究起步于20世纪90年代，最早出现在高等教育阶段。随着科技和社会的发展进步，基础教育阶段的跨学科教学实践也逐渐发展起来，并涉及英语、生物、地理、美术等诸多学科的综合教学。

Shoemaker最早对“跨学科教学”一词进行了界定：指跨越学科界限，组合课程的各个方面，并建立有意义联系，从而帮助学生在更宽广的领域中学习的教学[①]。国内主流观点认为：“跨学科教学”是指将一门学科作为核心并在其中确定一个中心题目，围绕中心题目运用不同学科的知识，展开对所指向的共同题目进行加工和设计教学[②]；或是跨越学科界限，在注重各学科内在逻辑的基础上建立学科间的联系，整合学科并在教学实践中实施整合后的多学科融合教学[③]。

在各类相关教育研究和实践中，“STEM”模式是相对最为典型且影响深远的综合性教育模式，它强调跨学科的实践。所谓“STEM”即为科学（Science）、技术（Technology）、工程（Engineering）与数学（Mathematics）[④]，这之后学界加入了“艺术（Art）”一项，并进一步形成了“STEAM”教育模式。

1986年，美国国家科学委员会首次提出STEM教育理念，旨在让本科生在科学、技术、工程和数学领域综合发展，用以提升其科技创造能力[⑤]。STEM教育理念被逐渐引入中小学教育后，其STEM教育逐渐发展为培养学生动手实践、逻辑思维、综合运用所学知识能力的教育。发展至今，美国的STEM教育形成了由政府、社会企业与学校等各方面共同参与的全面综合发展体系[⑥]。

STEM教育最核心的特点就是“跨学科”与“整合”，它包括内容整合、辅助式整合和情境整合[⑦]。因其强调学科之间的交叉和融合[⑧]，因此，它不仅锻炼了学生综合运用知识与解决实际问题的能力，而且更是对教师教学创新能力的极大考验。STEM教育要求在教学过程中关注学生的学习过程并打破学科界限，注重知识的内在逻辑和跨学科整合，通过综合运用科学、技术、工程和数学领域的学科知识（或其他学科），来解决特定的实际问题或实现项目目标[⑨]。这种模式能够有效地改善传统的分科教学难以充分匹配实际问题的弊端[⑩]。具体来说，STEM教育首先是一种抽象的、有别于传统的教育理念，其实际所教授的内容可以超出组成STEM的4门学科范畴，并涵盖所有理工科和人文科学[⑪]，进而发展为STEMx，这也是目前被广泛接受的STEM教育形式。与此同时，STEM也可以是一种具象的课程模式，即向学生教授STEM的4门课程和综合运用STEM知识的独立课程，比如围绕若干“STEM项目”的课程形式。无论是作为课程还是系统的教学理念，

---

① Shoemaker B J E. Integreted education:a curriculum for the twenty-first century [J]. Oregon School council Bulletin，1989，33（02）：1-46.

② 杜惠洁，舒尔茨. 德国跨学科教学理念与教学设计分析［J］. 全球教育展望，2005，34（08）：28-32.

③ 于国文，曹一鸣. 跨学科教学研究：以芬兰现象教学为例［J］. 外国中小学教育，2017（07）：57-63.

④ 尹英. STEM教育：迎接变革时代新浪潮［N］. 社会科学报，2020-10-29（001）.

⑤ 王文静. 情境认知与学习理论：对建构主义的发展［J］. 全球教育展望，2005（04）：56-59+33.

⑥ 苏笑悦. 适应教育变革的中小学教学空间设计研究［D］. 华南理工大学，2020.

⑦ 陈晓宇. 教育公平与中小学布局研究［R］. 北京：北京大学基础教育中心，等，2020.

⑧ 苏笑悦，陶郅. 综合体式城市中小学校园设计策略研究［J］. 南方建筑，2020（01）：73-80.

⑨ 李明，潘福勤. AQAL 模型及其心理学方法论意义［J］. 医学与哲学（人文社会医学版），2008（01）：37-39.

⑩ 江净帆. 小学全科教师的价值诉求与能力特征［J］. 中国教育学刊，2016（04）：80-84.

⑪ 彭红超，祝智庭. 深度学习研究：发展脉络与瓶颈［J/OL］. 现代远程教育研究，2020，32（01）：1-10.

STEM教育在教学方式上都具有跨学科、趣味性、体验性、情境性和协作性等有别于传统教育的特点[①]，能够更好地培养学生的创新能力、思考能力、协作能力和解决问题的能力，并实现所学知识的综合运用。

我国于2001年前后开始在科技教育领域引入STEM教育[②]，国内学术界则于2008年开始系统引介美国的STEM教育[③]，相关话题随即成为学术热点。与此同时，相关政策也开始鼓励STEM教育实践，例如《关于“十三五”期间全面深入推进教育信息化工作的指导意见（征求意见稿）》（2015）中提到“探索STEM教育、创客教育等新教育模式，使学生具有较强的信息意识与创新意识”[④⑤⑥]，《教育信息化“十三五”规划》（2016）则进一步要求“有条件的地区要积极探索信息技术在众创空间、跨学科学习（STEM教育）以及创客教育等新的教育模式中的应用”[⑦⑧]。此后，教育部印发的《义务教育小学科学课程标准》（2017）与中国教育科学研究院发布的《中国STEM教育白皮书》均将STEM教育列为新课标标准的重要内容[⑨]。

目前，STEM教育理念正在逐步影响我国相关课程的教学方式，形成了以综合实践课程、信息技术课程和通用技术课程等为代表的系统性课程[⑩]。在教学实践中，主要通过验证型、探究型、制造型与创造型4种模式来实现STEM教学目标[⑪]，即利用STEM知识进行原理的验证、探究未知的结果、制造与改良物品、设计与创造新物品。目前，国内有学校专门以STEM教育为特色，如杭州大关实验中学，被称为中国第一所STEM学校。

① GB 50099—2011，中小学校设计规范［S］. 北京：中华人民共和国住房和城乡建设部，2010.
② 史建. 建筑还能改变世界——北京四中房山校区设计访谈［J］. 建筑学报，2014（11）：1-5.
③ 蓝冰可，董灏. 北大附中朝阳未来学校改造项目［J］. 建筑学报，2018（06）：50-55.
④ 唐文韬. 基于STEAM教育理念的中学阶段教学空间环境模式研究［D］. 西安建筑科技大学，2020.
⑤ 教育部办公厅. 教育部办公厅关于征求对《关于“十三五”期间全面深入推进教育信息化工作的指导意见（征求意见稿）》意见的通知［EB/OL］.（2015-09-02）［2023-04-18］. http://www. moe. gov. cn/srcsite/A16/s3342/201509/t20150907_206045.html.
⑥ 张佳晶. 高目设计过的K-12［R］. 上海：北京中外友联建筑文化交流中心，等，2019.
⑦ 教育部关于印发《教育信息化“十三五”规划》的通知［J］. 中华人民共和国教育部公报，2016（Z2）：46-52.
⑧ 何健翔，蒋滢. 走向新校园：高密度时代下的新校园建筑［R］. 深圳：深圳市规划和自然资源局，2019.
⑨ 张振辉. 从概念到建成：建筑设计思维的连贯性研究［D］. 广州：华南理工大学，2017.
⑩ 温凯.“全课程”背景下的包班制班级建设［J］. 教育理论与实践，2018，38（23）：25-27.
⑪ 荣维东. 美国教育制度的精髓与中国课程实施制度变革——兼论美国中学的“选课制”“学分制”“走班制”［J］. 全球教育展望，2015，44（03）：68-76.

第2章

中小学教育建筑规划模式特征与演进

教育（Education）作为人类日常生活中最重要的实践活动之一，其最早的历史可以追溯到人类社会的初生期。对于教育的起源，学界提出了“神话起源说”“生物起源说”“心理体验说”以及“劳动起源说”等不同观点。这表明，教育活动本身具有极强的复杂性，同时，它也是一个不断动态发展的概念。因此，承载着教育功能的物质空间形态也随着教育理念的变化而不断发展，由封闭走向开放，由单一走向多元。通过对中小学教育建筑规划模式特征与演进过程的梳理研究，能够较为清晰地反映出人类社会教育理念与社会思潮的变迁，并为现代中小学教育建筑的设计研究提供思路。

2.1 工业革命前的教育空间演变历程

建筑师路易斯·康曾说过：“学校的开始是一个人在树下对其他人讲他的领悟，老师不晓得他是老师，学生不晓得他是学生。”这种思想追根溯源，来源于古希腊柏拉图的“美诺悖论”，即教授（Teach）的过程并不存在“教”与“学”，只存在所谓的“唤起”（Recall），这一观点被视为经典定义[①]。而在梵蒂冈博物馆依旧保留着文艺复兴时期拉斐尔所创作的《雅典学院》作品，它清晰地刻画出了文艺复兴时期人们想象中的柏拉图与亚里士多德之间的“唤起”，这在一定程度上反映了欧洲早期教育功能建筑的空间氛围和空间模式。当然，帆拱其实是拜占庭时代出现的产物（图2-1）。

图2-1 《雅典学院》拉斐尔
图片来源：百度百科

① 马清运．西方教育思想及校园建筑——新校园建筑溯源［J］．时代建筑，2002（02）：10-13.

总体来看，教育活动因为教授模式的差异而在东西方产生了不同的空间雏形，但都经历了具有一定相似性的发展历程。英国历史学家埃里克·阿希比（Eric Ashby）以教学方式的发展作为主线，将欧洲原始社会到工业革命前的教育历程以4次重要教育变革进行划分，当然从社会制度以及建筑空间的模式上来讲，这样的划分似乎有进一步深化的可能。

2.1.1　文字与口语作为媒介时期

在远古时期，教育的活动形式大多较为封闭，由家族或家庭来承担完成（图2-2），主要以口语以及早期的文字作为媒介。这一阶段社会生产力较为低下，因此，教育并不具有独立性，而是与劳动生产活动紧密相连，具有自发性、全民性、广泛性、无等级性和无阶级性的特征。甲骨文中的“学”一字，其上部描绘的是一双手在摆弄算数使用的棍棒，而下部则是一栋建筑（图2-3），因此，我们可以推断在原始社会中应该已经出现了承担教育功能的建筑空间。

图2-2　柏拉图学院绘画
图片来源：百度百科

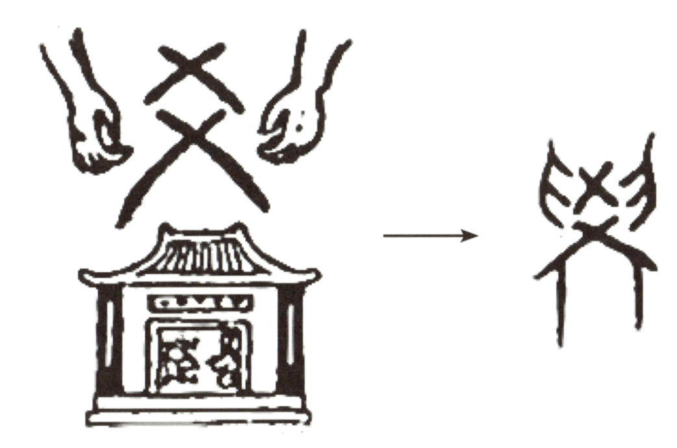

图2-3　“学”字的起源
图片来源：百度百科

2.1.2　依托于教育工作者的文化传递时期

在公元前2600年至公元前500年左右，教育活动的责任逐渐由家族转向社会。这一时期，西方世界出现了部分较为著名的高等教育组织，例如，古罗马时期雅典“学院”（Academy）的兴盛使得许多罗马上层阶级的家庭将子女送至雅典或罗德岛“留学”，但大部分的初级教育依旧由家庭承担。许多巴尔干及小亚细亚地区的居民以奴隶身份成为罗马贵族子女的初级家庭教师，在期满后其家主常常给予他们“解放”。这反映出，这一时期西方基础教育体系已经出现，但并未形成较为稳定的公共教育机构。

而在东方，从商周时代直至东汉时期，已先后出现了“大学”“小学”“庠”“序”“太学”等官私教育机构。至魏晋南北朝时期，北魏开设了儒学馆、玄学馆、文学馆和史学馆，合称“四馆”，并建立了“九品中正制”这一人才选拔机制。在本质上，这是新兴的士族地主阶级进入权力核心阶层的诉求，也反映出东方早期教育体系的建立使得掌握知识的士族阶层的规模不断壮大，最终形成了一股可以左右国家决策的政治力量。从这一角度来看，东方文明更早地形成了具有一定系统性的教育机构及体系。

由于文字信息受到传播手段的限制，这一时期的东西方公共教育机构主要还是依托于教学者的自身宣讲，并形成了许多以著名学者为核心的学派组织，比如芝诺（Zenon）开办的斯多噶学派（Stoics）学校、亚里士多德创办的吕克昂（Lycem）以及以孔子为代表的儒家学派。因此，各教育机构教学模式不尽相同，空间上也未形成较为稳定的模式。

2.1.3 东西方教育空间模式的雏形

英国历史学家埃里克·阿希比以教学方式的发展作为主线的划分模式，将西方中世纪与古典时期归为同一阶段，而在东方与其时间大致对应的即是隋唐以前与唐至明代。事实上，在这一过程中，东西方教育活动的模式均出现了较大的变化。在西方，即是罗马帝国的灭亡与宗教的兴起；而在东方，则是隋唐重归大一统与科举制度的建立。

（1）西方早期教育空间模式

在欧洲，随着罗马帝国国家体系的崩溃，“罗马统治下的和平”也不复存在，欧洲开始形成以各个主体民族为核心的政权。此时，基督教的传播使得欧洲在王权之外形成了神权上的大一统。因此，中世纪的公共教育机构大多具有浓厚的神教氛围。此外，公共教育建筑也大多与宗教息息相关。自公元8世纪起，英格兰的教会组织开始承担社会的公共教育职责，同时，还有记录表明，中世纪晚期英格兰的各级教会组织还会挑选成员进入牛津等院校进行深造[①]。因此学界普遍认为，直至1088年世界上第一所大学——意大利博洛尼亚大学（University of Bologna）的建立标志着欧洲的公共教育建筑依旧处于中世纪宗教建筑的影响之下。

从博洛尼亚大学、牛津大学以及北卡罗来纳大学的平面组织，可以很明显地看出西方教育建筑形态发展演进的模式（表2-1）。在博洛尼亚大学的校园平面中，其空间多为完整的封闭四边形院落，在院落内保证较为集中的内部空间，并造成了单个院落的独立性以及整体对外的封闭性。这一特点在12世纪建立的牛津大学当中尤为明显，并产生了“四方院”（Quadrangle）的形态模式。牛津大学的教育机构体系在本质上为一种“邦联制”[②]，即学院的独立性较强，学校多为独立学院的集合，因此，形成了以“四方院”为基本单元的教育建筑群组。

（2）东方早期教育空间模式

非常巧合的是，东方世界中大一统的晋朝与欧洲的罗马帝国一样面临着民族大迁徙所导致的三世纪危机，或许这一时期东西方文明所面临的危机本质上具有相同的根源。晋朝以后，随着“五胡乱华”事件的发生，东方世界也经历了一段短暂的“中世纪”。在这一时期遗存的器物当中，也出现了寨堡式的“坞堡”。但东方文明在短暂的分裂之后，由于地缘政治等原因，又快速地转变为较为稳定的南北朝时期，这使得教育活动受到的影响较小，并且快速恢复。这一时期，北魏献文帝建设了“四馆”，并为唐宋教育体系的完善奠定了基础。而由汉族文明所创造的早期教育体系，最终在一个汉化的鲜卑政权时代中得到完善，这或许也是教育活动本身存在的意义。

---

① 王帅．中世纪晚期英格兰修道院状况考察［D］．天津师范大学，2013.

② 王卉，黄媛媛．西方校园设计发展史及校园公共空间活力探索与营造［J］．中外建筑，2021（03）：66-79.

欧洲早期教育建筑的形态演变　表2-1

博洛尼亚大学	牛津大学	北卡罗来纳大学
11世纪	12世纪	16世纪
城市中的巴西利卡	郊区里的四方院	新大陆的中央绿地
教育建筑处于紧凑的城市环境中，其内部空间延续城市逻辑，庭院呈现不规则的形态，并设置有巴西利卡。	教育建筑的基本形态以及与城市的关系，四方院成为其主流的基本范式，而且庭院空间封闭且规则。	封闭的庭院形态已逐步瓦解，并形成了较为松散的绿地空间，其中多个建筑体量围绕绿地空间形成开放的群组。

图片来源：Google Earth与自绘

唐宋以后，科举制度打开了阶级跃迁的通道，教育活动的规模也进一步扩大。因此，在官学之外，大量私塾以及书院开始兴盛。开元十三年唐玄宗设集贤殿书院，开创书院建筑之先河。而宋代官学衰弱，大量的私学兴起，如白鹿洞书院、岳麓书院等皆形成于宋代。根据湖南大学相关学者的研究，通过类型学的方法，可以将传统书院的空间布局与群体组合大致划分为5种基本构成模式，即：a）单轴线串联型；b）天井院落型；c）轴线院落复合型；d）内聚型；e）有机自由型[①]（见表2-2）。同时，建立起岳麓书院与湖南大学校园数个发展阶段之间的空间形态联系。还有学者以传统佛教寺院与书院的“学修”空间为研究对象，探索其内在的相似性[②]。

① 雷沐羲．传统书院空间形态类型研究［D］．湖南大学，2016.
② 刘聪玲．寺院与书院的传统“学修”空间比较研究［D］．湖南大学，2020.

中国传统教育空间组织类型　表2-2

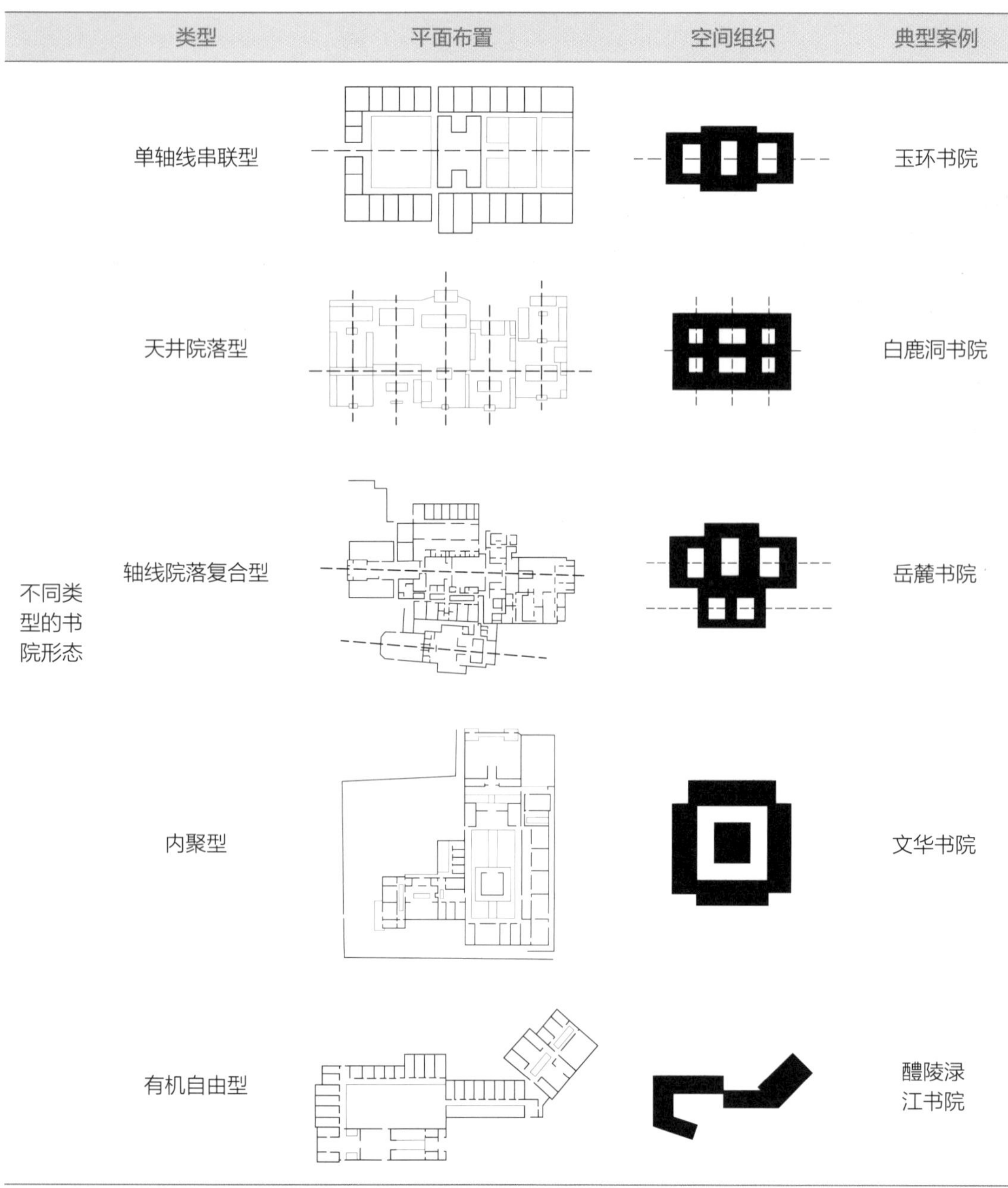

类型		平面布置	空间组织	典型案例
不同类型的书院形态	单轴线串联型			玉环书院
	天井院落型			白鹿洞书院
	轴线院落复合型			岳麓书院
	内聚型			文华书院
	有机自由型			醴陵渌江书院

图片来源：改绘自湖南大学雷沐羲《传统书院空间形态类型研究》

2.1.4　印刷术带来的初等教育与空间形态演进

自10世纪以后，随着生产力的提高，西欧封建体系与庄园经济所产出的生活必需品已逐渐满足人们的日常需要，大量人口转移到了城市，并推动了城市手工商业的发展。直至12世纪，随着早期资产阶级的壮大，欧洲大量城市通过不断的抗争与封建领主之间达成了“金钱换取自主权”的契约，形成大量“自由市”。随之而来的是大量行会技能类学校与城市世俗学校的兴起。该类学校早期依旧会聘请一部分教士作为教师，且在教授的过程中存在大量宗教性的内容，但其控制权属于世俗的城市市政管理机构。因此，这一类学校可以看作是文艺复兴时期教育机构的雏形①。

① 黄虹．论文艺复兴时期意大利的初、中等学校教育［D］．四川大学，2003.

马克思在《机器、自然力和科学的应用》一书中说，“火药、指南针、印刷术——这是预兆资产阶级社会到来的三大发明”。当印刷术传入欧洲后，价格高昂的羊皮纸与手抄书籍成为历史，随之一同成为历史的还有教会组织对于知识的垄断。人文主义精神的出现则进一步扩展了教学内容与目标，以宗教经文为核心的中世纪教育体系被彻底突破，中世纪晚期的行会学校与世俗学校逐渐分化为大学以及初等（中小学）学校[①]。教育学家伊拉斯提出的“儿童在道德和学习上受到良好培养的同时也应当重视学习和身体健康的关系”的观点，可以很好地反映出初等学校在这一时期出现的人文主义因素。

在空间形态上，不同于中世纪封闭的“四方院”群组，16世纪中期的贡维尔·查维斯学院（Gonville Caivs）的校园规划有明确的中轴线与中心，并将四边形封闭院落的一侧打开以形成全新的格局与单体形式[②]，为随后的校园建筑群及建筑单体的布置提供了更加明确的布局模式，这也是教育建筑走向开放性的起始。从受到这一思想影响的剑桥大学伊曼纽埃学院（Emmanuel college，Cambridge）以及西尼苏塞（Sidney Sussex，Cambridge）两个学院的建筑可以看出，C字形的体块围合成开放庭院，一侧向城市道路打开，形成丰富的室内外关系（图2-4）。而在后来北美弗吉尼亚大学（The University of Virginia）的规划中，“四方院”的形制已弱化为由多组松散的建筑群所限定形成的中央绿地（图2-5）。

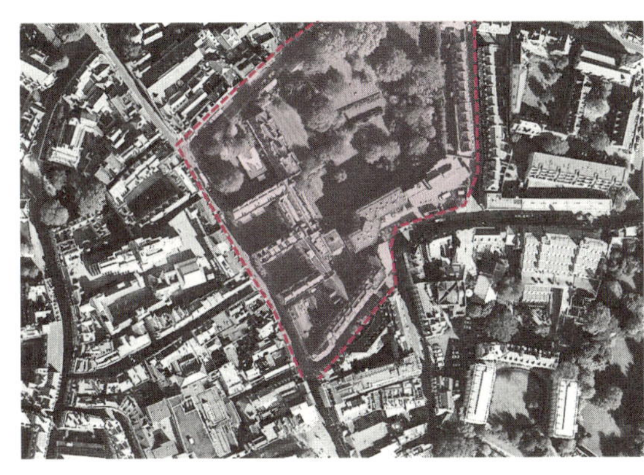

图2-4　剑桥大学伊曼纽埃学院与西尼苏塞学院

图片来源：Google Earth

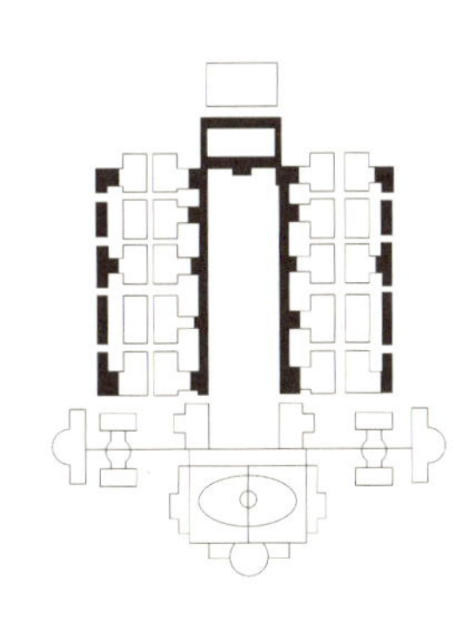

图2-5　弗吉尼亚大学规划平面

图片来源：Google Maps

① 覃壮才. 文艺复兴时期教育思想演变模式的研究［C］//纪念《教育史研究》创刊二十周年论文集（16）——外国教育思想史与人物研究. 2009：612-615.

② 马清运. 西方教育思想及校园建筑——新校园建筑溯源［J］. 时代建筑，2002（02）：10-13.

2.1.5 早期东西方教育建筑空间布局差异

从工业革命前的东西方公共教育建筑发展的过程可以看出，封闭的四边形院落是一种通用的早期形态范式，但东西方教育空间采用四边形院落的原因可能存在差异。

（1）东方教育建筑基本范式形成分析

东方传统书院是在“礼乐”制度下形成的，因此，其基本单元的形态以及群体间的空间组织模式与陕西岐山早周遗址当中所反映的模式具有相似性，皆为“以轴线层次序列，区别尊卑主次”。而经历了魏晋时期“舍宅为寺”的中土佛教建筑，其空间形态自然也与书院存在构成逻辑上的相似性。《说文解字》对于“塾”的释义为：门侧堂也。这表明“塾”字最早的含义是指门内东西两侧的堂屋。东方教育建筑雏形中的封闭四边形院落，其形式可能先于教育功能而出现。随着教育活动的开展，四边形院落中的某一部分开始作为教育空间使用，最终形成较为普遍的空间形态格局。

（2）西方教育建筑基本范式形成分析

在西方，英语中的校园（Campus）一词来源为拉丁语的Camp，原意指一块平原，后衍生出“教育机构所在地”之语义。因此，柏拉图与亚里士多德侃侃而谈的地方，或许并不像拉斐尔想象的那样——在一个穹顶控制的空间之下，而是在一片由柱廊或其他元素限定起来的室外空间当中。相对于巴西利卡（Basilica）所形成的具有神秘性且荫翳的仪式性空间而言，Camp所指代的空间给人以开放且通透的空间联想；而“四方院”这一由camp衍生形成的中世纪教育建筑原型，学界则普遍认为它与同时期僧侣的修行模式有关。

在罗马帝国灭亡后的很多年里，大量社会财富与资源掌握于教会手中。一方面，教会是为了培养自身所用的人才；另一方面，教会也是为了传播信条，因而开始承担社会的公共教育职责。所以，除了中世纪社会动荡所造成的防卫需求之外，修道院的封闭性既是仪式氛围的需求，同时也是其信仰模式中神秘性所注定的空间倾向。因此，中世纪欧洲教育建筑封闭性的形成或许深受寨堡建筑以及基督教教义的影响而具有双源性，并最终造就了“四方院”这一基本原型。

（3）基本范式的东西方对比总结

从空间需求的角度来看，四边形院落是一种既积极争取面积，同时又可以平衡建造难度的方式，这或许是这一形态成为东西方通用模式的原因之一。西方教育空间中的四边形院落具有内部空间的向心性，即内部院落成为整个建筑的核心；东方教育空间则沿袭了传统礼乐制度下的合院形式，并因地制宜地形成变化，其封闭四边形院落以北侧体量为主导，东西两侧以及院落皆作为前导空间以烘托北侧体量，而对于转角部分的空间则进一步弱化，以形成具有主次关系的空间层次。

东西方具有相似的教育建筑基本原型。西方在文艺复兴之后进一步突破了这一原型，走向开放式的自由布局，其背后是城邦制时代所产生的对于城市公共性的理解；而东方教育建筑则保持着封闭四边形院落所体现的“内敛”“中庸”的哲学思想，转而开始对内部空间与景观的联系进行思考。

2.2 以物质功能分区为主导的空间布局模式

此类布局模式主要应用于以“编班授课制”为代表的工业化教育体系。扬·阿姆斯·夸美纽斯（Comenius Johann Amos）提倡的“编班授课制”是在特定历史背景下对于教育活动效率的一种追求。其强调由教师对学生的“唤起”，即教育是一种对“异类”的同化行为。后来，维特根斯坦（Wittgenstein）从语言学的角度引用“+”（Plus）运算的例证提出了著名的“私人语言”悖论，并质疑了以对话为媒介的教育活动的作用。当然，这也明确地反映出：在这样的一种一方对于另一方的“教授”过程中，双方本质上其实已经遵循某种暗匿的准则。同时，其中一方也期待着对方取得与自身一致（in agreement）的结果。而这一本质规律使得在编班授课的模式中，具有以教师为核心、由教师向学生单向输出、忽视学生个体主观意志以及教育目标具有清晰的准则等特点。而这一系列特点伴随着现代建筑早期功能主义的建筑学思潮和很长时间段内的“应试教育”模式，它们共同作用形成了以物质功能分区为主导的中小学教育建筑布局模式，并且在很长一段时间内成为中小学教育建筑的基本原型。

2.2.1 工业化教育体系的形成

在文艺复兴时期，高等教育与初等教育逐渐分化，人文主义对于教学思想的启发也深刻地影响了教育模式的变革。在1632年的《大教学论》中，捷克教育学家扬·阿姆斯·夸美纽斯系统地阐述了“编班授课制”的基本模式。编班授课制以课堂为单位，将学生按照不同年龄或知识程度编成班级，教师按不同专业设置学科，教学大纲规定授课内容，并在固定的时间内进行封闭式教学。其教学的特点在于将技能知识形成系统并固定之后，再借助课本以及其他信息传播渠道，由一个老师向数十人传授教导，充分发挥教师的主动作用，以高度集中、高度统一形成高质量的教学效率，这是一种以教师为中心的教学组织方式。同时，这一模式既符合针对不同年龄进行针对性教育的思想，也符合工业革命时期大规模工业化组织生产的特点。这一模式自17世纪出现，直到20世纪60年代走向成熟。

2.2.2 强化行政功能的总体布局

在以物质功能分区为主导的教育建筑布局模式中，教育建筑空间按功能分为教学区、运动区、行政办公区以及生活服务区（图2-6）。在我国早期的中小学校园建筑设计中，常以行政办公区作为校园建筑群的核心，形成具有强烈轴线序列的空间关系。而随着教育理念的变化，教学区逐渐开始占据校园的主导地位，并且大功能区开始进一步细化（图2-7）。

教学区一般由普通教学区、专业教学区以及教师办公与管理空间组成，教学区主要按照年级设置教学楼或设置楼层，教学楼之间用连廊连接。中小学校园建筑设计规范对教室具有较为严格的朝

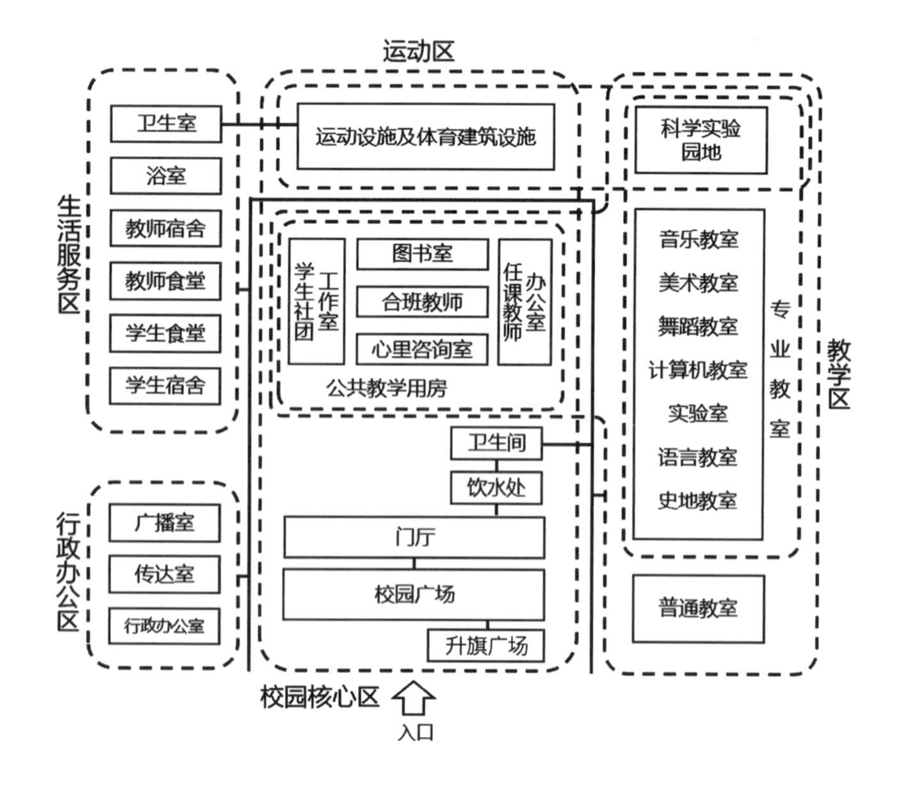

图2-6 教育建筑功能组织图，引自《建筑设计资料集（第三版）》

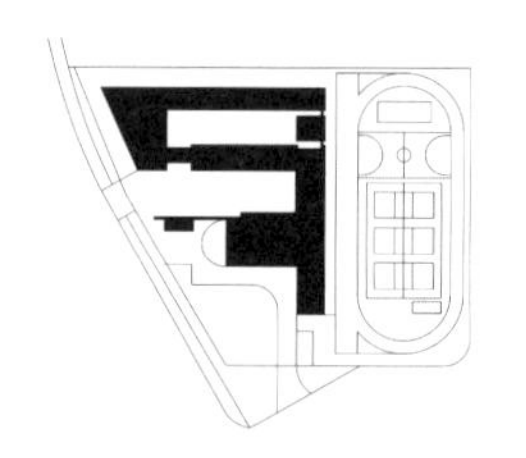

基地狭小以保证体育场地的排布为先

a. 以体育场地为主导

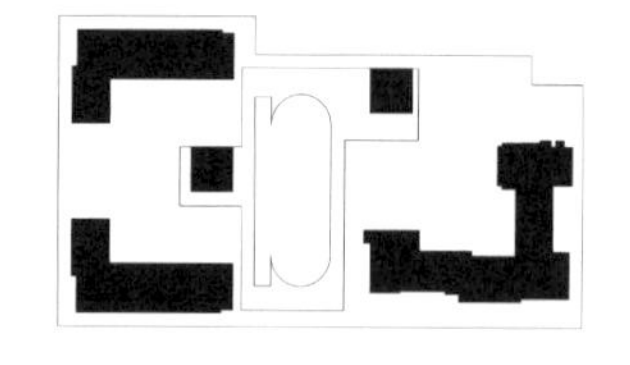

体育场地、图书馆、风雨操场等校园共享设施的布局，以方便两校合用

b. 以校园公共设施为主导的两校合用模式

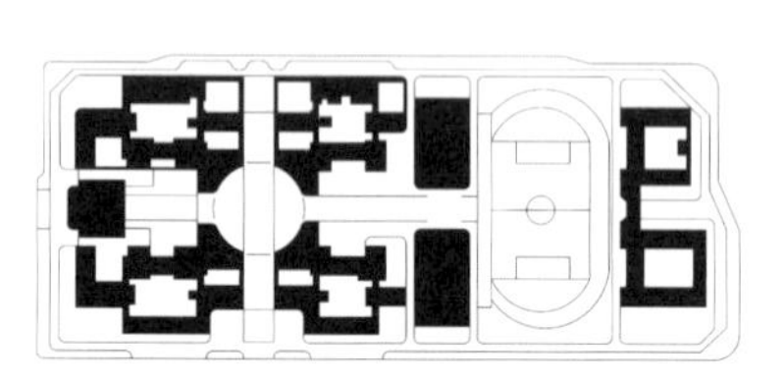

强调整体校园公共空间的界面限定和序列组织，不突出某个建筑单体

c. 以校园公共空间为主导

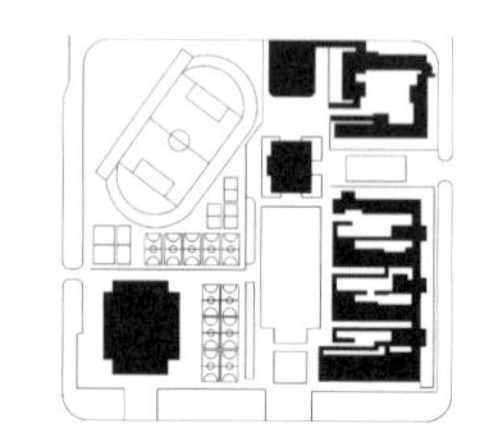

以校园中心建筑为核心节点，形成校园主要轴线或若干公共空间

d. 以校园中心建筑为主导

图2-7 中小学常见总体布局形式，引自《建筑设计资料集（第三版）》

向要求，这使得教学楼建筑以条形布局为主，行列式依次排开，中间空出日照间距，再通过交通与东西两侧组织联系，并布置对日照要求相对不高的教师办公与管理空间。在通常情况下，教学区与活动区并行布置，遵循动静分区以及洁污分区的基本原则，并与行政办公区、生活服务区适当分离。在各区域之间设置一定的绿化或室外广场空间，避免各区域间的相互干扰。但教学区与活动区之间由于服务人群相同且使用频率较高，因此，联系性较强。同时，也可以保证室外活动区域处于教师的视线之内，以免存在安全隐患的死角。另外，由于体育场（风雨操场）与其他功能空间存在差异，一般会作为标志性的建筑，特别是其形态会有较大变化。

总体而言，在这一模式下各个功能区域自身形成闭环流线，各个区域的使用者还可以在本区域内满足自身大部分的需求，从而减少了不同群体之间的流线干扰，并以较小的空间面积满足了日常教学、生活、运动方面的需求。同时，还可保证教室空间与师生宿舍对日照采光满足的强制要求，且在成本与效益之间取得了较好的平衡。

2.2.3 教学平面空间组织模式

（1）早期教学空间的形成

19世纪初，英国Giddings学校的平面被认为是实行编班授课制后的学校平面原型①，其主要特征是通过一个核心的大厅串联起各个教学单元。与文艺复兴时期集中式的建筑空间平面相比较，这两种平面布局具有隐性的联系。然而，这一类型的学校在使用中逐渐暴露出中央大空间采光与通风困难的问题。19世纪20年代，类似中世纪“四方院”的“四合式”平面被引入中小学教育建筑设计中。

（2）编班授课制下的空间组织

随着“编班授课制”模式的进一步完善，年级体系也逐步形成。为了便于管理，学校往往将同一年级的学生安排至同一层或同一幢楼，同时以线性走廊串联各个基本教学单元，形成“陈列馆式”的中小学教学空间组织模式②。直至今天，以编班授课制为教学组织形式的我国中小学教育建筑形式依旧将其作为基本原形，形成如“C、S、E”形或“回”字形的中小学教学楼平面，并随着土地集约利用的趋势，进一步演化出新的类型（图2-8）。

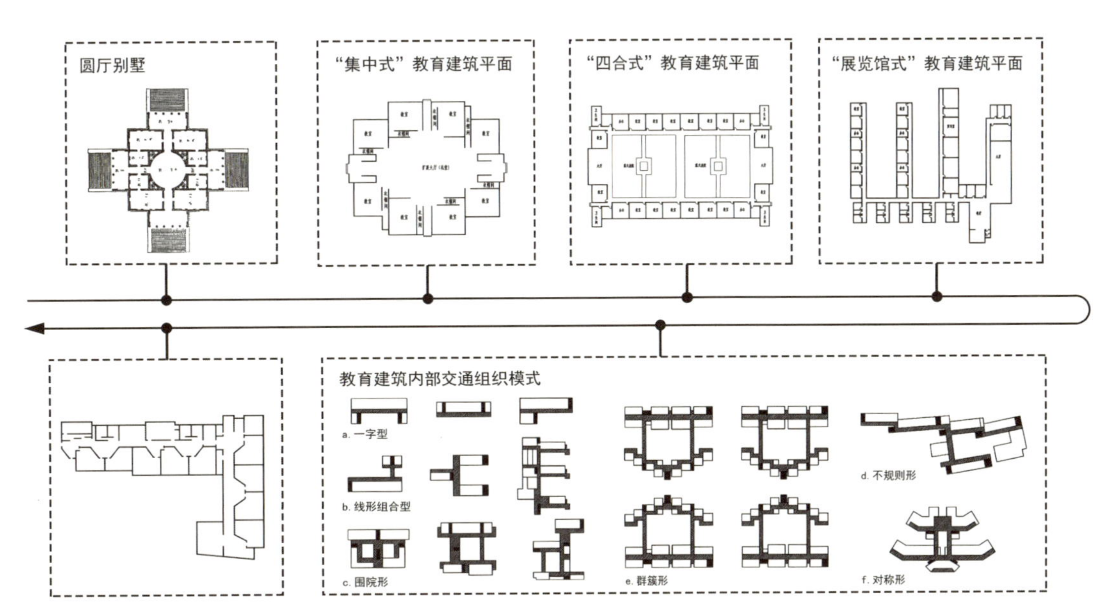

图2-8　教育建筑空间发展

图片来源：引自《适应素质教育发展的中小学建筑空间模式研究》以及《建筑设计资料集（第三版）》

① 张宗尧，李志民．中小学建筑设计［M］．北京：中国建筑工业出版社，2000.

② 李曙婷，李志民，周昆，等．适应素质教育发展的中小学建筑空间模式研究［J］．建筑学报，2008（08）：76-80.

（3）教育建筑平面的本土化特征

以物质功能分区为主导的平面空间组织模式在我国的应用主要集中于计划经济时期教育体系的初创期与迷茫期。在初创期，我国的中小学教育模式主要追求量的变化，即扩大受教育的人群范围并扫除文盲。而在教学空间层面，以经济性作为最根本的要义，将空间简单分为以教室为主的“有用空间”和以走廊楼梯为主的“无用空间”，并采用“内廊式”交通组织模式，甚至产生了部分“无廊式”的尝试。在迷茫期，由于各种运动的影响，我国的基础教育受到极大冲击，中小学空间需求也被进一步压缩，特别在中小学教育建筑的具体建造过程中，为了降低成本而大量运用了可预制的构件。

2.2.4　空间形式的制约与尝试

在日常的设计实践中，建筑师也意识到了该平面所带来的空间形式单调等一系列问题。同时，“应试”教育理念进一步从设计层面弱化了空间多样化的可能。例如，教学区原本应由普通教室、各类专用教室以及图书馆等自主学习空间共同组成，但在“应试”教育理念下，一切教学活动都为应试结果而服务，以致专用教室的利用率常常不高，并且长期不受重视。专用教室的设计主要依据建筑规范中对于人均面积的要求，在形态与空间上常常缺少变化；而自主学习空间则进一步受到压缩，甚至在部分学校中出现了图书馆布置于行政办公区域的情况，成为只看不用的“样板”空间。因此，在“陈列馆式”平面的基本原型上，建筑师也开始尝试类型学中“拓扑”“比例”“引用”以及“裂变”等的手法，对这一原型进行转换。可以看到，在1950年，阿尔瓦·阿尔托在于韦斯屈莱师范大学教学楼的设计当中，就对公共空间与基本教学单元间的边界划分进行了研究，希望通过公共空间与基本教学单元间墙体的错动与曲折变化来丰富师生的感官体验。

2.3 以功能多元复合为导向的开放布局模式

此类布局模式主要体现了“知识交易”（Knowledge Transaction）理论下的平等意识和因教育“中心”转变而形成的开放式教育理念。夸美纽斯曾以太阳对于万物的贡献来类比教师主导下的分班授课制，并说明其所具有的合理性。夸美纽斯认为，学校是“造就人的工场”，一个教师可以教授几百位学生，并且学生越多越好。20世纪初，越来越多的学者关注到了分班授课制弱化了学生主观能动性以及个体性等问题，这促使教育学界对于初等教育的理念与模式进行反思，由此产生了教育领域的平等意识和开放式教育理念，并影响了教育建筑的空间布局模式。

2.3.1　开放式教育理念的出现

维特根斯坦从语言学角度揭示了由柏拉图提出的“唤起”理论中的逻辑问题，而最终打破传统教育师生关系认知的，是经济学领域中有关知识交易的理论，以及知识交易与知识互换（Knowledge Baiter）之间的差异性[①]。新制度经济学的创始人罗纳德·科斯（Ronald H. Coase）在其著作《企业的性质》中提出："每个企业都购买大量的咨询服务。我们可以设想一种体制，其中所有的建议或者知识都是按需购买的"，这或许是对于"知识交易"的最早描述。而赫尔斯利对"知识互换"的讨论则进一步厘清了"知识交易"的概念，即知识拥有者通过对知识的转移进行"排他性"控制并获得激励的过程，交易结果是实现知识转移。这一理念在教育学领域中的引入，使得教师的角色在教学过程中由"唤起者"转变为"知识卖方"，而学生由"被唤起者"转变为"知识买方"，两者在根本上处于同一地位，由此，也奠定了现代教育理念中的平等意识。

北美教育家约翰·杜威（John Dewey）开始针对赫尔巴特的教学方法以及传统的编班授课制进行反思，特别是在欧洲"实用主义"思想的影响下，传统的、割裂"观察主体"与"被观察对象"的旁观式教育已被"在做中学"的探究式教育所代替。针对传统教育中的"课堂中心""教材中心""教师中心"的"旧三中心论"，杜威提出了"儿童中心""活动中心""经验中心"的"新三中心论"。英国中央教育咨询委员会主席普洛登（Plowden）于1967年1月进一步发表了《儿童和他们的初等学校》（Children and Their Primary School），阐述了非传统教学因素以及个体差异化培养在教育中的重要性。结合杜威提出的"学校即社会"的论点，教育建筑空间在这一时期逐步由机械封闭走向自由开放，由单一重复走向多元复合。

2.3.2 注重灵活开放的总体布局

"以教师为中心"的传统中小学教育模式已逐步转变为"以学生为主体"的现代中小学教育模式。一方面更加关注学生的多元需求，比如在满足课堂学习空间的基础上，进一步关注其社会适应能力并创造相应社交空间，关注其身心健康发展并提供相应的绿色空间、体育活动空间等；另一方面则要求基本教学单元及其组织形式更加灵活丰富，比如不设置固定的"师""生"分区，或利用更符合学生空间感知的方式组织教学单元空间，而不再将讲台作为空间中心。

随着"新校园活动计划""未来学校"等实践活动的兴起，建筑师逐渐摆脱传统的惯性，开始思考教育的本质及其所需要的空间环境，而对于固有范式以及既有规范的挑战与突破，则不断推动着我国中小学教育建筑的发展前进。

（1）对于物质功能分区为主导模式的反思

在遵循编班授课制原则而进行的大量建筑实践中，出现的最主要问题就是班级间、年级间以及不同人群与功能空间之间沟通的缺失。其空间层面上的问题主要有：①功能分区过于明确，过于自闭；②交通空间过于狭长，难以容纳停留的交往行为；③空间模式较为单一，缺少变化；④设计逻辑较为机械，直接套用基本规范指标作为空间面积与布局的做法。

（2）复合设计与行为发展研究

随着教育理念的转变，教育建筑逐渐走向多元开放，其复合设计（Integrated Design）的思想也逐渐被引入教育建筑设计理念中。这一思想源于美国建筑师伦纳德·R·巴赫曼（Leonard R. Bachman）的设计理念。同时，学者们对于孩童行为发展的研究与认知将是一个动态发展的过程。在这个过程中，低年级的学生多以直观思维为主，并习惯于接受周边环境的信息；中年级学生

① 高汝熹，周波．知识交易的经济特征［J］．研究与发展管理，2007（03）：69-77.

的认知方式则更加倾向于实践体验，并开始以亲身尝试来验证自己所接受到的周边信息；而高年级学生的思维方式正在从以自我为中心转化为具有创造力和思辨能力的抽象行动，其理解和逻辑推导能力也大幅提高[①]。因此，在部分教育建筑的设计中，建筑师尝试打破教育建筑的固有模式，以一些抽象的意象来强调教育中孩童自身的认知与学习作用，最终形成了一系列有机开放的校园氛围。

（3）灵活开放布局的形成与演化

20世纪90年代，日本长野县浪合学校在建设中依托场地特征，采用分散式平面来组织由幼儿园至初中的“一站式”学校。主体建筑围绕教学主楼展开，并以连廊串联。外部村落道路穿越校园，使得校园与村落之间没有边界，同时，运动场、游泳池等也定时对村落开放。建筑师通过一种顺应场地的布局模式以及开放共享的校园空间实现了教育建筑与周边村落之间的良好互动关系。在陕西省西咸新区能源金贸区学校中，建筑师着眼于校园建筑自身，摒弃原有的集中式布局，将校园建筑化整为零，形成多个不同单位院落，形成自然生长的有机平面。而在容积率要求较高的场地内，建筑师则将水平复合与垂直复合结合使用，形成“基座+小盒子”的模式。基于上下结构形式对应的需求，“基座+小盒子”的模式通常采用正交体系，因此，其顶部“小盒子”空间的布局常常采用异质网格平面以取得室外平台空间的有机变化（图2-9）。

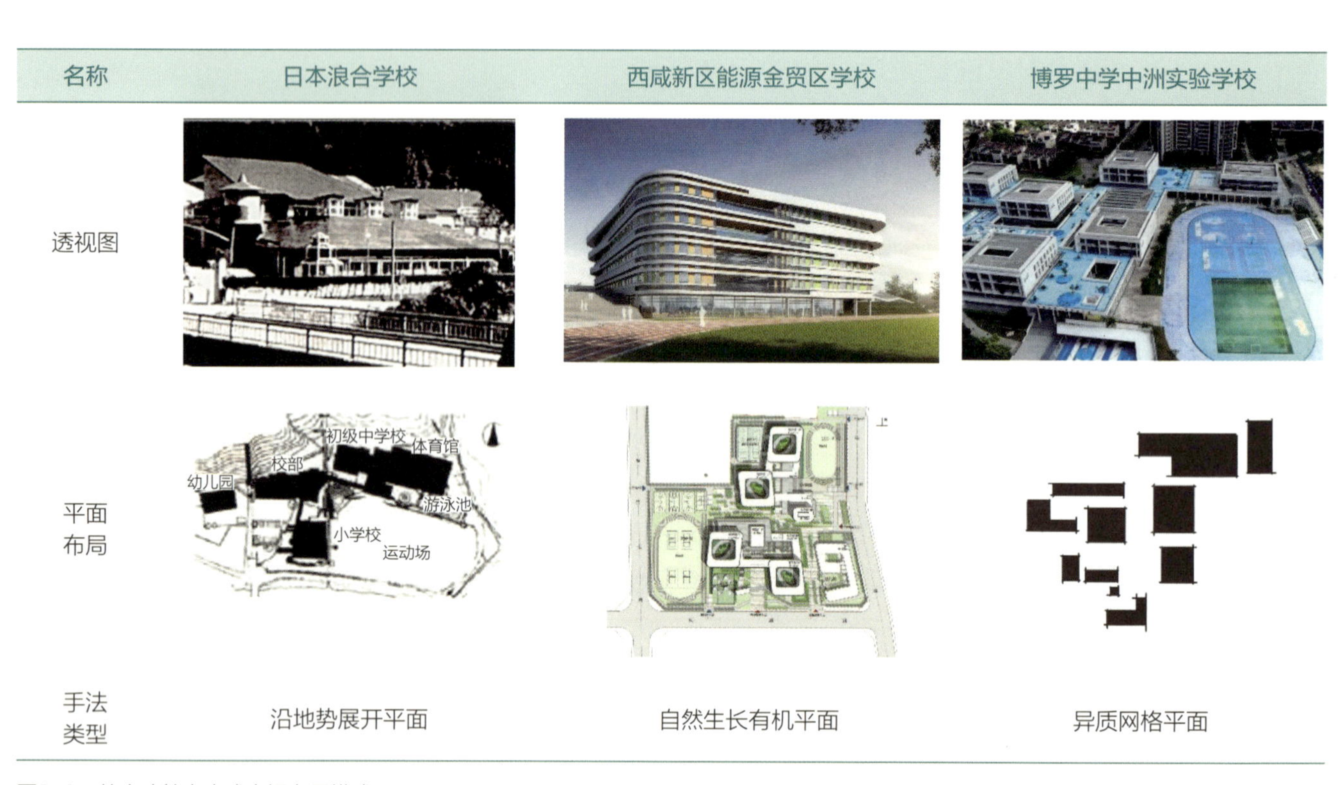

图2-9　教育建筑自由式空间布局模式

图片来源：日本浪合学校：李曙婷，《适应素质教育的小学校建筑空间及环境模式研究》；西咸新区能源金贸区学校：浙江工业大学工程设计集团相关项目；博罗中学中洲实验学校：作者改绘。

① 王媛媛．适应学生成长的小学校园空间设计研究［D］．南京工业大学，2016.

2.3.3　开放式教学空间设计

（1）开放式教学空间的初成

英国是最早对于编班授课制进行反思并对空间模式进行探索的国家。根据《1944年教育法》，英国实行七年制的中学教育，其中一至三年级的学生学习相同的必修课程，之后根据学生的个人特质自主选择课程。因此，在中学阶段，学生既按照能力进行专业课程的编班学习，同时，还被混编入一系列配有导师的教育辅导班，形成“班级并行”的模式①。同时，在小学实行包班式的班级授课制，即一个班级分配一位教师，也就是一位教师管理一个班级，同时，这位教师还要承担所在班级其他课程的教学任务，由单个教师全天与单一班级学生在一起，这是对教学工作负全部责任。

在英国早期的探索中，出现了一种没有固定边界、学生没有固定座位、仅以帘布及桌椅进行空间分割的基本单元②。在法迈鲁小学的平面布置中，可以看到这样一种空间分区，该空间开放性较强，且空间划分灵活，可以满足不同的教学活动需求（图2-10）。然而，在实际的使用中，过于开放的空间常常造成不同教学活动之间的相互干扰。因此，在20世纪70年代，布罗斯库特小学采用了一种由开放空间与部分封闭空间组合而成的复合嵌套模式（图2-11）。在该种开放式教学单元中，基本单元依旧保持一定的灵活性与开放性，并在单元内作基本的功能分区，以适应不同的教学需求。但在单元与单元之间增加了分隔，避免了不同单元之间的相互干扰。

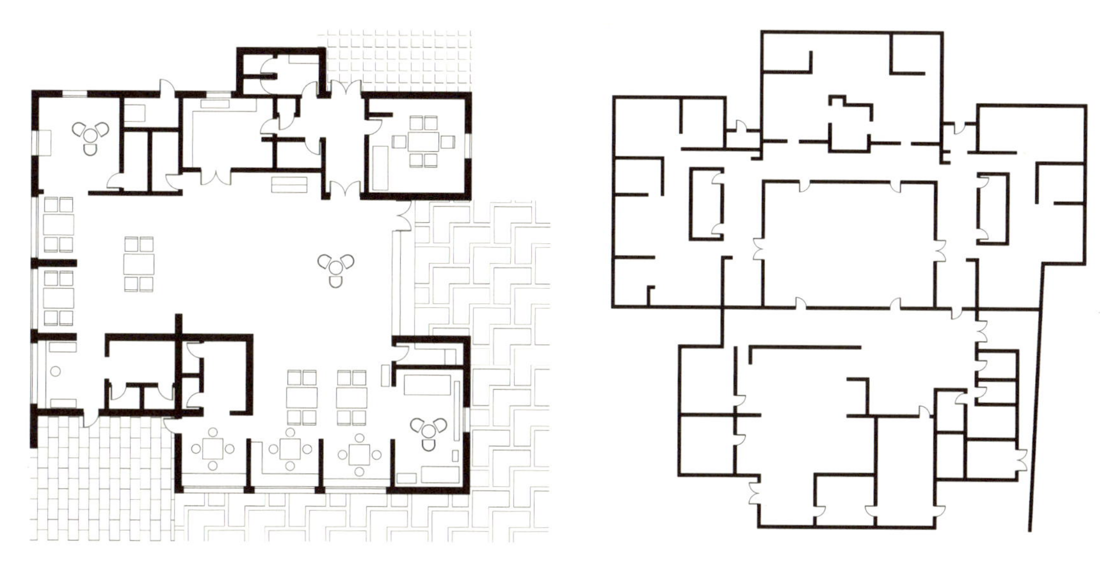

图2-10　英国法迈鲁小学平面　　图2-11　英国布罗斯库特小学平面

图片来源：改绘自李曙婷《适应素质教育的小学校建筑空间及环境模式研究》

① 黄紫舜. 英国中小学班级管理研究［J］. 社科纵横，2018，33（11）：136-140.
② 商文. 新型教育理念下中小学建筑教学空间发展探究［D］. 北京建筑大学，2016.

（2）开放式教学空间的发展

在传统的编班授课制模式下，普通教室成为最为主要的教学场所。中小学教育建筑设计相关规范要求，普通教室须在冬至日取得不低于两小时的满窗日照或采用南侧单廊配合北向采光的布置模式，而其单元内部主要由学习空间、教授空间、展示空间以及储物空间构成。在通常情况下，教室采用矩形平面，教授空间占据其中的一条短边，宣传空间占据另一条短边，两者之间布置朝向教授空间的教育空间，而储物空间结合宣传空间或沿非采光面的长边一侧布置。其中，学习空间的面积占比最高，并且具有较为明确的计算方式。

从类型角度来看，无论是哪种平面形态其内在建构逻辑都是一致的，即在这一模式下教师所处的教授空间皆处于主导地位，而其他空间则处于从属地位，这与以教师为核心的编班授课制理念密切相关。在日常的使用中，这一类型的教学单元可以满足基本教学活动需求，但依旧出现了一系列问题。研究表明，传统模式下基本教学单元采用的“田秧式”座位布局存在教育互动效率不均衡的问题，同时，空间较为封闭且固化，缺乏交流环节。

随着装配式技术的发展，水平复合的布局进一步产生了整体式平面。在整体式平面内，其空间利用的模式主要有两种，第一种为空间的整体复合，即将功能整合至一个大空间单体中，通过完整形体中的局部庭院等空间实现内部采光，其功能与功能之间没有明确的界限，所有活动在流动的大空间内完成，实现完全意义上的共享交流。但这一模式管理难度较大，且采光与通风很大程度上依赖于设备提供。例如，在杭州复兴单元小学中，以开放式大台阶、大平台来组织开放式教学单元内的不同分区，形成具有一定中心性与秩序感的空间（图2-12）。

总体来说，由英国开始的开放式教学单元是传统教学单元功能多元复合之后的产物，其内部空间体验丰富，并且可以满足各种教学活动需求，但该模式下校园容积率一般较低，且空间维护要求较高。

a. 校园入口

b. 开放教室

图2-12 浙江省德清县三合乡二都中心小学与杭州复兴单元小学

图片来源：浙江工业大学工程设计集团相关项目

第二种模式为空间的局部复合，即以轻质的可移动构件来分隔各个功能空间，必要时还可以将构件收起，使得相邻功能空间形成一个大空间，从而实现局部的水平复合。局部复合方法在教育建筑中的早期运用，可见于乌普萨拉西曼兰郡达拉学生联合会设计中（图2-13），其整片墙体的移动使得立面上形成了具有韵律的凹凸，并在内部形成了可变的空间。在当下教育建筑中，局部复合主要针对班际之间以及教育空间与公共空间之间的共融共享，这在开放交流与教学效率之间取得了较好的均衡性。目前，复合开放的方法在国内设计实践中已较为普遍并逐步走向成熟。

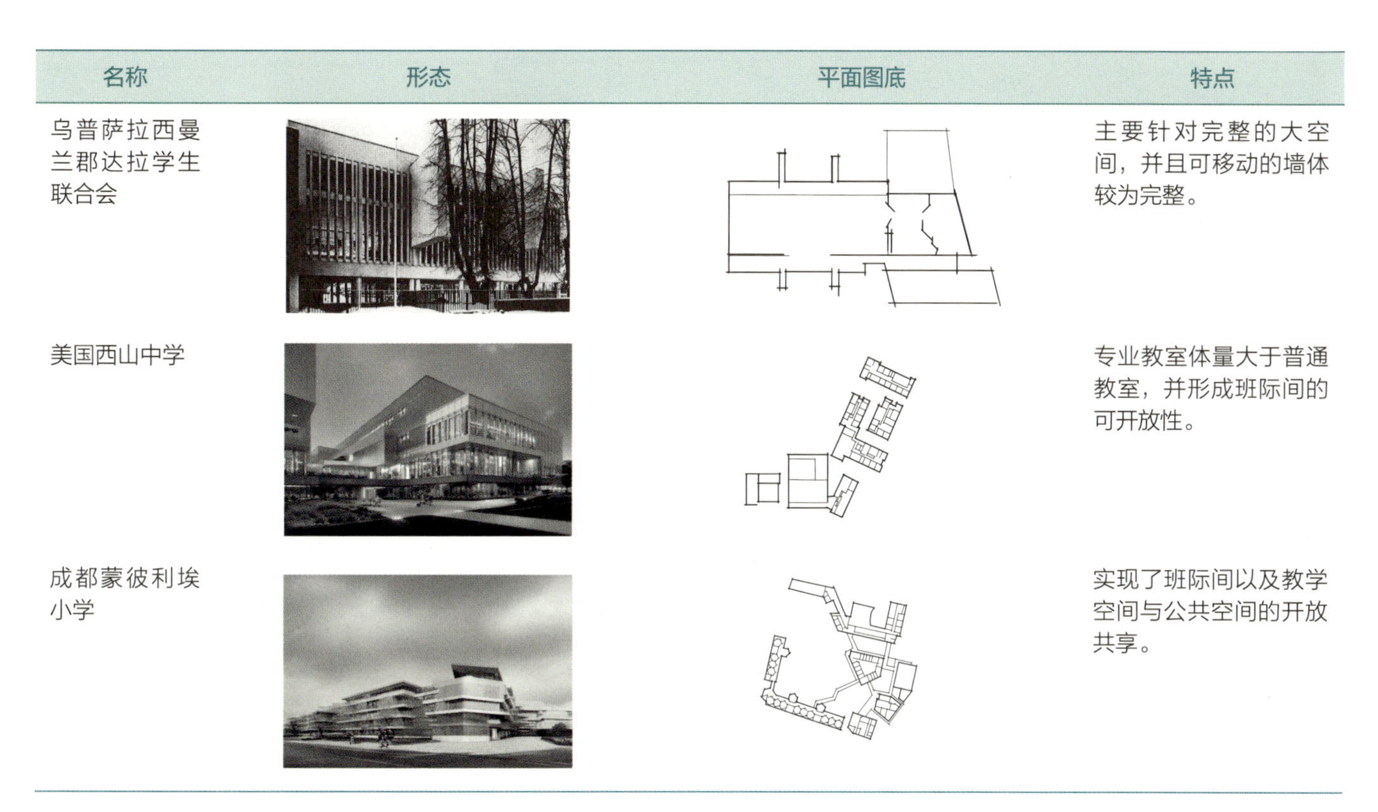

名称	形态	平面图底	特点
乌普萨拉西曼兰郡达拉学生联合会			主要针对完整的大空间，并且可移动的墙体较为完整。
美国西山中学			专业教室体量大于普通教室，并形成班际间的可开放性。
成都蒙彼利埃小学			实现了班际间以及教学空间与公共空间的开放共享。

图2-13　教育建筑空间布局水平复合模式

图片来源：乌普萨拉西曼兰郡达拉学生联合会：《阿尔瓦·阿尔托全集》，中国建筑工业出版社出版，2007年，P67.
美国西山中学：作者改绘
成都蒙彼利埃小学：作者改绘

2.3.4　与交通空间结合的公共空间

（1）通过局部收放方式

自20世纪50—60年代以来，建筑师就开始尝试对交通空间的形态进行设计，以增加空间形态的趣味性。这一模式在“展览馆”式布局的基础上进行了局部体量的缩放，消除了以往行列式形态机械呆板的弊端，并以此形成具有一定变化的水平布局。

空间突变的手法在一定程度上依旧延续了“展览馆”式布局中的优点，既便于学生管理，又能争取到最佳通风采光条件。不同的是，通过中庭空间的变化（图2-14），以及交通空间的处理（图2-15），水平复合布局打破了单廊式平面格局，围绕垂直交通形成了局部的开敞空间。同时，原有的功能分区大多被整合至较为整体的建筑体量中，而围绕垂直交通展开的开敞空间或局部庭院成为分区之间的边界。同时，由于杜威的实用主义哲学的引入，在原本的教学空间之外，增加了更

图2-14　天城单元九年制学校
图片来源：浙江工业大学工程设计集团相关项目

图2-15　浙江省德清县三合乡二都中心小学
图片来源：浙江工业大学工程设计集团相关项目

多具有实践性的教育空间，这一类教学空间的形式灵活多变，并且具有一定的特殊性。随着以物质功能分区为主导的布局模式的逐渐减少，实践性教育空间开始分散布置于普通教室之间，最终形成了具有收放变化的空间形式以及室内界面。

（2）通过空间围合方式

随着教育建筑形态逐渐走向多元化，其平面布局也开始发生变化。特别是对教育建筑平面利用率要求的降低，使得大量不规则形体的教育建筑出现了，这也为交通空间的丰富性提供了可能。

在浙江省平湖市启元教育服务中心设计中，建筑师通过一个基本原型的旋转与拼接实现了整体的形态构成。该教育建筑的基本原型为“U”字形（图2-16、图2-17），考虑到通风及采光等需求，建筑师将主要的功能空间置于“U”字形的两端，并在中心设置中庭，将其他空间围绕中庭布置。这一模式使中庭形成了具有丰富变化的空间，并使得过长的线性走廊空间得到收放。

图2-16　浙江省平湖市启元教育服务中心内部实景
图片来源：浙江工业大学工程设计集团相关项目

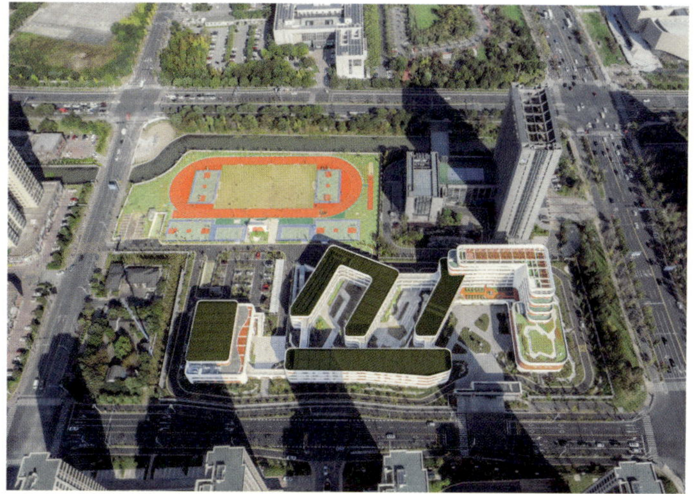

图2-17　浙江省平湖市启元教育服务中心平面形态组织
图片来源：浙江工业大学工程设计集团相关项目

2.4 城市高密度桎梏下的模式突破

长期以来，传统的人才选拔机制具有很强的客观性。同时，我国也是考试制度的发源地，强调客观性的教育评价体系对于我国的基础教育理念的发展产生了深远的影响[①]。我国的基础教育始终存在一个核心诉求，即通过高效的“唤起”行为使学生在竞争选拔机制中“幸存”。然而，随着社会经济的发展，教育的目标已悄然变化。伴随着我国新时代现代化与城市化进程，对于中小学教育建筑空间意义及其与城市关系的思考，使得教育建筑不断出现新的突破与改变。

2.4.1　垂直校园模式

根据2021年6月Demographia World Urban Area的统计数据，我国50万人口以上城市数量共有214个，相当于欧洲与美国的总和。在这些城市中，人口密度平均为4623人/km^2，已高于世界同类城市的平均人口密度（4154人/km^2）。且随着我国人口进一步向长三角、珠三角以及京津冀区域集中，以上区域中的大中型城市人口密度有进一步增加的趋势。因此，许多处于城市中心区域的中小学教育空间已无法满足当下的使用需求，特别是大部分中小学依旧实行“就近入学”的学区制，这使得建设分校亦无法缓解这一问题。最终，日益增长的教学使用需求使得部分中小学教育空间走向垂直复合布局已成为一种必然的选择。

（1）校园局部空间的垂直利用

我国香港特别行政区由于城市建筑、人口密度较高，因此，在20世纪就已开始探索教育空间在垂直方向的延伸与拓展。根据2011年的《中小学校设计规范》以及2017年的《建筑设计

① 刘海峰. 为什么要坚持统一高考［J］. 上海高教研究，1997（05）：47-49.

资料集》，我国内地初中一般设50人每班，小学设45人每班，小学生生均教室面积在1.34m^2以上，中学生生均教室面积在1.33m^2以上；而我国香港特别行政区小学生（设26人每班）生均教室面积在0.9m^2以上，中学生（设40人每班，六年制）生均教室面积在1.1m^2以上①。香港特别行政区在用地较为紧张的状态下，依旧能保持小班制教学并控制一定的生均教室面积，这与其垂直复合的布局有关。1993年，在新加坡国际学校（香港）的设计中，场地面积集约且具有30°斜坡，因此，建筑采用南北两大分区的手法，在庭院内以大空间屋顶平台形成教学楼的“人造首层”满足日常活动需求（图2-18、图2-19）。总体来看，中小学教育建筑的室外活动场地占地面积较大，因此，在很多集约化的垂直复合布局中，常利用屋顶平台营造室外活动场地（图2-20、图2-21），以形成“多首层”模式，这一方面削弱了高容积率所带来的拥挤感，另一方面也可以增加空间的趣味性。

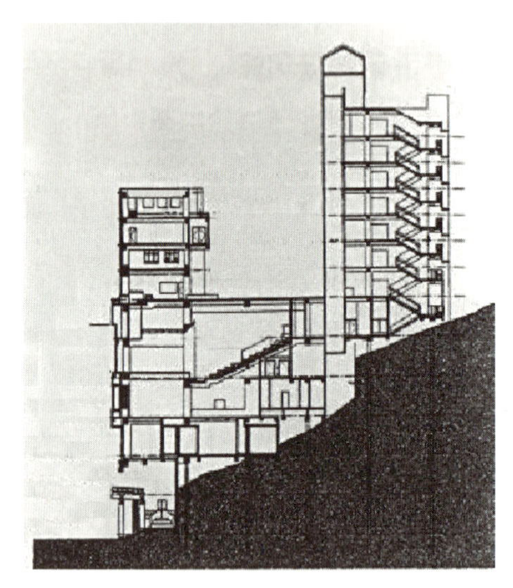

图2-18 新加坡国际学校（香港）剖面

图片来源：陈丽爽，《深圳地区中学校园规划布局研究》，北京建筑大学，2018年

图2-19 新加坡国际学校（香港）实景

图片来源：百度地图街景

图2-20 宁波惠贞中学

图片来源：浙江工业大学工程设计集团相关项目

图2-21 浙江省龙泉市第二中学方案

图片来源：浙江工业大学工程设计集团项目

① 邝艳娟，白红飞，王刚. 国外及港台地区中小学校建设标准比较及启示［J］. 合作经济与科技，2016（22）：161-163.

（2）“三重式”垂直校园模式

随着社会经济的发展，垂直复合的模式在大量建筑实践得到了进一步的完善。由于我国大陆地区对于教室空间的采光与朝向控制较为严格，因此，垂直复合的发展逐渐形成了“三重式”的基本模式。在“三重式”模式中，教育建筑空间由下而上划分为“辅助层”“活力层”与“秩序层”[①]（图2-22）。其中，“辅助层”主要为停车场、后勤保障用房以及人防设施等对于采光要求较低的空间，同时，还可配合需要进行形态上的变化。“活力层”处于与室外地坪平齐的首层及相邻楼层，主要承载室内公共活动空间、交通空间、展厅、多功能厅、食堂以及社团活动室等非传统教育空间。“活力层”在形态上较为开放通透，其整体立面在虚实关系中主要体现为“虚”，并具有串联不同标高区域活动以及将底层绿化空间延伸至较高楼层的作用。“秩序层”则为“三重式”布局中的主体部分，主要承担各种教室、实验室以及部分办公管理空间。由于朝向以及教学模式的要求，其整体布局较为规整，边界较为清晰，形态较为整体。

例如，在浙江省德清县三合乡二都中心小学的设计当中，为了给上部空间增加部分趣味性，建筑师设置了大量跃层的空中连廊，延续了底层的“地表起伏”。而这也一定程度上反映了促使垂直校园模式出现的因素——即活动空间可达性的问题（图2-23）。

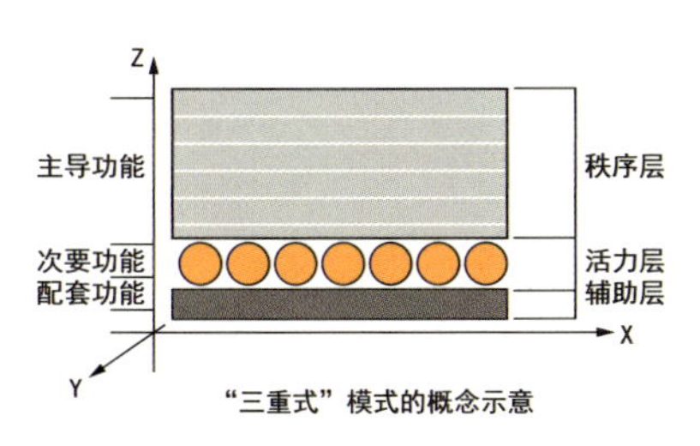

图2-22 “三重式”教育建筑模式

图片来源：蔡瑞定，戴叶子.《“三重式”设计策略在南方校园建筑综合体的应用解析》

图2-23 浙江省德清县三合乡二都中心小学庭院实景

图片来源：浙江工业大学工程设计集团相关项目

扬·盖尔的《交往与空间》一书对于人群交往可能与垂直距离变化的关系有过极为经典的描述。而在教育建筑领域，也不乏对群体活动及可达性进行研究与实践。在深圳碧岭翠峰学校的建筑设计中，建筑师将建筑和场地、地区内的丰富自然生态有机结合，并布置适宜的垂直景观与共享空间。将田径场抬升至三层高度，其下方布置对日照要求不高的排球场、篮球场以及架空的风雨跑道。田径场贯穿了整个校园，连接教学楼及宿舍（图2-24）。

在北京房山四中校区的建筑设计中，建筑师借助底层的辅助空间形成了丰富的地景变化，使得体量中段部分形成了较为开放的状态，并营造了丰富的空间体验。而扭曲的形体增强了建筑与外部空间相互渗透的关系，丰富活跃的立面变化则赋予了建筑轻松开放的氛围感。

① 蔡瑞定，戴叶子. “三重式”设计策略在南方校园建筑综合体的应用解析［J］. 城市建筑，2014（07）：28-30.

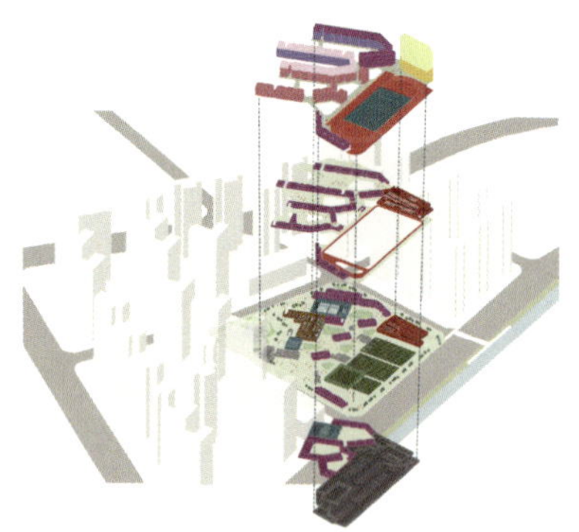

图2-24 深圳碧岭翠峰学校

图片来源：浙江工业大学工程设计集团相关项目

以上案例反映出垂直校园模式并非单纯地由高密度或高容积率所引起，其背后还存在对于教育模式以及管理模式的思辨。同时，这样的实践也打破了对于垂直校园模式的机械认知，即垂直校园并非只能存在于高密度的城市环境之中，也并不仅仅是对于高密度既有环境的妥协，而是一种空间维度中对教育管理模式变化的回应。总体来看，这种模式其本质上是在日照时段与教育管理模式多元化之间的一场取舍，至于孰轻孰重，深圳的建筑师们或许已经给出了他们的答案。

2.4.2 固有意象改变

出于经济性或效率性的考量，在很长一段时期内，大量教育建筑实践的布局形态呈现出同质化的倾向。在平面组织上，主要强调南北向体块作为核心的教学空间，而弱化东西向体块作为辅助功能空间以及交通空间，为配合日照退界形成内庭院，并生成了较为模式化的空间。在交通组织上，则以线性空间为主，而公共空间较少。在建筑氛围上，对色彩设计的选择差异较大，部分学校选择以白色、米色、灰色以及红褐色等单色涂料或面砖为主，氛围感较为成熟；而部分学校色彩则较为丰富，但通常色彩饱和度较高，且部分搭配较为生硬。在室内设计上，则常套用最基本的使用标准，对于室内空间的营造关注度不高。

随着社会经济的发展以及城市建设模式的改变，粗放式的中小学校建设逐步转向了精细化的设计。对于传统学校的固有印象，也逐渐被个性化的形象所打破，最终形成了各具特色的建筑意象。

（1）用地条件异化驱动下的改变

早期的中小学教育建筑用地通常呈矩形、梯形或平行四边形等形态，且容积率较低。但随着珠三角等区域的城市土地资源呈现出集约化与碎片化倾向，城市中小学校的建设用地常常出现大量异形场地，并伴随着高容积率要求。该类场地通常在满足了放置集中运动场地的要求后，教学楼已无法遵循传统的行列式布局展开。这一客观原因直接导致了传统中小学教育建筑的形象发生改变。

在深圳南布燕湖学校的设计中，学校用地总体呈异型，且周边高层建筑林立（图2-25、图2-26）。建筑体量在多层次的非正式学习空间和交通空间的关联之下构成教学聚落和生活组团。不同标高的屋顶和走廊是学校主要的社交空间，学生们或行走其间，或于教室中诵读，或三五结伴走上屋顶嬉戏，从而实现校园活动的多种可能性。将标准跑道和运动场居中放置并整体抬升，形成

图2-25　深圳南布燕湖学校鸟瞰

图片来源：浙江工业大学工程设计集团相关项目

图2-26　深圳南布燕湖学校内景

图片来源：浙江工业大学工程设计集团相关项目

一个空中的文体平台，并成为全体师生的共享客厅。空中连廊沿着运动平台向各组团发散，串联起教学单元、行政办公以及教师宿舍。这样的设计不仅能方便全校师生共享校园文体设施，又形成了一个围合式的现代教学聚落。

（2）结合人本主义思考的变化

除了高容积率等客观因素之外，教育与建筑观念的转变也使得传统行列式教育建筑受到诟病。传统教育建筑由于其时代的局限性，一般多关注于空间效益与标准规范等，在根本上遵循的是成年人的行为逻辑，因而常常忽视孩童作为未成年人在思维观念以及行为逻辑上的特殊性。现代教育体系强调学校的社会属性以及对孩童群体个性的尊重，建筑师亦从多个维度对此进行回应，从而赋予了中小学教育建筑实践更多的人本主义（Humanism）色彩。

首先，从空间布局与形态关系上看，中小学教育建筑在延续、调整传统行列布局之外，还呈现出两种截然不同的倾向——“复杂组构形体倾向”以及“简单几何形体倾向”。前者在一定程度上反应的是“个人本位论”（Individual standard theory）的教育目的观，而后者则似乎与“教育无目的论”（Educational Aimless Theory）具有相似的逻辑。

1）复杂组构形体倾向

教育中的个人本位论强调教育对于个人的作用与意义，强调环境应能够使得个体的天性与本能得到自然的发展。因此，复杂组构形体倾向的特点是模拟社会环境的复杂性特征，其通常的手法是通过形体体块的组构来隐喻某一种特定的物质环境，引导孩童在贴近生活化的场景中释放天性。例如，在浙江省玉环县陈屿中心小学分校区的设计中，建筑师将原本机械的教学楼体块打碎，并形成了弧形体量，营造出一种轻松自由的校园氛围（图2-27、图2-28）。而在杭州钱塘区沿江九年一贯制学校的设计中利用层层套叠的体量，形成一条在城市中蜿蜒而上的“书山之境”。体量的叠加使得校园具有了城市天际线的特征（图2-29、图2-30）。

2）简单几何形体倾向

而与“个人本位论”不同的是，“教育无目的论”认为教育的意义仅存在于教育的本身，是个体自发的内在行为，它强调教育当中的过程性与非完成性。从建筑角度来看，勒柯布西耶在《走向新建筑》中指出，“原始几何形体美是真正的美”，其背后的纯粹主义理念与孩童个性未经说教雕琢的状态具有很强的相似性，这或许是这一建筑倾向与教育目的观之间的一种隐性联系。在陕西省西咸新区能源金贸区学校的设计中，建筑师亦希望创造一座“村庄”，但这座村庄由一个个基本几何形体所构成，每个功能体块皆被赋予了不同的领域与氛围，并具有特殊的形态意象，就像每个孩童具有不同的天性与本能一样（图2-31）。

图2-27　浙江省玉环县陈屿中心小学分校区内景
图片来源：浙江工业大学工程设计集团相关项目

图2-28　浙江省玉环县陈屿中心小学分校区鸟瞰
图片来源：浙江工业大学工程设计集团相关项目

图2-29　杭州钱塘区沿江九年一贯制学校鸟瞰
图片来源：浙江工业大学工程设计集团相关项目

图2-30　杭州钱塘区沿江九年一贯制学校透视
图片来源：浙江工业大学工程设计集团相关项目

图2-31　陕西省西咸新区能源金贸区学校
图片来源：浙江工业大学工程设计集团相关项目

2.4.3 城市界面融合

在传统的校园建筑设计中，由于较低的容积率以及建筑密度的要求，校园建筑在场地中的压线率普遍不高，因此，面向城市的校园环境界面以绿化及围墙为主。在保证了封闭校园管理的同时，这一做法也带来了一系列的问题。首先，由于围墙是一种较为硬性的边界，且不能围合构成可容纳使用者活动的局部性空间，因此，围墙及两侧的绿化带产生了大量离散感很强的消极空间，无论是步行体验或是观感都较差。其次，中小学教育建筑用地规模需求较大，但是随着城市化的进程，部分城市区域已不存在规模较大的完整土地，校园建设需要利用部分碎片化空间，而传统校园界面又使得部分被城市道路分隔的校区之间的联系弱化了。

在“未来校园”的探索中，建筑师们将约翰·杜威“学校即社会”的宣言引入空间层面并开始思考校园与城市的关系。同时，国内深圳等地的高密度城市环境也从客观角度迫使校园建筑的压线率进一步提高，从而提出了校园空间与城市周边环境需要产生互动的要求，即中小学教育建筑界面的“城市责任”。

（1）架空界面

由于许多高密度校园建筑采用了“三重式”的垂直功能布局，因此，多数建筑的底层被打开，作为组织交通以及承载公共活动的主要空间。由于空间覆盖限定手法的存在，所以，架空界面所创造的边界区域具有很强的空间可塑性与丰富性，能够在高密度的城市环境中给予城市界面一定的通透感。在浙江省德清县三合乡二都中心小学设计中，建筑师设置了大量的架空空间（图2-32），浙江省衢州市衢江区城东学校结合部分下沉的辅助功能体量实现了架空界面的虚实起伏（图2-33）。从长远来看，架空的界面模式也为日后城市当中碎片化土地资源的整合利用提供了可能。随着架空层在中小学教育建筑中的广泛运用，架空层所跨越的空间也在发生变化。

图2-32 浙江省德清县三合乡二都中心小学
图片来源：浙江工业大学工程设计集团相关项目

图2-33 浙江省衢州市衢江区城东学校
图片来源：浙江工业大学工程设计集团相关项目

（2）自然界面

随着部分城市建筑密度的进一步提高，中小学教育建筑逐步由集群走向复合的单体，这意味着建筑可腾挪的距离进一步缩小，教育建筑界面与城市的关系更为紧密。同时，受到自然主义教育（Natural Education）等理念的影响，部分教育建筑的界面还被赋予了生态性的作用。

18世纪法国教育学家让·雅克·卢梭（Jean-Jacques Rousseau）在《爱弥儿》中认为教育应将孩童置于自由环境中，并观察其自然倾向。有趣的是，卢梭强调这是一种针对富有家庭的教育模式，因为贫穷者本身与自然环境的关系就较为密切。而如今，这一类界面的自然主义或生态主义倾向依旧大多集中于城市中小学教育建筑中。

例如，在美国Marlborough Primary School的设计中，由于建筑用地较为紧张，且周边城市界面较为连续，因此，建筑师将集中的运动场地分散至各层，形成了退台形式的体量（图2-34）。该手法一方面增加了教室空间与室外活动空间的联系性；另一方面也减少了新建筑对于现有街道的压迫感以及对既有建筑视线的遮挡。从自然主义的角度来看，可以方便到达的小体量活动空间确实具有比可达性弱的集中场地更具有意义。而在浙江德清阜溪中小学的设计中，利用接送岛解决交通问题：一方面针对中高考新政艺术体育增加分值，把教学和艺术体育活动分开，形成书院和自由平台，这样一静一动，互不干扰，既有保证分数线的书院，又有创造力的自由平台。（图2-35）。

图2-34　美国Marlborough Primary School鸟瞰
图片来源：作者自拍

图2-35　浙江德清阜溪中小学
图片来源：浙江工业大学工程设计集团相关项目

2.5 当前中小学教育建筑设计反思

2.5.1　总体空间布局封闭

当下的中小学教育建筑通常设有明确的范围边界，并且出于安全因素，校园常常设置围墙及门卫室等，严格控制外部人员入校，从而实现校园的封闭管理。这也使得中小学校园内完备的公共活动设施经常空置，同时，校园内的学生与周边社区的交流互动频率变低，且部分校园占地面积较大，也使得周边城市交通绕行距离过大，影响了居民的步行体验。

2.5.2　活动空间形式固化

有学者在对部分中小学学生的校园行为轨迹进行研究后发现，部分中小学教育建筑中所设置的

"非正式"教学空间已较为丰富完善，但实际使用率较低[①]，大部分的教学活动依旧在传统基本教学单元中进行，导致空间形式固化。这一问题的根源在于设计中部分"非正式"教学空间分布较为零散，而当下教学体系中学生自主支配的时间较短，因此，无法完全有效利用空间资源。有等于此，部分学校已将"10min课间制"改为"大小课间制（35min，5min）"，以增加学生可自主支配的时间。同时，在建筑设计层面，"非正式"教学空间的设置应保证其具有良好的可达性与灵活性，从而提高空间的使用率。

2.5.3 智慧节能有待提升

2020年，全国共有义务教育阶段学校21.08万所，招生3440.19万人，在校生1.56亿人。因此，中小学教育建筑的节能减排对于实现碳达峰、碳中和的目标具有重大意义。根据2012年上海市中小学全年能耗统计，高中学校平均年能耗为247t标煤，初中为115t标煤，小学54t标煤[②]。同时有研究表明，在夏热冬冷地区中小学教育建筑能耗中，空调是用电占比最高的设备，主要的原因是为分室供暖。另外，建筑朝向、空间布局以及开窗率过大也会加大能耗。因此，在教育建筑的设计中应进一步增加针对夏日遮阳以及冬季保暖的被动式节能策略。

---

① 陈天意. 中小学校"教学街"设计研究与应用［D］. 西安建筑科技大学，2021.

② 李颖. 夏热冬冷地区中小学教学楼建筑节能设计研究［D］. 西安建筑科技大学，2017.

第3章

特色共享的校园空间布局

3.1 校地共享模式

由于中小学具有较为丰富的公共资源，而封闭型的管理模式不利于中小学公共资源的社会利用，且对于学生参与社会实践的能力也有影响。因此，20世纪70年代，奥地利社会学家伊万·伊里奇（Ivan · Illich）在《Deschooling society》中提出了“非学校化”（Deschooling）的概念①，即反对传统等级式的、封闭式的中小学校园模式，并提出了早期的校地共享理念。

而在2017年的《国家教育事业发展“十三五”规划》中，针对中小学校园“开放”“共享”等发展理念提出了更为具体的内容。由于社会面临老龄化与少子化的问题，许多地区的原有人口结构模式发生改变，这对传统的社区邻里关系以及人际交往模式产生了巨大的冲击。而此时，开放式校园就成为社区较为核心的公共活动空间。除了狭义的教育功能之外，它承担起大众教育以及维系社区公共情感纽带的作用，并在规划层面成为振兴社区的空间媒介②。

3.1.1 体育设施空间共享

当前，中小学校的体育设施主要包括室外标准田径运动场、足球场、室内篮球场、羽毛球馆以及游泳馆等。根据国家统计局发布的《中华人民共和国2021年国民经济和社会发展统计公报》，截至2021年末，全国共有体育场地397.1万个，体育场地面积34.1亿m^2。而人均体育场地面积达到了2.41m^2，相比2014年增加了0.95m^2，但与部分发达国家的人均指标依旧存在差距。同时，根据国家体育总局的《第六次全国体育场地普查》，我国体育场地面积最大的系统为中小学体育系统，其面积占比达46.61%③。然而根据各种调查研究，中小学体育设施的实际开放程度较低，因此，中小学体育设施空间的共享对全民身体素质提高具有重要的意义。

（1）集中式体育设施布局

体育设施的集中式布局是一种较为常用的布局方式，指主要的室外运动场地与室内运动场地结合布置。在这一模式下，教学区与运动区的动静划分较为清晰合理，且可实现较为深度的体育设施校地共享，该种布局一般运用于用地条件较为宽裕的场地。同时，根据教学、行政等区域与体育设施的体量关系，还可以被细分为两种不同的空间组构关系。

1）并行关系

并行关系指中小学体育设施与周边其他功能区块形成简单的相接关系。在该种关系中，体育设施的空间离散感稍强，且与其他功能区块在空间体量感的差异较为明显，体育设施区块具有较强的独立性。然而，这也使得体育区块可单独向城市开放，更易实现中小学体育设施的校地共享。

在并行关系中，中小学体育设施与其他的功能区块是相互独立的，其互动主要依赖两者交界处

---

① 李铁．“非学校化”进程中的学校设计研究［D］．中央美术学院，2017.

② 谢殷睿，许懋彦．开放——日本小学校设计的新理念［J］．城市建筑，2017（07）：16-20.

③ 数据来源：中华人民共和国国家体育总局官网https://www.sport.gov.cn/

的单一界面（图3-1～图3-3）。且若教学区为行列式形态，则其与体育设施区块并行时主要以山墙面进行交接，这使得两者界限较为清晰且明确。由于江南地区的水系密度较高，因此，常常出现以水系单独分隔体育设施区块的情况，如杭州古墩路小学，而这一状态使得通过对于校园边界以及体育设施区块边界的管制可以实现体育设施的可控开放以及资源的校地共享。

总体来看，并行关系下的体育设施集中式布局适合于校地共享的模式。主要的原因在于，首先其功能区块边界形态较为简单清晰，使得其易于进行管理。同时，在以一侧与校园其他功能区块交界的状态下，一般在其他三个方向上可直接面向城市空间，使得体育设施区块与城市环境的关系较为紧密。

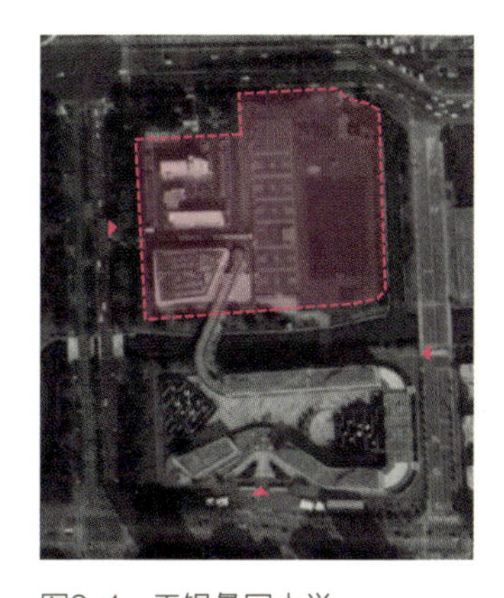

图3-1　无锡蠡园中学
图片来源：作者改绘

图3-2　杭州古墩路小学
图片来源：作者改绘

图3-3　宁波杭州湾滨海小学
图片来源：作者改绘

2）嵌套关系

嵌套关系一般指中小学体育设施与周边其他功能区域形成半围合、包夹或围合的状态。该种关系使体育设施与其他功能区块联系较为紧密，同时，易于实现教育建筑的校内共享与交流。但是对于体育设施的校地共享则增加了一定的管理难度。尤其在嵌套关系中，体育设施区块至少在两个方向上与教育建筑的其他功能区块具有较为密切的联系，部分情况下会有三面甚至完整的围合。通常其在长边方向上与主要教学区进行互动，而在另一个方向上的围合形态则由宿舍等辅助空间完成，或由相邻不同阶段的教育建筑完成。这一特点也使得嵌套关系主要适用于寄宿制学校或者各类一贯制学校。在杭州华东师范大学附属学校中，小学部分被放置于校园北侧，而中学部分则沿西侧边界展开，两者共享体育设施（图3-4、图3-7）。在中国人民大学附属中学北京航天城学校中，中学部分与小学部分结合形成带状形体包裹不规则的体育设施区块，实现了体育设施的高效利用（图3-5）。而在上海青浦协和双语学校当中，则将体育设施拆分（图3-6）。

总体而言，嵌套关系由于其体育功能区块的边界形态较为复杂，且与其他功能区块的关系较为紧密，因此，更适合于城市中相邻校园间的集约共享以及一贯制学校或者寄宿制学校的校内共享，而非常规的校地共享。

（2）分散式体育设施布局

体育设施的分散式布局是一种较为特殊的布局方式，指主要的室外运动场地与室内运动场地分开布置。这一模式主要由于特殊的用地条件或是空间概念所形成，其缺点在于动静分区较为模糊，而

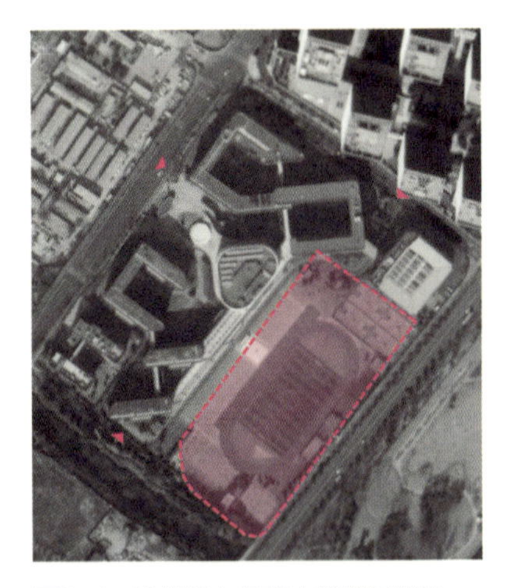

图3-4　杭州华东师范大学附属学校
图片来源：作者改绘

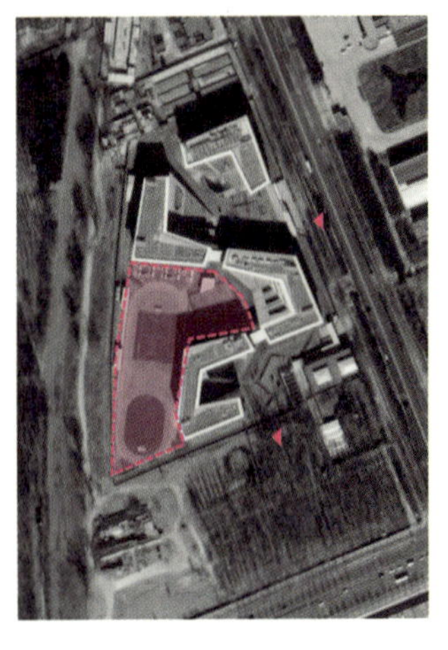

图3-5　中国人民大学附属中学北京航天城学校
图片来源：作者改绘

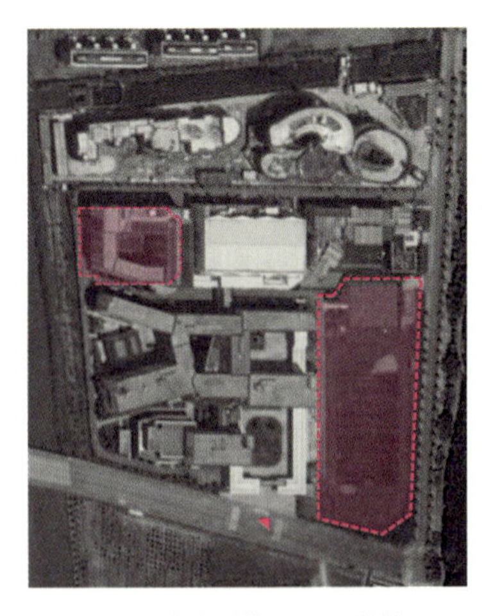

图3-6　上海青浦协和双语学校
图片来源：作者改绘

图3-7　杭州华东师范大学附属学校透视
图片来源：浙江工业大学工程设计集团有限公司

且属于同一功能区块的两部分空间的相互联系也较弱，其潜在的校地共享模式也以局部开放共享为主。

在杭州师范大学附属竞潮小学中，打破校园与城市之间的“围墙”，使得学校主入口前的广场与门厅下沉广场有效联动（图3-8）。在广东惠州华润贝赛思国际学校中，由于用地为长条形且存在较大坡度，因此，不利于大体量地下空间的开挖，而体育设施集中放置于端部又会使得可达性较差，故将其分散布置（图3-9）。部分国外用地条件较为充足的地区亦会采用这一模式，例如美国芝加哥 Taft Freshman 中学。该中学的室内体育场部分布置于教学楼内，且与室外运动场地间隔较远，其目的在于提高室内体育场的使用率，并兼做礼堂等其他功能，而室外运动场单独设置可以又实现体育设施的局部开放共享（图3-10）。

该模式的出现有部分特殊原因。首先，地块内部易出现过长动线，使体育设施的可达性大大降低。其次，场地内不宜设置大体量地下空间。最后，就是场地内存在不能相邻的功能区域，使得集中式体育设施无法被容纳。

总体来看，该种模式是一种特殊限制条件下的备用选项，其本身带有需求折中实现的性质。在该模式下，一般室外运动场可实现校地的开放共享，而室内运动场则一般对内服务。同时，由于室内运动场单独设置，因此，其大空间常常兼有礼堂等灵活性的通用功能，并且与食堂等固定性的大体量空间共同布置，以实现其无柱大空间的最大程度利用。

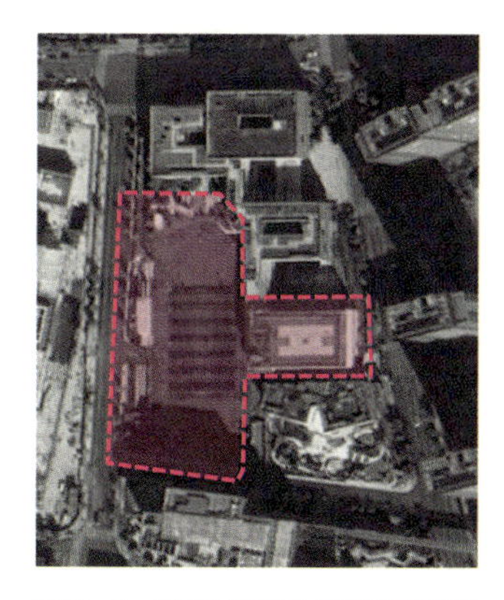

图3-8　杭州师范大学附属竞潮小学
图片来源：作者改绘

图3-9　广东惠州华润贝赛思国际学校
图片来源：作者改绘

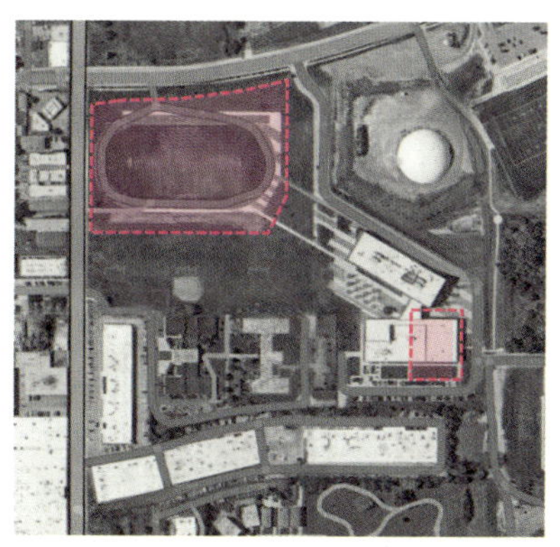

图3-10　美国芝加哥Taft Freshman中学
图片来源：作者改绘

（3）综合式布局

综合式布局是一种较为新颖的布局方式，指主要的室外运动场地、室内运动场地与教学、行政区域相互叠合嵌套。这一模式颠覆了关于传统动静划分以及功能分区的做法，并易于形成丰富的空间与形体变化。该类形体布局特殊性较强，布局模式各异，进行校地资源共享的潜力也不尽相同。

1）整体综合式布局

在部分高密度的垂直校园中，由于极端的用地限制，因此，将体育设施场地与教学行政部分进行叠合放置，形成立体且较为整体的综合式布局。例如，在宁波惠贞中学的设计中，建筑师将绿化、坡道以及公共广场等散布于楼层中，并将体育活动设施设置于屋顶（图3-11）。而当体育设施设置于屋顶时，它将处于整体流线的尽端，这意味到达体育设施区块必须经过下部空间，这使得体育设施的校地共享难度较大。

2）局部综合式布局

在部分容积率要求不高的地块中，建筑师亦会选择局部的综合式布局来组织空间。在局部的综合式的布局中，可将室内体育馆置于教学行政区块的下部，并与室外活动场地相邻，如浙江省金华市金东区第二实验小学。这一模式保留了分散式布局中室内运动场可达性好的优点，并形成了“室

图3-11　宁波惠贞中学
图片来源：浙江工业大学工程设计集团相关项目

内教学空间——室内运动空间——室外运动场地”的空间过渡（图3-12）。同时，还具有在集中式布局中室内外运动空间联系紧密的特点。虽然，从校地资源共享的角度看，局部的综合式布局在一定程度上依旧存在室内体育设施对外开放的管理难题，但是整体上在校内与校地共享之间取得了一定的平衡。

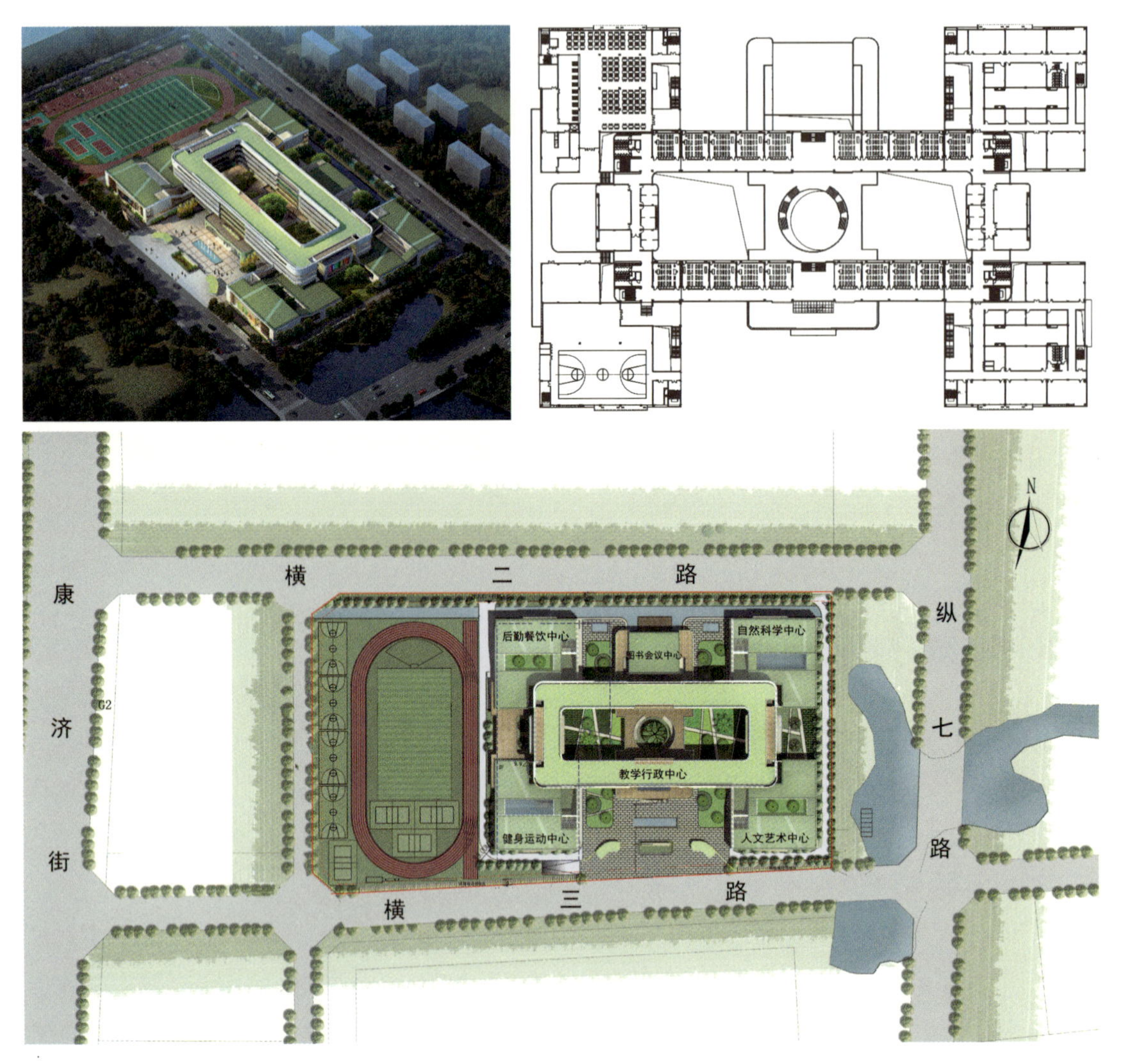

图3-12　浙江省金华市金东区第二实验小学
图片来源：浙江工业大学工程设计集团有限公司相关项目

3.1.2　学习设施空间共享

中小学校可共享的学习设施主要包括学校的图书阅览空间以及部分特殊教室。相比于体育设施，学校学习设施的开放共享对于校园管理提出了更高的要求。从共享模式的形成途径来看，中小学学习设施的开放共享可以分为“学校设施开放型”与“公共设施并设型”，前者以学校作为运营主体，后者在设计之初即以地方管理部门作为运营主体。而从共享模式的空间特征来看，在“学校设施开放型”的共享中，校园一般具有较为完整的校园形态，其共享空间设置于建筑边界处，以方便内外沟通。而在“公共设施并设型”的共享中，由于学校仅享有类似于其他居民的设施使用权，不享有管理权，因此，共享空间与校园部分相对独立。

（1）独立式——公共设施并设

校地共享的独立式学习设施强调城市居民的可达性，因此，通常独立设置于校园场地之外。同时，依旧保留供学校使用的单独流线，一般通过垂直交通或不同方向的水平入口进行分流。例如，在日本立川市立第一小学校中，柴崎学习馆、图书馆和学童保育所三项公共设施集中于学习馆栋，而该馆栋与主体的校舍馆栋是完全脱离的（图3-13），从而实现了部分空间的彻底开放。

从整体上来看，该种模式的管理难度较大，空间权属较为复杂。该模式出现的动因在于，部分地区城市化、少子化与老龄化的叠加作用严重，这使得校园被迫削减运营成本或通过承担部分额外的社会公共功能以维持运营。与此同时，它也为校园学习设施的开放共享提供了新的思路。

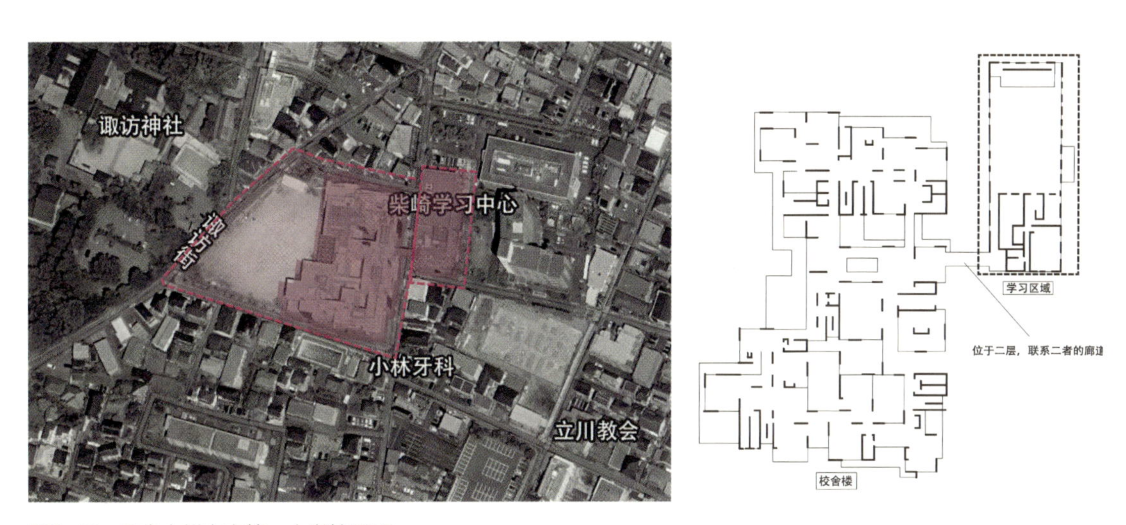

图3-13　日本立川市立第一小学校平面
图片来源：谢殷睿《开放——日本小学校设计的新理念》

（2）边界式——校园设施开放

校地共享的边界式学习设施在各种用地条件下都可以使用。在该类中小学校园建设过程中，建筑师将可以进行共享的功能空间布置于教育建筑边界，特别是靠近城市街道社区的位置，并预留单独的入口空间，且在可共享空间与校园内部空间之间设置一定的管控设施，从而实现部分区域可控的开放。这一模式下，共享空间的管理主体依旧是学校，其在空间上与校内其他教学空间保持较为紧密的联系。例如，在日本镰仓市立御成小学校的平面中，体育馆、食堂、专用教室等空间都被单独放在平面交通主轴南侧尽端的一栋建筑中，通过专门设置的“社区入口”以实现与社区居民的共享（图3-14）。

尽管这一模式可能存在导致若干流线相互干扰以及部分空间可达性降低的问题。但边界式的学习设施校地共享在校园和城市之间取得了相对动态的平衡，保持了清晰的空间权属关系，并挖掘了原本常常被忽视的校园边界空间的潜力，无论对城市还是校园建筑本身都具有积极的影响。

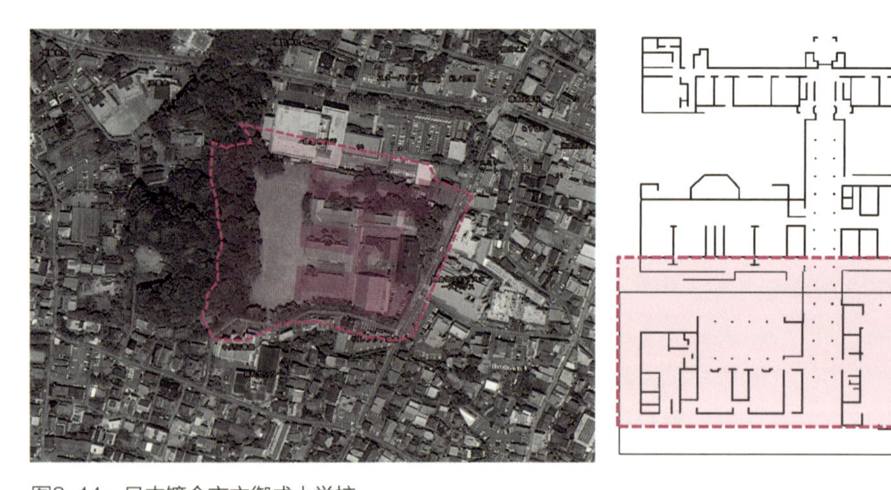

图3-14　日本镰仓市立御成小学校
图片来源：谢殷睿《开放——日本小学校设计的新理念》

3.1.3　中小学接送集散空间

中小学接送集散空间是直接联系校园与城市环境的开放空间。从功能上来看，接送集散空间首先承担了人群聚集等候的交通功能；其次具有防卫功能，即对于进入教育建筑的人群进行控制。同时，作为教育建筑的公共意象，集散空间还具有标志功能，即明确城市中教育建筑的场所领域。因此，中小学接送集散空间无论对于教育建筑自身或是城市环境都具有重要的意义。而从基本的生成逻辑与形态特征来看，目前，新建城市中小学接送集散空间主要可以分为形态退让型、垂直叠合型以及中央街巷型。

（1）形体退让型

在大量新建城市中小学案例中，形体退让型是最常用的接送集散空间之一。其主要的特征是建筑形体在人行主入口处进行一定的退让，并形成具有一定违和感的前场空间。其退让的空间大小不尽相同，但都以水平的半围合空间来组织各种不同人群的流线。

在广东惠州市第七中学以及杭州胜利路小学的设计中，建筑师都设置了较大体量的退进（图3-15、图3-16）。而在杭州蒋村单元小学方案设计中，建筑师在相邻的教育建筑中将两处形体退让合并布置，最终形成了相对完整的、跨地块的入口集散空间（图3-17）。而在深圳市龙华区第二外国语学校、无锡蠡园中学等校园设计中，建筑师都设置了小体量退进，并采用了类三角形的形态（图3-18～图3-20），以确保空间的集约。

形体退让型的接送集散空间，其构成较为简单，设计成本也较低，同时，入口空间标志性较强，具有很好的实用性。然而，当用地较为紧凑或容积率较高时，形体退让会较为困难，并且过小的前场空间并不能满足使用需求。此外，在部分规模较大的一贯制学校中，简单的退让无法满足同时组织多股人流的需求。因此，该模式一般在用地条件较为宽裕且容积率要求不高的场地中具有较好的效果。

（2）垂直叠合型

随着高密度校园的增加以及城市用地条件的变化，垂直叠合型的接送集散空间出现了。该模式将集散空间转变为半室外空间并置于教育建筑底层或地下。由于存在空间的叠合，因此，该类接送

图3-15　广东惠州市第七中学
图片来源：作者改绘

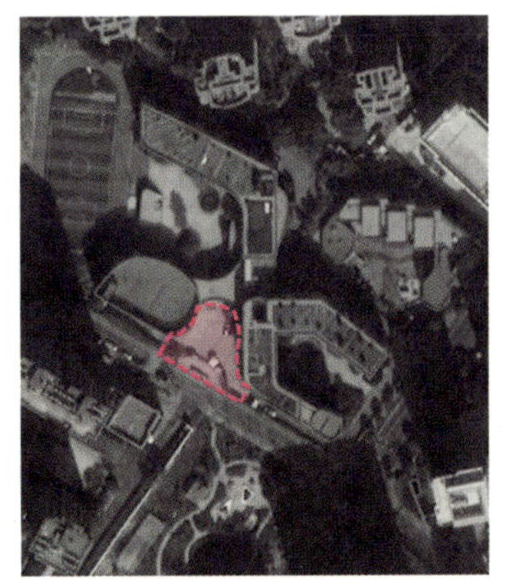

图3-16　杭州胜利路小学
图片来源：作者改绘

图3-17　杭州蒋村单元小学
图片来源：作者改绘

图3-18　深圳市龙华区第二外国语学校
图片来源：作者改绘

图3-19　无锡蠡园中学
图片来源：作者改绘

图3-20　浙江大学教育学院附属中学
图片来源：作者改绘

集散空间的交通组织模式更为立体，同时，室内外的空间层次也更为丰富。而在不同地区，由于限制条件的不同，垂直叠合型的接送集散空间则进一步衍生出了地上叠合与下沉叠合。

从案例来看，地上叠合的模式在广东地区特别是深圳，其使用较为广泛。例如，在深圳龙华区行知中学的设计中，建筑师将接送集散空间与大平台相结合（图3-21），并配合入口空间在上部体量进行操作，形成了富有变化的界面。在深圳福强小学的设计中，则将接送集散空间置于街角（图3-22），在非接送集散的高峰期形成具有良好公共性的街角空间。而在深圳上星学校的设计中，建筑师则通过校园建筑的入口空间为局促的城市街道增加通透感（图3-23）。

而在江浙地区，部分非高密度的中小学则多采用下沉叠合（图3-24）。从空间构成手法的角度来看，下沉所形成的空间是一种最具有安全感的空间。在部分幼儿园以及欧美治安较差的地区，下沉被认为是一种获取防卫的手段。因此，下沉空间作为学生等候或聚集的空间可以给予家长一定的安定感。同时，下沉空间亦可以形成大量空中连廊以及具有高差的空间，能够增加空间的丰富性与趣味性，这与中小学教育建筑的建筑氛围是相适应的。

总体来看，垂直叠合的接送集散空间具有易于分流、空间丰富性强以及用地集约等优点，适用于南方潮湿的环境。而地上叠合与下沉叠合形成的原因在于，江浙地区对于教育建筑层数以及限高存在规范限制，因此，通过下沉空间来实现垂直叠合。而在深圳等地的高密度环境学校中，地下空

图3-21　深圳龙华区行知中学

图片来源：作者改绘

图3-22　深圳福强小学

图片来源：作者改绘

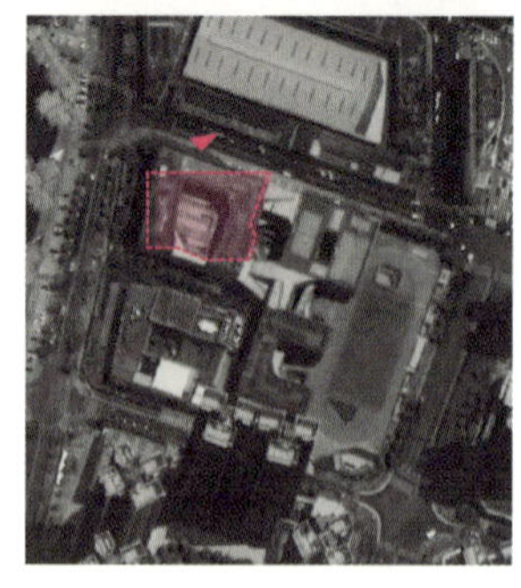

图3-23　深圳上星学校

图片来源：作者改绘

图3-24　浙江衢州衢江区城东学校

图片来源：浙江工业大学工程设计集团相关项目

间往往已被利用且作为运动场所或其他功能，因此，该类学校大多采用地上叠合模式，并结合“三重式”的校园布局布置接送集散空间。

（3）中央街巷型

对于某些规模较大的中小学，特别是部分九年一贯制学校，形体退让型以及垂直叠合型的接送集散空间始终过于集中。为了解决这一问题，建筑师将建筑间的空间间隙进行放大，从而形成部分贯穿的街巷空间。根据街巷走向的不同，进一步将中央街巷型接送集散空间进行划分。

在平湖市启元教育服务中心以及天城单元九年制学校中，建筑师都选择将建筑间的间隙扩大，并将其与接送集散空间相结合（图3-25、图3-26），形成中央街巷型的接送集散空间。这种组织形式既能在一个线性空间当中组织不同来向的流线，还利用了行列式原有的建筑间隙，并无需单独划出前场的接送集散空间。

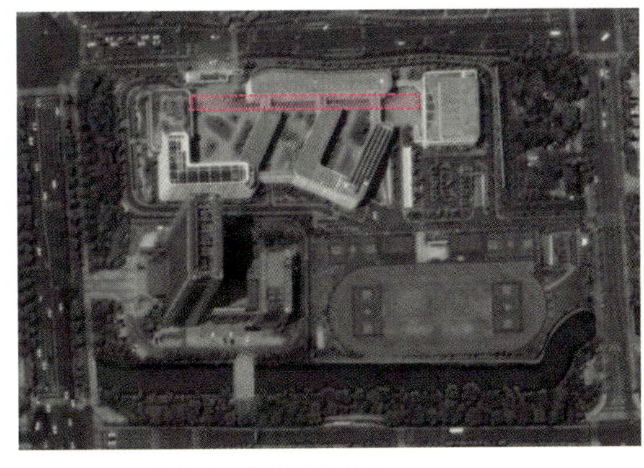

图3-25 平湖市启元教育服务中心
图片来源：浙江工业大学工程设计集团相关项目

图3-26 天城单元九年制学校
图片来源：浙江工业大学工程设计集团相关项目

而在杭州祥符街道初级中学（图3-27）的设计中，建筑师没有选择利用行列式平面的间隙设施中央街巷，而是创造了一条南北贯通的底层通道。对于规模较大的纯小学教育建筑，由于其学生作息时间较为接近，短时间的人群聚集规模较高，且不存在一贯制学校的分区需求。因此，建筑师采用贯通式的底层中央街巷来组织集散。

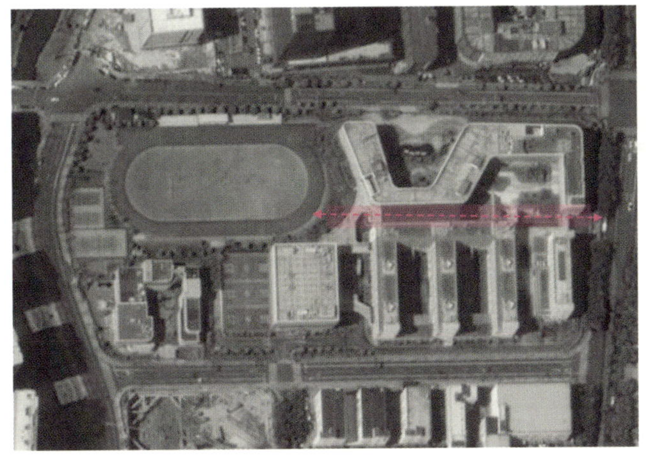
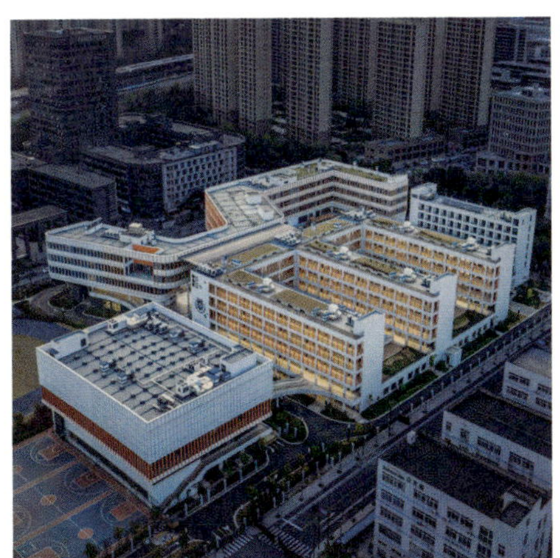

图3-27 杭州祥符街道初级中学
图片来源：浙江工业大学工程设计集团相关项目

总体来看，中央街巷型的接送集散空间流线组织效果较好，同时，它也为学生提供了大体量的半室外活动空间。其中，由山墙侧进入的中央街巷一般长度较短，且仅有一个出口，但其利用了建筑原有的间隙，因此，用地相对集约且具有分区作用。而贯穿式的中央街巷一般长度较长，对建筑面积有一定影响，但可以提供两个入口，这大大增加了集散的效率，一般可用于大规模的非一贯制学校。对于某些规模较大的中小学，特别是部分九年一贯制学校，形体退让型以及垂直叠合型的接送集散空间始终过于集中。为了解决这一问题，建筑师将建筑间的空间间隙进行放大，从而形成部分贯穿的街巷空间。根据街巷走向的不同，进一步将中央街巷型接送集散空间进行划分。

3.2 校内共享空间

随着开放式教学概念的普及，马尔科姆·诺尔斯（Malcolm. S. Knowles）基于终身教育的理念提出了“非正式教学”（Informal Learning）的概念，它指不一定依托于教室，也可发生在公共机构中的学习，主要以学习者为主导，通常是未经组织的有意识的学习[①]。丹尼尔·斯库格伦斯基（Daniel Schugurenshy）通过学习者意向与意识两个主要类别将非正式学习形式分为自主学习、伴随性学习和隐性学习（社会化）三类。因此，在校园建筑的设计中，建筑师与教育学家都开始关注到原本被忽略的门厅以及走廊等公共活动空间，并强调该类空间当中孩童所进行的“隐性教育”活动的意义。

3.2.1 走廊过厅空间

（1）交通走廊空间

从行为学的角度来看，青少年的日常行为具有漫游式的特征，其行为目的性要远远弱于成年人。因此，在部分实践中，通过班级单元的错动或是单元自身的特殊形式，增加走廊空间的转折变化。而在空间需求较为紧张的情况下，则可以通过界面的材质变化以及设置教室单元入口空间的方式来丰富走廊空间。

根据《中小学校设计规范》GB 50099—2011中的规定，单侧走廊或外走廊净宽不应小于1.8m，内走廊净宽不应小于2.4m。由于各种原因，当下大多数校园走廊宽度都以满足规范基本要求为主，宽度满足3股人流同时行走，无法承载交流、分享等行为活动。然而，根据学界研究，教室附近的走廊是目前学生活动频率最高的区域。因此，如何赋予走廊空间承载非正式教育空间的功能已成为许多教育建筑实践的议题。

1）空间转折型走廊

空间转折型走廊主要依靠基本单元的错动以及基本单元的不规则边界形成。例如，在杭州胜利

① Marsick V J, Watkins K E. Informal and Incidental Learning[J]. New Directions for Adult & Continuing Education., 2001(89): 25.

小学新城校区中，建筑师将基本教学单元以锯齿状排列，形成折线形的走廊形态（图3-28）。

一方面，空间转折型走廊其空间较为丰富；另一方面，空间转折型走廊与基本教学单元的关系密切。走廊空间的曲折变化虽然拉长了动线，但是，它可以增加基本教学单元与走廊空间的界面数量，使得基本教学单元与走廊空间的交互更为丰富。配合空间限定手法的变化，可以进一步增强基本教学单元以及走廊空间的交互活动。

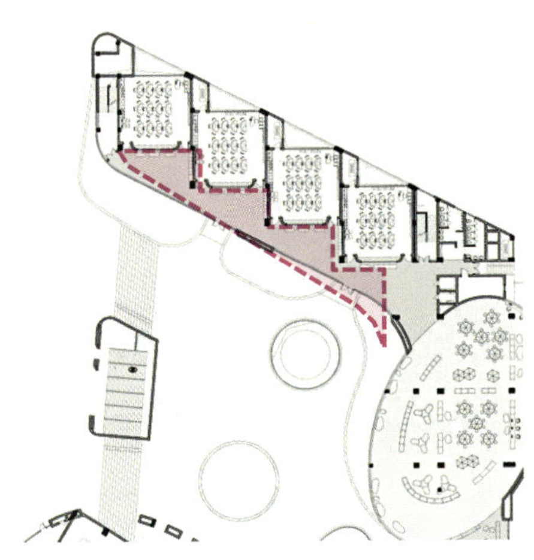

图3-28 杭州胜利小学新城校区
图片来源：作者改绘

2）双侧夹合型走廊

在传统的中小学教育建筑设计当中，教学单元的空间组织常常采用单廊式，即走道置于南侧，基本教学单元朝北；或是内廊式模式，即将基本教学单元沿走廊两侧布置。而双廊模式则将两条公共走廊分别布置于教学单元的两侧，使得走廊空间的公共性得到进一步的拓展。

在上海德富路中学中，建筑师通过非传统的田字形平面来组织教学区块的空间布局，同时，通过南北侧的双廊弥补了田字形平面的压抑感（图3-29）。从空间关系上看，双廊模式为中小学教育空间提供了多样化的可达性选择，它破除了传统交通模式中单一固定的流线形式，因此，双廊模式更契合中小学生的日常行为模式。同时，配合交通空间的界面变化，有利于形成较为丰富、通透且易于共享的公共空间环境。

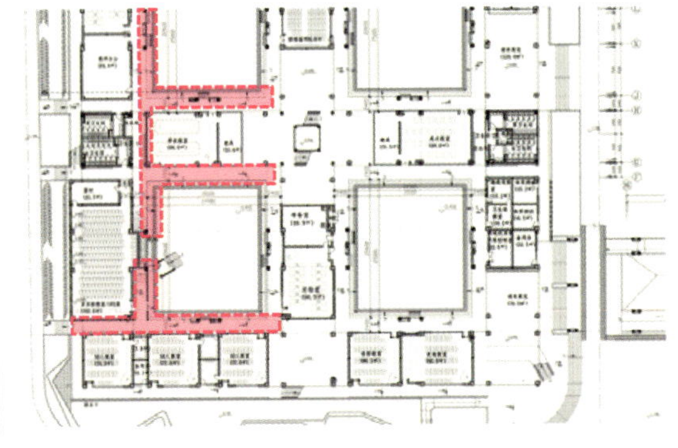

图3-29 上海德富路中学鸟瞰图（左）、平面图（右）
图片来源：作者自拍、改绘

3）界面变化型走廊

界面变化型走廊的关键在于交通空间界面层级的变化，其主要应用于部分内廊式交通空间。在传统的内廊式交通空间中，走廊通常较为阴暗，且空间模式较为单一。而界面变化型走廊，一般通过界面的虚实、材质、照明以及色彩变化来实现。

在浙江省玉环县陈屿中心小学分校区中，建筑师注重孩子的心理需求，打造现代化的多姿多彩的建筑外观。传统内廊式的走道由于功能与规范等需求无法延续建筑外部的形态趋势。因此，通过不规则的外廊关系强调界面的变化，从而大大增加空间的趣味性（图3-30）。

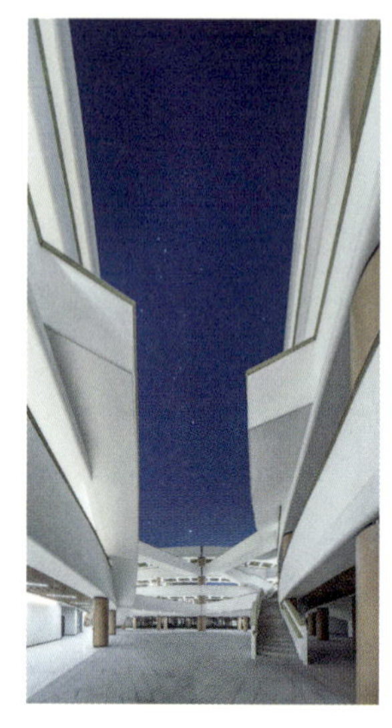

图3-30 浙江省玉环县陈屿中心小学分校区
图片来源：浙江工业大学工程设计集团相关项目

（2）门厅与过厅空间

门厅及过厅空间原本主要承担的是人流集散的功能，因此，其空间尺度较大。相比于走廊空间，门厅与过厅空间可承载更为丰富的行为活动。目前门厅与过厅主要承担的是集散、展示、等候等功能。

1）门厅空间

门厅是教育建筑中组织交通的核心所在。作为室内外空间的交接部分，门厅空间还具有缓冲的功能。在大部分教育建筑设计案例中，门厅多采用跃层的形式，一方面强调空间在流线构成中的重要性，另一方面也使得门厅的公共性进一步增强。同时，首层门厅与上部教学空间的视觉联系更为密切，而大部分的门厅都将垂直交通空间置于较为明显或流线易于到达的位置。在教育建筑中，由于环境的可控性更强，因此，门厅中的垂直交通空间常常被进一步放大，从而形成部分大楼梯或大坡道，以削弱层化空间在垂直方向的割裂。

例如，在浙江省余姚中学明德实验学校的设计中，门厅通高与垂直交通结合布置，并以高窗增强采光，室外大楼梯的形式丰富了室内外的流线关系（图3-31）。总之，门厅空间的共享依赖于门厅良好的可达性、可停留性以及容纳不同类型活动的潜力。

2）过厅空间

20世纪80年代，亚洲建筑师在欧美实践经验的基础上，针对东方教育模式的特点，在开放式

图3-31　浙江余姚中学明德实验学校

图片来源：浙江工业大学工程设计集团相关项目

图3-32　浙江省玉环县陈屿中心小学分校区过厅空间

图片来源：浙江工业大学工程设计集团相关项目

教学单元的基础上形成了“班群”模式。同时，随着这一模式的兴起，教育建筑的组团过厅空间得到了进一步发展。

从浙江省玉环县陈屿中心小学分校区过厅空间设计中可以看出（图3-32），通过公共空间的视觉形态变化增加了基本单元的空间弹性与丰富性，在各基本教学单元之间形成“非正式”教育空间。同时，数个基本教学单元围绕部分“非正式”教育空间展开，以形成群体组团。一方面，组团内的基本教学单元可以共享公共空间；另一方面，交通空间依旧穿越于各个组团中，并保持了空间的连续性。

3.2.2　屋面平台空间

教育建筑的平台空间主要指建筑的屋顶平台、部分楼层的室外平台以及部分坡顶下的可供停留空间。平台空间一般情况下处于流线的末端，因此，其使用率低于走廊空间以及门厅空间。然而平台空间拥有良好的视野以及自然环境体验，所以，平台空间对于相邻的室内空间以及景观视野的共享具有重要的意义。

（1）平屋顶空间

现代建筑对于屋顶空间的利用可以追溯到勒·柯布西耶的萨伏伊别墅。在教育建筑中，随着垂直校园等概念的兴起，对于平屋顶空间的共享利用模式开始愈发多样化。通常来说，对于教育建筑平屋顶的使用大多出于功能性以及生态型的共享需求。

例如，在浙江省德清县三合乡二都中心小学，建筑师通过屋顶平台等方式复刻了自然环境。同时，建筑师在外部塑造了一条开放流线，串联地面空间与屋顶平台空间（图3-33），大大增强了屋顶的可达性，便于校内共享。而在浙江省平阳县第二职业学校设计中，建筑师将绿化置于屋顶，其阶梯式的绿地是对于建筑形体的一种回应（图3-34）。不同于通常“三重式”布局的垂直校园，浙江省平阳县第二职业学校对于屋顶的功能性利用显示出一种与内部空间的有机关系，无论是建筑体块的错动或是空间视线的跃层交流，都使得屋顶与下部室内存在良好的互动关系，并弱化了屋顶空间的尽端效应，也提高了使用率。

图3-33　浙江省德清县三合乡二都中心小学
图片来源：浙江工业大学工程设计集团相关项目

图3-34　浙江省平阳县第二职业学校
图片来源：浙江工业大学工程设计集团相关项目

总体而言，平屋顶的利用是一种最为常用的校内空间共享做法，其空间利用的成本较低，但其最终的共享效果却较好。

（2）坡屋顶空间

坡屋顶空间在雨水充沛的江浙地区具有较好的气候适应性，同时，坡屋顶通常能够与传统建筑取得文化意象层面的联系。尽管作为一种不可上人的屋面，坡屋顶的空间利用常常受到一定限制，但建筑师对其空间的共享潜力情有独钟，并在其功能性与气候适应性之间取得平衡。

随着"个人本位论"教育的提出，部分教育建筑开始对自然人文意象进行模仿，例如村庄与城市等，因此，教育建筑坡屋顶空间的利用逐渐呈现多样化。

例如，在杭州未来科技城海曙学校中，建筑师在坡屋顶下营造了半室外共享空间，并在坡屋顶上挖去部分空洞以形成开放空间（图3-35）。这与西班牙建筑师巴埃萨（Alberto Campo Baeza）在加斯帕住宅中所要实现的"天空院"具有相似的空间体验。而在杭州奥体实验小学中，建筑通过局部跃层以及坡屋顶表皮变化的方式，进一步探索了坡屋顶的生态性功能，并利用坡屋面下的三角形空间创造了室内绿色共享空间（图3-36）。另外，在部分案例中，建筑师亦会选择将坡屋顶与平屋顶结合设置，形成具有韵律感且形态更为自由的共享空间。

从使用角度来看，坡屋顶空间无论是在功能需求抑或是生态需求上，其共享难度都大于平屋顶空间。而该类空间形式的公共性探索多集中于我国南方地区，因此，在文化性与气候适应性上，坡屋顶确实具有较为特殊的意义。

图3-35　杭州未来科技城海曙学校
图片来源：作者自拍

图3-36 杭州奥体实验小学
图片来源：作者自拍

（3）基座平台空间

针对平屋顶空间与坡屋顶空间的特点，建筑师将平屋顶空间的功能性与坡屋顶空间的文化性相结合，最终形成了基座平台空间模式，其本质上是一种平坡结合的屋顶模式。在该种模式中，建筑师通常塑造一个较大的底层基座体量，而在基座之上则设置较多独立体量来承担主要的功能空间。

在安徽省安庆市怀宁县产教园的设计中，建筑师通过基座平台空间模式对“屋顶校园”的意象进行演绎（图3-37）。主要的功能体量通过阵列的逻辑形成群组，群组间以底层体量的屋面相连，而功能体量的屋顶则采用不同的坡面形式营造丰富的屋顶景观。同时，若干基本教学单元共享一群组中的室外平台空间，并通过平台上的各种垂直交通空间实现层间的交互。

总体而言，基座平台空间模式比较契合教育建筑的基本功能需求。首先，该模式将平屋顶的形式与坡屋顶的形式进行融合，并综合了两者的功能性以及文化性。其次，基座平台解决了教育建筑中班级活动空间不足以及到达性较差的问题。在传统的教育建筑中，班级室外活动空间大多集中于底层，这使得层数较高的班级很难在课间到达室外活动场地进行活动。而基座平台使得部分室外活动空间可以被设置于二层或二层以上，其可达性大大增加（图3-38）。该模式唯一的弊端是底层空间日照采光难度较大，因此，该模式底层可集中布置无日照要求的功能空间。

图3-37 安徽省安庆市怀宁县产教园
图片来源：浙江工业大学工程设计集团相关项目

图3-38 浙江省平阳县第二职业学校
图片来源：浙江工业大学工程设计集团相关项目

3.2.3 地下空间

随着城市中小学教育建筑逐渐倾向于空间的高密度化以及功能的多样化，教育建筑的功能复合程度也越来越高。传统的简单水平布局早已不能满足当今城市新建中小学的需求，而垂直式的布局在很大程度上亦受到防火规范以及限高的制约，因此，地下空间的开发利用已成为一种重要的校内共享空间。

（1）生活服务空间

在城市中小学中，生活服务空间主要包括学生及教师宿舍、餐厅以及与之相关的办公存储空间等。其中，宿舍空间对采光要求较高，因此，不考虑将宿舍空间设置于地下。而餐厅空间对单层面积要求较高，对采光以及空间形态要求则较低，因此，将餐厅空间下沉在很大程度上可以集约中小学校的地面空间。

在浙江省衢州市第四实验学校的设计中，以多重院落的空间构型，作为承载校园丰富教学模式的主体。此外建筑师将餐厅及附属空间等下沉并设有下沉庭院，以保证地下空间的基本通风与采光（图3-39）。

图3-39　浙江省衢州市第四实验学校
图片来源：浙江工业大学工程设计集团相关项目

无论从空间集约化的角度抑或是流线组织的角度来看，将餐厅置于地下都具有一定的优势。首先，利用地下空间可以集约地面空间。其次，餐厅可与地下车库相邻，使得后勤流线不会干扰地面的其他活动。最后，不同于简单水平布局中的教学空间与生活服务空间距离较远的状态，地下餐厅可以缩短动线，提高餐厅的公共性与可达性。再者，餐厅处于垂直流线的尽端，因此，它也不会与其他流线交叉。除部分特殊地形条件外，将餐厅下沉布置是一种较为合理的模式。

（2）体育运动用房

中小学教育建筑的运动区主要包括室内运动空间与室外运动场地。其中，室内运动空间主要有室内篮球场、羽毛球场、短程田径场以及游泳馆等。目前，在中小学教育建筑特别是部分教育建筑的改造案例中，将体育运动用房设置于地下是一种拓展空间共享潜力的重要方式。

1）封闭式下沉

体育运动用房封闭下沉主要指将部分室内活动空间下沉，以形成封闭独立的地下体育活动空间。例如，在中国人民大学附属中学北京航天城学校中，除了建有室内篮球场外，还设有冰球场等特殊室内体育运动空间。因此，建筑师将该类室内运动场地全部置于地下空间以节约用地（图3-40）。

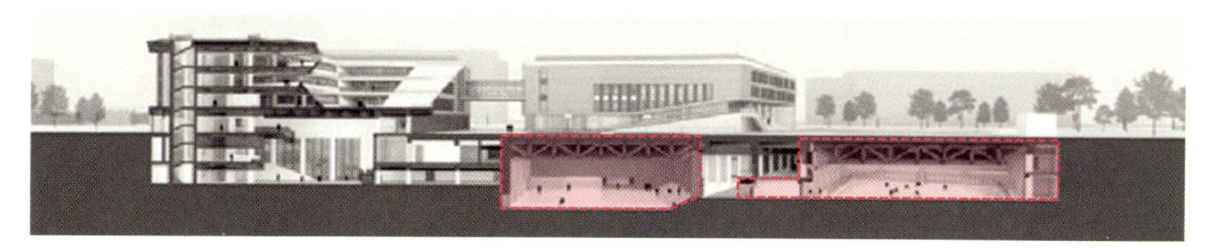

图3-40 中国人民大学附属中学北京航天城学校
图片来源：作者改绘

而在深圳光明实验学校中，除了主要的室内运动场地外，建筑师还将部分室内运动空间分散布置于地下空间，使得学生能由教学区快速到达体育运动设施，从而提高了体育设施的共享利用率。

综合各类案例，体育运动设施封闭下沉式的最主要优势在于节约用地面积。由于功能分区的需要以及特殊的无柱空间需求，下沉的室内体育用房一般设置于地面室外体育运动场地下①，形成立体的室内外体育运动区块。特殊情况下，也有放置于生活服务用房以及教学用房地下的案例，但由于空间结构上下差异，成本会高于结合室外运动场地的模式。

2）开放式下沉

体育运动用房开放下沉主要指部分室外运动场地的下沉。该类体育运动空间大多完全露天或具有上层覆盖但水平边界并不封闭。例如，在崇德外国语学校的设计中，以多重院落的空间构型，作为承载校园丰富教学模式的主体。此外在设计中设有下沉庭院，以保证地下空间的基本通风与采光（图3-41），这使得架空层的空间更为丰富，并且提高了空间的到达性与使用率。

图3-41 崇德外国语学校
图片来源：浙江工业大学工程设计集团相关项目

然而，尽管体育运动用房开放下沉能塑造丰富的底层架空空间，该种模式在日常使用中依旧存在一些问题。首先，由于体育运动设施的边界不封闭，而各功能区又混合布置，这使得教学区与行政区极易受到体育活动的干扰。同时，可容纳该类下沉空间的位置较为单一，主要是结合建筑中庭或行列式布局中的建筑体量空隙。总而言之，这是一种特殊用地条件所形成的空间共享模式。

（3）大型活动用房

随着教学模式的变化，中小学生的日常校园文体活动也愈发丰富，大量的城市新建中小学校开始设置相应的空间来满足使用需求。一般情况下，大型活动用房结合教学空间或行政管理空间

① 张文东. 北京市中小学校园地下空间设计研究［D］. 北京建筑大学，2020.

布置，其功能主要包括学术报告厅、礼堂以及大型会议室等。由于该类空间主要依赖于主动式的照明以及通风技术，因此，越来越多的城市中小学选择将大型活动用房布置于地下。

在浙江广播电视大学德清学院的设计中，报告厅被设置于地下一层，而两侧墙体的多边形突起则是基于视觉美观和声学的双重考虑（图3-42）。在浙江省临海市灵江中学的设计中，报告厅被设置于半地下，室内颜色比较明快（图3-43）。

从实际案例中可以看出，当大型活动空间放置于地下时，其防火以及疏散的难度要高于放置于地面。同时，不同于生活服务用房，大型活动空间一般存在空间无柱的结构需求，因此，在教学空间地下设置大型活动空间时，其结构难度要高于地面上的大空间。然而，由于大型活动空间体量较大，因此，在场地空间不足时也通常放置于地下。此外，地下空间具有良好的隔声效果，故无需再设置缓冲空间。同时，相比于水平布置模式，它可以进一步节约空间。

图3-42　浙江广播电视大学德清学院

图片来源：浙江工业大学工程设计集团相关项目

图3-43　浙江省临海市灵江中学

图片来源：浙江工业大学工程设计集团相关项目

第4章

多元融合的教学空间组合

随着应试教育弊端的不断显现，原本机械化的教育管理模式正在发生变化，这样就使得中小学教育模式逐渐形成了“跨学科”的教育模式以及“跨年龄的教育模式”，并对相应教育建筑空间组织模式产生了重要的影响。

4.1 “走班制”模式下的教学空间组织

4.1.1 “走班制”教学模式的空间需求

素质教育的深入推进和高考制度的改革，无疑表明我国的普通中小学教育正在逐步摒弃灌输式应试教育模式，向着更注重学生综合素养培养的现代教育理念践行，而传统“班级授课制”教学模式中的普通教育建筑在布局单元、功能空间、交通流线等方面已不能满足新的“走班制”教学模式的需求。

学生“走班”上课的形式源于19世纪末的美国大学，后逐步发展至中小学，并推广至英国、加拿大和芬兰等国家。目前，“走班制”已从“跨班级”教学逐步发展到“跨年级”“跨学科”模式，教学组织也不断向开放和灵活的方向发展。我国最早是在1981年开始“分层次”现代教学探索，特别是以2014年的高考制度改革为起点，开始“走班制”教学模式在全国范围内逐步推广，少部分地区则出现了跨年级、跨学科教学组织形式。21世纪教育研究院副院长熊丙奇认为，“走班制”教学可以分为四个层次：第一个层次是学校开设一些选修课；第二个层次是在必修课层面进行分层教学，让学生走班；第三个层次是必修课、选修课融合在一起；第四个层次就是完全的学生自主选择。从总体上看，不论是哪个层次的走班制教学都具有课程的多样性、班级的流动性、学生的自主选择性等特点。

目前，国内的大部分普通中小学教育建筑建设于20世纪，这些校园建筑均是以传统的应试教育为目标进行设计的。校园通常分为教学区、后勤区、生活区及运动场地，并以教学区为核心进行空间组织，各功能区分区明确、相互独立。即使是近年来新建的普通中小学，其校园空间的组织也基本沿用了传统的校园设计模式。

虽然当前部分中小学已实行“走班制”教学模式，但其教育建筑绝大多数还是采用传统建筑单元与功能分区的做法，单一的教学空间模式无法满足学生综合素质发展，也不利于发挥学生的主观能动性，无法适应现代中小学所追求的教学模式与教学需求。

4.1.2 “走班制”模式下的校园空间组织

相对单一的传统“班级授课制”教学功能，已无法适应“走班制”模式下教学建筑的综合性与复合性，以及促进学生迸发创造性思维的需求。“走班制”模式下的校园空间模式特征主要包含以下几方面：

（1）空间功能复合多元

教学区空间组合模式由“单走廊串联固定教室”向“多层次公共空间连接教室”方向发展

（图4-1）。“走班制”教学系统要打破“班级授课制”那种简单、单调的建筑功能构成方法，重在培养学生创新思想，保护学生对于新事物探索的好奇与动力。“走班制”教学单元功能转向多元，教学活动不单单是教师授课的活动形式，还主要包含学生动手实践操作、自主研究修习、讨论辩驳交流以及材料仪器储藏、图书资料阅览等相关教学活动，对功能单元的空间有更高的使用要求（图4-2）。目前，各个中小学改变了传统千篇一律的教学空间，并融入了美术、音乐、文学、天文、科技等特色课程。未来的中小学校园将有别于传统以普通教室为主导的教学空间设计，各类社团活动室、文体活动室等专用教室和公共教学用房、辅助用房的比重将大幅增加。

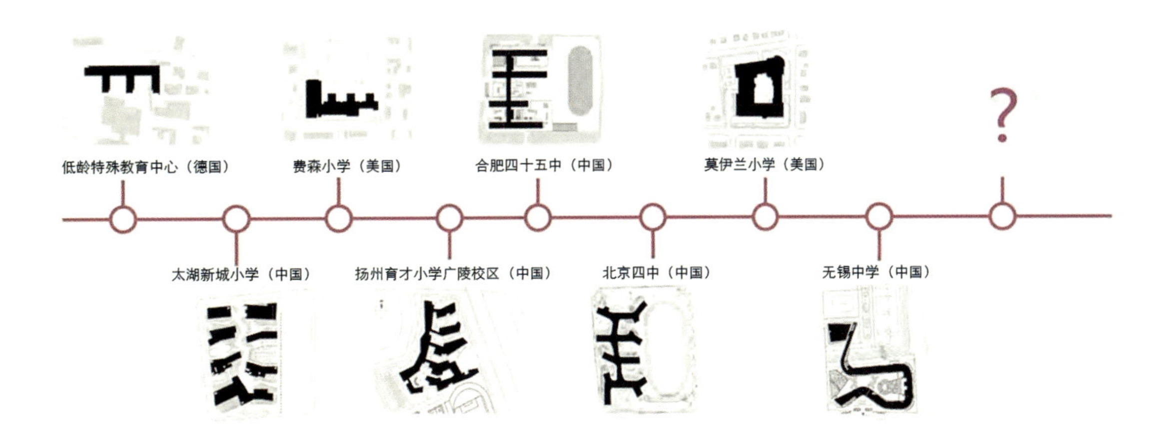

图4-1　教学单元转向复合

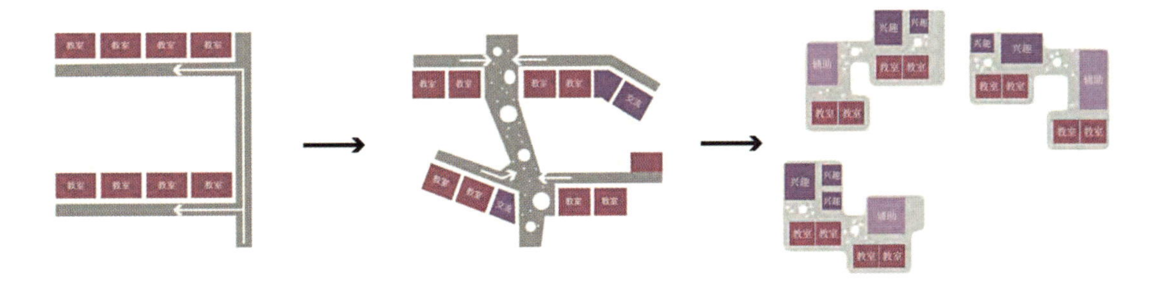

图4-2　单元功能转向多元
图片来源：浙江工业大学工程设计集团相关项目

（2）空间专业化需求

在传统“编班授课制”教育模式下，专用教室的平面形式基本上和普通教室的平面形式一样，大多以矩形为主，位置固定且功能单一。在实行“走班制”的中小学，其空间需求更具专业化。专业教室不应局限在一幢单独的实验综合楼内，应采用横向或纵向的组合方式，形成物理中心、生物中心、艺术中心等主题鲜明的课程教学中心，其内部空间设计可采用更适应专业需要的形式。同时，各教学单元之间可灵活组团，形成多样化的交流空间，这样既能提高教学空间的课程专业性并方便学生们就近实践求证，又能为学生提供交叉学科间的交流。

如浙江省临海市灵江中学高中部（图4-3），北设教学区，南辟运动区，实现动静分离。同时，其山体成为校园内的标志性景观与天际线亮点。“水系”则源自西北侧住宅区，经景观化精心处理后在主入口与大报告厅融合，形成独特的水景广场，并美化校前空间。

图4-3 浙江省临海市灵江中学（高中部）鸟瞰（左）与总平面图（右）
图片来源：浙江工业大学工程设计集团相关项目

（3）空间转换“零距离”

“走班制”教学最突出的特点是学生课间需转换教室。在既有学校建筑中，走廊串联着各教学功能组团和教室，这导致在“走班制”模式下学生课间转换教室的交通流线过长。“走班制”是“学生走班、班级和教师固定”的教学基本模式，这使得学生在校的时间将有一部分消耗在教室的转换过程中。为了节省这一部分时间，让学生可以更充分地开展学习、活动，“走班制”就需要缩短教学楼内各个教学单元之间的距离，使单独意义上的交通空间在教学楼中的比重降低。在实行“走班制”的中小学校中，走道空间除承担交通功能之外，也要承担多种复合功能。走道并不再是仅承担单一交通功能的封闭空间，而是兼具储藏、交往、交通、休憩等复合功能的开放性空间载体。

在浙江义乌高新区小学设计中，从传统较单调的行列式布局转变为主张功能复合、符合未来教学模式的教学组团布局（图4-4）。每个教学组团由4个普通教室、实验教室、兴趣教室及办公室等教学辅助功能组成，实验教室与普通教室可平层或在同一栋楼内就近使用，从而减少学生在实验课换教室时的行走距离（图4-5）。

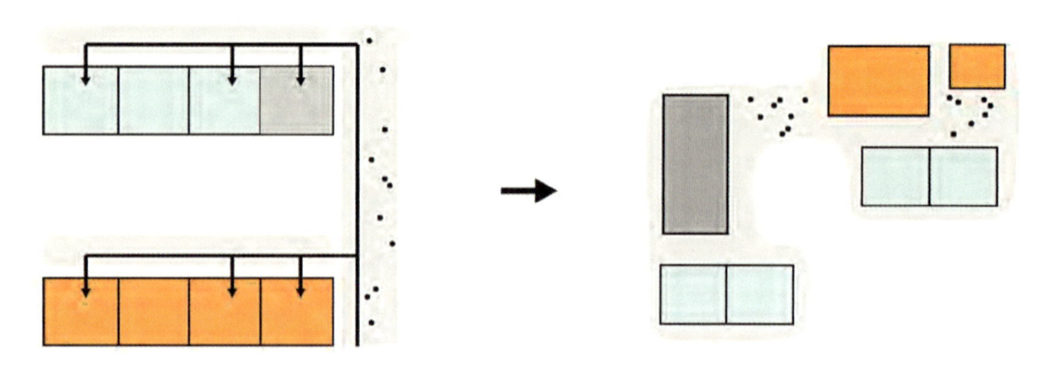

图4-4 从传统较单调的行列式布局转变为主张功能复合的教学组团布局

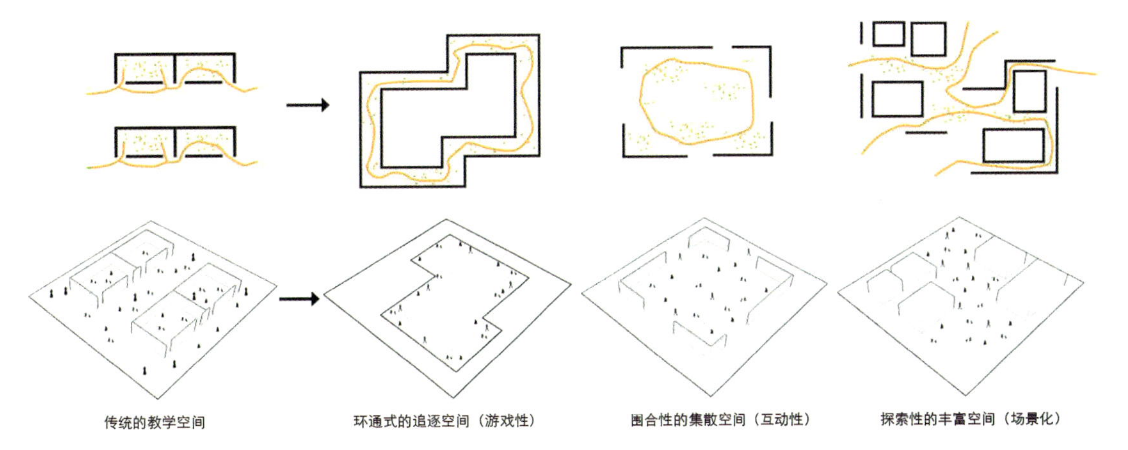

图4-5　营造符合儿童心理的游戏性、互动性和场景化的室内外空间
图片来源：浙江工业大学工程设计集团相关项目

再以浙江省玉环县陈屿中心小学分校为例，其空间组织在水平与垂直方向巧妙布局：在水平方向上，地块的东面全部为教学空间所服务。北侧中轴对称的入口既能完整呈现学校的风貌，又能体现传统文化的传承性（图4-6）；在垂直方向上，教学空间衍生出空中平台，形成叠加开放学习区，各层间以垂直交通相连（图4-7）。一方面，内部空间被平台层层包裹，打开房间门就进入开放与连续的公共空间之中，其水平向的空间转换变得最短；另一方面，竖向交通成为空间体系中最核心的要素，其竖向空间的元素不再局限于楼梯与台阶，并有意识地设置各种竖向通高空间和退台以加强不同层面之间的交流，使得竖向交通变成了公共活动，从而为内部使用空间与外部公共空间创造一个概念上的"零距离"组织模式。同时，也为新的教学模式创造了一个不一样的空间载体。

图4-6　浙江省玉环县陈屿中心小学分校鸟瞰
图片来源：浙江工业大学工程设计集团相关项目

图4-7　丰富的竖向连接

4.2 “跨学科”交流下的校园布局模式

4.2.1 STEAM教育模式下教学空间的转变

STEAM一词为科学（Science）、技术（Technology）、工程（Engineering）、艺术（Arts）与数学（Mathematics）的缩写。而STEAM教育就是集科学、技术、工程、艺术、数学多领域融合的综合教育。现代社会知识呈现出爆炸式增长与跨学科的关联性，并使得传统教学模式的分科教学受到挑战，STEAM教育就是在这样的背景下出现的。作为一种新的学习方法与概念，STEAM旨在通过体验式和实践性学习方法来提升项目学习的重要性，并通过艺术整合科学与工程领域的学习。项目学习是以学生为中心，让学生在活跃的课堂上获取知识，并探索现实世界的挑战。这种融入STEAM教育整体方法的教学法，旨在为学生提供更多的机会进行批判性思考，让他们在团队中合作并通过为给定项目创建最终产品来解决现实世界的问题。STEAM教育课程展开的形式主要包括基于问题的探究性学习、基于真实情境的经验性学习以及团体互动协作、批判性学习等。

目前，STEAM教育理念正在逐步影响我国中小学课程的教学方式，相关教育部门也出台了相应的鼓励支持政策。总体来说，我国正处在STEAM教育发展期的初级阶段，其教育的培养目标、教学框架以及教学方式等与美国基本一致，但在顶层架构、课程内容、课时安排、评价体系和教学空间设计等方面还有许多不够完善的地方。

在教学空间方面，美国投入资金建设了多所STEAM学校，其教学空间采用开放式与灵活的布局设计。同时，还融入多种互联网与多媒体教学设备；而我国在开展STEAM教育的学校中超过半数的学校还缺乏专门的STEAM教学空间。相信未来我国的STEAM教育将有以下几个发展趋势：在课程设置方面，国家会愈发重视课程的开发深度、开展力度以及和大学课程的衔接，STEAM教育的课时和重视度将增加，课程内容也将更加全面和多样化；在教学空间方面，STEAM教学空间的数量将会不断增加，空间设计也将会朝着更为开放、更为灵活的方向发展。

4.2.2 STEAM教育模式下的教学空间组织

作为一种强调跨学科实践的综合教育模式，STEAM教学模式贯彻了开放式教育的基本理念，然而，在推广的过程中却出现了一系列误区：①以成品模型搭建代替实际教育活动，使STEAM教育流于表面形式；②忽视了在模式中对于解决实际问题能力的培养，片面的结论使得教育目标最终再次回归于“应试”的竞争；③把STEAM教育和探究教学相分离。这些误区使得部分学校仍然以传统的“编班授课制”作为最主要的教学模式，而将所有STEAM教育教学设施集中于一个封闭空间并成为一个新的同质化的“专业教室”，且最终又以“要求实际成果”的形式成为新的应试压力。

上述问题反映出这种教育模式及其物质空间形态必须与我国的实际情况相结合。在欧美的大量建筑实践中，基本的教学单元出现了单元集群共享以及基本单元复合嵌套这两种倾向，前者营造出了组团内的共享空间，后者则是功能细分并扩充了传统基本单元的内涵。从本质上来说，这一空间变化存在于对基本教学单元的定义层面，其内在的建构逻辑已完全不同于传统的“展览馆”式平面。但这两种模式的本土化始终具有一定的难度，其原因在于基本单元的复合嵌套模式使得生均教室面积需求增大，不利于提高校园容积率，而“班级群”的模式则较难满足教室南北向的规范要求。

（1）教育空间的重构

打破核心教育空间并去中心化。如杭州市笕弘实验学校（图4-8），将基本单元解构并加入部分新功能，形成复合嵌套的单元。打破以往常规九年制学校中高低年级各自独立的传统布局，而是将图书馆、报告厅等公共教学资源与教学组团、社团活动、景观平台通过共享中心紧密联系，鼓励不同年级的师生相互沟通与融合，体现“以学生为本”的设计理念，从而为城东新城带来一所能自主学习与呼吸的生态型综合体校园。在杭州景芳三堡单元24班小学中（图4-9），数个单元组合形成“班级群”，并集中设置可在组团内共享的其他教学空间。方案采用集约化的手段来设计教学综合体。3个三维的“L”形体量紧密围合、相互穿插，并顺利地将报告厅、教室、空中花园、体艺馆等整合到一起，使得整个教学活动区在一个建筑综合体中得以实现。

图4-8　杭州市笕弘实验学校鸟瞰

图片来源：浙江工业大学工程设计集团相关项目

图4-9　杭州景芳三堡单元24班小学

图片来源：浙江工业大学工程设计集团相关项目

（2）交通空间的教育功能化倾向

保持校园原有逻辑，丰富交通空间并植入新功能。如福建省惠安亮亮中学（图4-10），以“展览馆”式平面为原型扩展交通空间，并在其中设置岛状空间。在继承“展览馆”式平面原型的基础上强调空间的流动性和视线的通透性。为了进一步优化这一设计理念，学校特别注重扩展交通空间，使之不再仅是连接各个功能区的通道，而是成为促进学生思想交流与碰撞的重要场所（图4-11）。浙江省临海市灵江中学（图4-12）在基本单元之间留出“缝隙”空间以取得通风采光，并扩大交通空间（类“班级群”模式，如图4-13）。

广东深圳红岭实验小学和上海贝赛思上海国际双语学校，它们通过垂直功能叠加实现空间的集约化，并以底层或中央空间打造“非正式”学习空间。

从大量国内优秀案例中可以发现，在实践中因为考试选拔制度的存在，大多数学校依旧维持着鱼骨型的交通组织模式以及“展览馆”式平面的内核逻辑。而STEAM教学模式更多影响的是原本

图4-10　福建省惠安亮亮中学鸟瞰
图片来源：浙江工业大学工程设计集团相关项目

图4-11　福建省惠安亮亮中学总平面图
图片来源：浙江工业大学工程设计集团相关项目

图4-12　浙江省临海市灵江中学（高中部）鸟瞰
图片来源：浙江工业大学工程设计集团相关项目

图4-13　浙江省临海市灵江中学（高中部）透视图
图片来源：浙江工业大学工程设计集团相关项目

的交通空间，即是对原本线性空间的拓展利用。2010年，在直向建筑设计的华旭小学中，建筑师坚持其内廊式的基本布局，并进一步扩展内廊以及单元间隙，从而形成一种“类班级群”模式（所有教室形成一个大组团，而非若干次级共享组团）。2015年，OPEN事务所在北京房山四中的交通流线中设置了一系列的“岛状空间”，其根本的空间原型与教育学中“Den”（隐秘的嬉戏处）的概念不谋而合。而在2015年后，交通空间的处理进一步具有了垂直化的倾向。

在以上一系列交通空间的处理中，相似的逻辑规律在于：①保证原有教学模式的基本空间与建构逻辑；②丰富交通空间，并将STEAM空间与交通空间相结合，实现交通空间的教育功能化。

4.3 “混龄”编班下教学空间的发展趋势

4.3.1 “混龄”编班教育模式的发展

在《混龄小组的学习科学：年龄的角色》（Learning science in small multi-age groups: the role of age composition）一文中，Maria Kallery通过实验发现一个班级中年龄较小的儿童的总体表现与班级中参加小组的大龄儿童的数量之间呈线性关系。因此，这些群体的年龄组成影响年龄较小的孩子的整体认知成就，并优先确定该因素达到最大值的时间。这一实验的思想来自于蒙台梭利（Maria Montessori）的“感官教育”，即孩童的教育来自其自身的一种内在的驱动力，而探索认知所获得的成就感则进一步形成了正向循环。在独生子女数量日益增多的情况下，独生子女对社会的适应能力普遍低于非独生子女。因此，“混龄教育”模式成为一种重要的教育发展趋势。

“混龄教育”模式因其混龄编班的特点扩大了儿童的接触面，使不同年龄段的学生具有形成多种交往关系的可能，班级也成为一个社会的雏形。德国普遍实行混龄教育模式，即一定年龄段的学生混合编班，扮演不同的角色。同时，随着年龄的变化每个个体的角色也在动态地变化着，以此培养学生的社会认知与交往能力。而部分校园则进一步扩大混龄的阶段，形成职业技术教育与基础教育相结合的模式。

4.3.2 “混龄”编班的教学空间特征

（1）复合的走廊空间

传统的功能性走廊转变为半户外的宽敞活动场所，并鼓励举办展览和交流等非正式教学活动。学生能够在不同学习场景之间灵活转换——课堂授课已经不再是学生获取知识的唯一渠道，学习和交流活动、正式和非正式的教学互动共同构成了学生获得知识的来源。通过功能与形式的整合，提供多层次的灵活、积极的学习空间，模糊了正式与非正式的空间界限，让更多的人有可能相遇和相互联系，从而推动了新的教育模式。

如宁波惠贞高级中学（图4-14）将“校”和“园”进行拆分。学校的4栋教学楼形成“目”字型布局，所有的教室、走廊都设计成最经济的尺寸，把空间给节省出来并放到剩下的“园”里面去。教学楼朝向操场处，绿意盎然。奇异树屋参差错落，透明玻璃房作植物培育之用，顶楼小屋变身校园广播站。此外，热带雨林与迷你海洋馆等小屋随学生需求灵活转换功能（图4-15、图4-16）。

深圳福强小学围绕“混合空间”的理念进行设计（图4-17）。多样的空间使得师生能够根据不同的年龄和兴趣，灵活地开展教学体验活动。大尺度的屋顶花园、中尺度的内院和小尺度的天台都是不同的户外学习空间，可以满足不同规模的学习需求。宽敞走廊与可坐大台阶也被用作非正式学习空间，容纳不同的课程与活动。

图4-14　宁波惠贞高级中学鸟瞰

图片来源：浙江工业大学工程设计集团相关项目

图4-15　宁波惠贞高级中学透视图

图片来源：浙江工业大学工程设计集团相关项目

图4-16　开放的走廊空间

图片来源：浙江工业大学工程设计集团相关项目

图4-17　深圳福强小学校园鸟瞰图

图片来源：作者自拍

（2）模块化的空间模式

模块化建筑的空间包含模块内空间和由模块、附加结构与构件围合而生成的附加空间。在教育建筑设计中，针对学生流动性较强的考虑，模块化空间的运作模式使得内部空间可变化，多种使用功能可相互转化，以及能源的自给自足，并形成对环境的最小冲击。

如法国Thomas Pesquet小学和幼儿园综合体，采用模块化的空间运作模式。通过接触作家和教育学家Céline Alvarez，并对其提出的多年龄混合的自主学习方法进行探讨，开发出了可移动的声学隔墙系统，可以提供不同种类的教室配置。这种操作使空间既能够按照常规方法使用（法国的幼儿园班级面积是55~60m^2），又能够根据不同教学方法进行改变。在两个班级之间，空间一侧设有共享的卫生设施，孩子们可以在老师的监督下轻松自由地使用；另一侧是疏散和流通区域，设有更衣区以及带有水槽和绘画工具的“造型艺术”空间。

华师台州东部校区改扩建设计（图4-18）鼓励校园师生间的交流与互动，建立共享活动区域。普通教室引入“两大一小”的设计理念，结合走廊功能开发跨班级互动交流区，形成混合而多元的非正式学习空间（图4-19、图4-20）。鼓励孩子们室内学习与户外活动并举，让学校成为师生之间高度互动的重要场所。

图4-18　华师台州东部校区透视图

图片来源：浙江工业大学工程设计集团相关项目

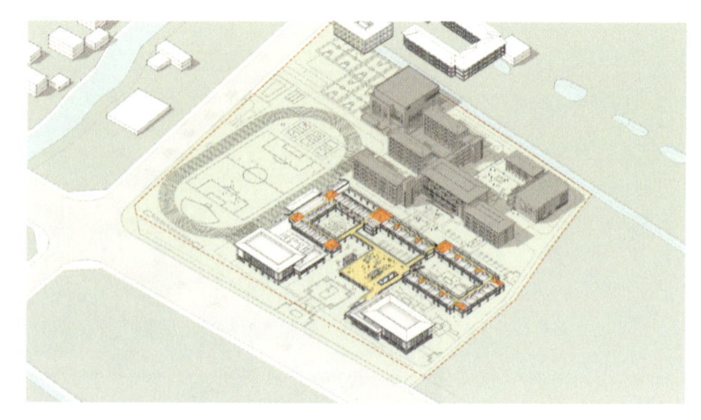

图4-19　华师台州东部校区共享学习区

图片来源：浙江工业大学工程设计集团相关项目

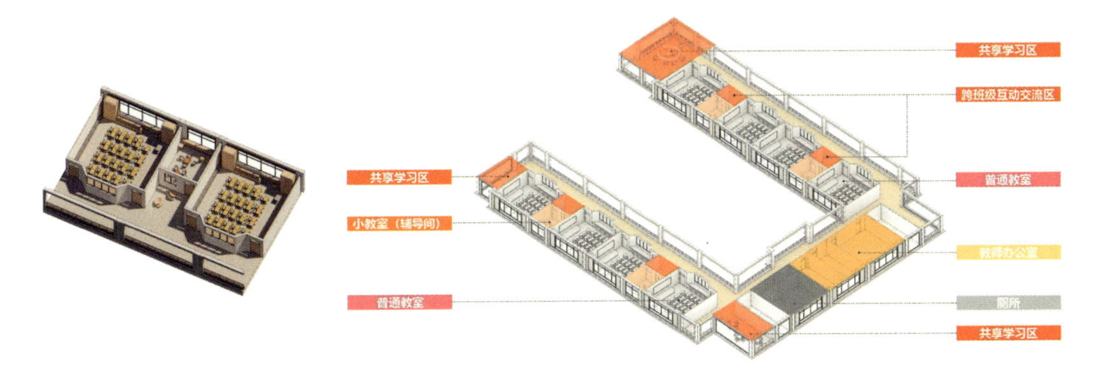

图4-20　华师台州东部校区教室单元模块

图片来源：浙江工业大学工程设计集团相关项目

（3）模糊的边界空间

如北京市乐成四合院幼儿园（图4-21），利用二层户外平台将原本各不相关的场地整合成一体并形成“漂浮的屋顶”。学习区流动的空间布局提供了一种自由、共融的空间氛围：不同混龄学习组间并没有被封闭的墙体隔开，而是每隔一段距离设置弧墙——本为建筑的支撑结构（图4-22）。其流线布局为空间增添了不同的密度和尺度。“无边界”的学习空间，以及无处不在的阅读环境和以探索式在“玩”中学为核心的课程，除了丰富了孩童间的互动交流，也让教和学得以在最优化的氛围中开展。通过院落和廊道与之相连的三进四合院，这是少儿课余文化、艺术、创作的活动场所以及园方工作人员的办公室。

图4-21　北京市乐成四合院幼儿园屋顶鸟瞰

图片来源：作者自拍

图4-22　开放的学习区

图片来源：作者自拍

北京密云儿童活动中心（图4-23），通过重构展示空间与展品的关系来探索儿童科技馆内部空间的潜力，尝试营造游戏的无边界感，希望为0～7岁的儿童创造一个可以一起玩耍学习的混龄环境。利用原厂房7m净高将功能从动到静按楼层分区，让儿童在地面层做环形动线的肢体游戏活动；而在夹层空间的尽端处设置停留时间较长的启智游戏和教学区。为了使儿童在活动中与空间产生对话，在展项布局上我们以景观楼梯为中心舞台，沿厂房纵向分别布置了钢坡道和弧形楼梯，充分利用了楼梯底部缝隙空间，结合滑梯创造出一个立体游戏区，其自由路径激发各种运动的可能性。

图4-23　北京密云儿童活动中心鸟瞰

图片来源：作者自拍

第5章

智慧绿色的育人空间环境

智慧校园即智慧化的校园，也指按智慧化标准进行的校园建设。《智慧校园总体框架》对智慧校园的定义是：因物理空间和信息空间的有机衔接，使得任何人、任何时间、任何地点都能便捷地获取资源和服务。绿色学校的概念最早出现于20世纪80年代，不同国家对绿色校园的名称也各不相同，包括欧洲以及日本的“绿色学校”、美国的“健康学校”、澳洲的“永续学校”“生态学校”，加拿大的“种子学校”“可持续发展学校”等。我国的《绿色校园评价标准》GB/T 51356—2019对于绿色校园的定义是：为师生提供安全、健康、适用和高效的学习及使用空间，最大限度地节约资源、保护环境、减少污染，并对学生具有教育意义的和谐校园。

5.1 智慧校园建设

智慧校园是以大数据分析、云计算、物联网等技术为核心，并为教学、科研、生活和管理等提供智能化的服务。智慧校园的内涵可以用“以人为本、深度融合”进行表述。智慧校园建设是将信息技术与教育教学深度融合的一种创新模式，其目的是实现校园教学和管理的智慧化。智慧校园建设可以通过融合教育教学和信息技术，提高学习效率和改善教学环境，实现校园教学和管理的智慧化，为学校管理者提供有效支持。

5.1.1 智慧校园平台

智慧校园平台是在智慧校园的基础上，将校园的信息资源采集并整合，并为学校的管理提供智慧服务，从而实现信息资源的交互。

（1）优化校园智能基础设施

在教育建筑中，专业教室的设计和组织需要考虑到未来的发展趋势和需求。首先，在校园硬件设施方面需要建立高速、稳定的网络基础设施，提供全面覆盖的Wi-Fi信号，以适应信息技术和数字化时代的发展，为师生提供便利的上网环境。同时，教室需要配备现代化的设备和工具，如智能黑板、多媒体教学设备、虚拟实验室等，以提高教学效率和质量。此外，安装智能门禁系统和监控设备，确保校园安全。其次，在校园软件应用的开发上，需要开发适合校园应用的软件，如在线课程平台、智能考勤系统、学生成绩管理系统等，以提高教学效率和管理水平。为了提高资源流转效率，还需要建立校园数据中心，对校园内所有数据进行管理和存储，并为师生提供快捷的信息查询服务。最后，是进行智能化管理。利用人工智能、大数据、云计算等新技术，对校园各项管理进行优化和智能化。例如，教学资源的优化分配、校园安全的预警和防范、学生行为的监管和管理等。通过推进校园管理现代化和信息化的发展，可以提高管理效率和资源利用率，从而实现教育教学质量的提升和教育教学模式的创新。

智能化信息技术在浙江工业大学图书馆中的广泛应用，使得这座图书馆无论是在运维管理、节能低碳、智慧共享方面，还是在“无线泛在”的个性化互动方面都小有特色（图5-1），并且使其实现了与异地校园老图书馆之间的“双馆运行”新模式。RFID智能自助图书借还系统、自助文印

图5-1 现代化的“智慧服务”系统
图片来源：作者自拍

图5-2 智能化信息技术的广泛应用
图片来源：作者自拍

系统、微信图书馆系统、图书馆3D智能导航系统等都为智慧服务提供了保障（图5-2）。

（2）构建智慧校园服务平台

智慧校园服务平台为各种信息应用提供稳定高效的支撑服务，如校务管理系统、校园一卡通系统、服务管理系统等。为确保平台的完整性与高效性，首先，需要确定各项服务的功能需求。其次，对数据进行管理与分析。通过收集并处理各类校园数据，如学生信息、学生成绩、学生课程等数据，并进行有效的管理和分析，以实现学校的高效管理。为了确保智慧校园服务平台信息的安全与保障，需要加强安全技术的应用和管理，制定完善的安全策略和措施，防止数据泄露和网络攻击。此外，智慧校园服务平台应开发各种服务模块和应用，如教学管理、学生管理、教职工管理、校园安全管理等。这些服务模块和应用可以提高学校的管理效率和服务质量，让学生和教师享受更加便捷的校园服务。最后，智慧校园服务平台的运行维护和支持都需要有专门的团队进行管理。既需要及时处理各种技术问题和故障，以确保平台的稳定性和可靠性。同时，还需要提供良好的技术支持和培训服务，帮助用户更好地使用平台。这些措施可以提高平台的可用性和用户体验，进一步推动智慧校园建设的深入发展。

5.1.2 大数据交换中心

智慧校园服务平台的建设需要通过大数据交换中心将本地和云端的数据整合，以实现数据的共享和互通。同时，应用大数据处理技术对数据进行分析和运算，从而提取出有价值的信息，帮助学校管理者更好地了解学校的运营情况、学生的学习情况等。这些信息汇总到学校管理者手中，可以有效地帮助他们做出决策和规划，提高学校管理的水平和效率。通过智慧校园服务平台的建设，可以避免资源的浪费，消除“信息孤岛”的问题。在平台上，不仅可以查看学生的学习成绩和出勤情况，也可以监控学生的行为和活动，为学校提供全方位的数据支持。同时，教师和学生也可以在平台上进行互动交流，共同探讨和解决问题，促进教学和学习的优化。

智慧校园主要具备4个方面的特征：①重点关注学生的有效学习以及创新和转变教学方式；

②以服务教育教学作为智慧校园建设的基本理念；③支持资源比较丰富的学与教；④多种应用系统有机集成、相关业务高度整合；⑤能拓展学校的时空维度并丰富校园文化。

例如，在杭州良渚九年一贯制学校的规划设计中，提出了针对教育行业场景化订购的云桌面解决方案。依托于云计算技术，把教学需要的桌面、应用、资源部署在云端，学生可以通过多种类型终端接入学习，并有效地提高了学习的效率，丰富了教学模式，开启了教育云时代（图5-3）。

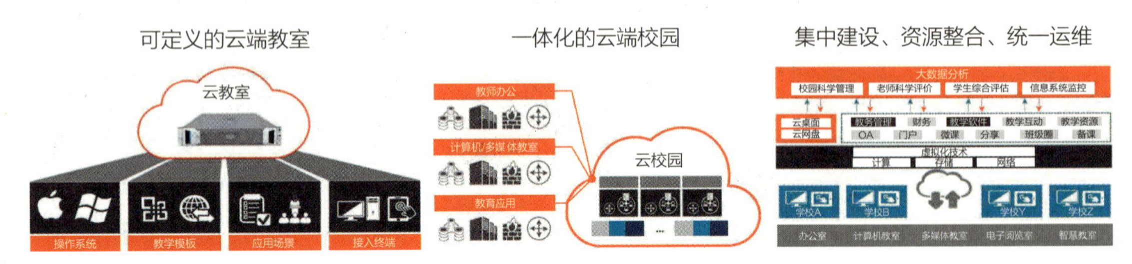

图5-3　云端校园模式

图片来源：浙江工业大学工程设计集团相关项目

5.2 绿色育人空间

1996年《全国环境宣传教育行动纲要》首次提出绿色校园概念，它主要强调将环境保护纳入校园建设、教育和管理等工作中，以可持续发展观为指导，制定有利于环境资源保护的校园管理政策措施。2013年4月颁布的全国《绿色校园评价标准》将绿色校园定义为：在全寿命周期内最大限度地节约资源（节能、节水、节材、节地）、保护环境和减少污染，为师生提供健康、适用、高效的教学和生活环境，对学生具有环境教育功能，与自然环境和谐共生。

5.2.1 绿色校园设计

为了实现绿色校园建设，建筑布局需要科学合理。首先应充分考虑学校的功能划分，以便为师生提供舒适的学习环境。同时，合理利用土地资源，建设低碳校园，优化绿色交通系统，完善绿色植被系统和基础设施，如太阳能电池板、节能灯具等，可以降低能源消耗，实现节约能源和低碳环保。此外，师生应该具备良好的绿色环保意识与理念，积极参与绿色环保活动，共同营造绿色、低碳的校园文化。

（1）低碳校园建设

首先，校园的规划建设应在生态优先的基础上，充分考虑当地的气候环境条件和地形地貌特征等因素，尊重原有地形地貌，减少对环境的破坏。将建筑布局与地形有机融合，促进校园与自然环境和谐共生。其次，考虑以良好步行环境为导向，对校园功能分区进行合理的规划，并有助于正常的教学和科研活动的进行。最后，从具体操作层面上降低能源消耗。

如杭州市滨和小学采用“公共空间综合体承托教育功能体”的总体空间构成，其下方公共空间综合体造型流畅自然，巧妙地利用4.5m架空层及1.5m地下室覆土高度（图5-4），并容纳6m、4.5m以及双层3m的多种层高关系。通过对地形、小气候和生态的详细分析，学校建筑与覆土相结合，从而减少对自然环境的影响（图5-5）。运用乡土植物、耐旱植物，减缓温室气体影响，保护水环境、生物多样性，倡导资源的有效利用。

图5-4　杭州市滨和小学鸟瞰
图片来源：浙江工业大学工程设计集团相关项目

图5-5　杭州市滨和小学覆土植被
图片来源：浙江工业大学工程设计集团相关项目

（2）绿色交通系统

绿色交通系统是建造绿色校园的重要组成部分。校园绿色交通系统的规划需要以人性化与可持续发展为目标，重点考虑交通需求、交通模式、路网规划、充电设施、安全措施和管理维护等因素，以实现校园内部交通的高效、安全、环保、便捷。根据学校的实际情况，确定学校内部的交通需求，包括学生、教职工、游客等群体的交通方式和路径需求，以及交通流量高峰时段和高峰路段的情况等。在校园内部进行道路规划和设计，合理分配各种交通工具的通行区域，建立合理且高效的路网和交通系统。校园绿色交通系统应采用环保、便捷、安全、高效的交通模式，如电动车、自行车、步行等，可以根据不同区域、时间和需求，采用不同的交通模式。

校园规划遵循步行优先原则。步行空间不仅需要满足交通的需要，它也是学生日常学习、交往的重要空间。校园建筑构成步行交通，通过绿色廊道带动人流，缩短了建筑间的步行距离并提高效率。浙江省衢州市第二小学在一二层的线性走廊内编织出一条动态的庭院流线（图5-6），将学生的流线从单线变为网络状，尺度各异、纵横交织，使得整体体验极具变化性。走廊既是交通空间，也是公共空间，这大大提高了区域交通的趣味性（图5-7）。

为了维护校园交通安全以及环境氛围，校园绿色交通系统宜采用人车分流措施。如浙江省义乌市高新区小学（图5-8），采用垂直式人车分流、设置架空步道、抬高或降低路面等方式，将步行路面与车行路面立体化分离，并根据最便捷路径合理布置停车区域（图5-9）。

（3）节能与能源利用

能源是校园教学、科研和工作生活所必需的保障资源。通过节能与能源利用，不断优化校园资源配置，从而实现环境友好的绿色校园。校园中的能源消耗主要包括电、暖、气等部分，校园不可再生能源的节约利用主要在于节电、节暖等方面。

图5-6　浙江省衢州市第二小学鸟瞰图

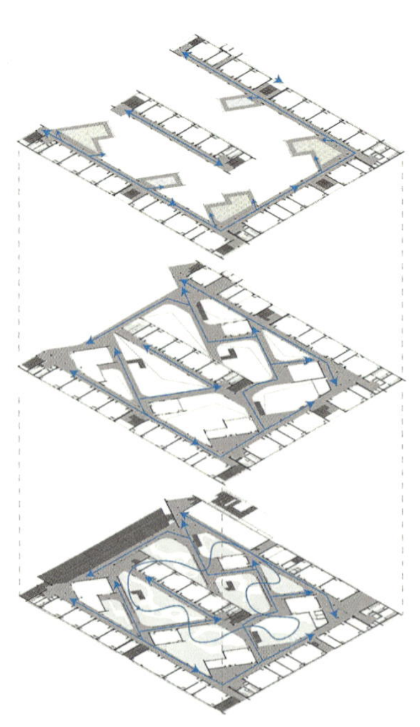

图5-7　轴测分析图

图5-8　浙江省义乌市高新区小学鸟瞰图

图片来源：浙江工业大学工程设计集团相关项目

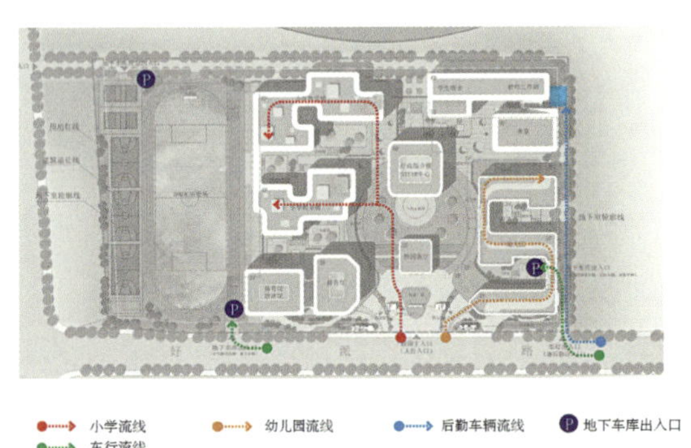

图5-9　绿色交通流线

1）校园节电

首先，采用高效光源，它具有效率高、寿命长、性能稳定的特点。其次，通过对照明系统的科学设计，从而创造经济适用、节约能源的照明环境，以减少发电造成的环境污染。校园采用智能照明控制系统，即通过使用亮度、红外、微波传感器等设备，对照明开关进行智能化控制，以便达到管理智能化和操作简单化的效果，从而减少照明浪费。通过使用亮度控制，可充分利用天然采光；通过采用红外、微波等人体探测控制，实现人在灯亮、人走灯灭。此外，也可运用光伏发电技术，将太阳能直接转化为电能，达到可再生能源的利用。

例如，在浙江省义乌市高新区小学的设计中（图5-10），我们在地下室有条件的空间中引入了光导系统，从而节约能耗，并在建筑局部设置光伏发电板（图5-11）。这些技术不仅迎合绿色建筑的设计理念，同时对于学生们也具有良好的示教功能。

图5-10 绿色建筑设计

图片来源：浙江工业大学工程设计集团相关项目

图5-11 建筑局部光伏发电板

2）校园节暖

首先，通过加强校园建筑的隔热设计，采用高效隔热材料，如岩棉、玻璃棉、聚氨酯等，可以减少建筑能量损失。其次，采用地源热泵系统进行校园节暖。通过地下管道循环输送水循环来获取热能或冷能，从而达到节能减排的目的。使用可再生资源，如采用太阳能热水器，利用太阳能进行加热，热水可用于供暖和生活热水；采用生物质能源进行供热，使用木屑、秸秆等生物质作为燃料，可实现节能减排的效果。同时，通过室内智能温度控制系统，并根据人流量和室内温度变化自动调节室内温度、分时供暖等，以减少能源浪费，实现节能效果。最后，适当采用新型节气节暖设备，有效节约燃气使用量。

New Shoots Greenhithe幼儿教育中心坐落于奥克兰Greenhithe地区（图5-12），采用了简洁的矩形体量形式，并将它们以三角形的组合方式聚集在一起，这种设置最大限度地减少了土方工程与地基的建设成本。该幼儿教育中心采用木材作为主要建筑材料，而木材则是所有建筑材料中含碳量最少的一种。带有坡度的屋顶为儿童活动空间带来充沛的清晨阳光，屋顶下方朝东的电动高窗将良好的日光与清新的空气引入室内。在底层空间中，门窗的布置优化了自然光线和交叉通风，同时，墙体与抛光混凝土地板中的隔热层能够贮存太阳能，为室内营造出舒适的体感环境。在冬季，幼儿教育中心采用了全电高效商用空气源热泵供暖，避免了破坏臭氧层的制冷剂的使用。同时，有效降低了温室气体的排放。为了减少能源损失，建筑的外部围护结构设有严密的保温措施，门与窗都装有双层玻璃，旨在最大限度地减少冷桥现象（图5-13）。为了尽可能地节能减排、改善环境，幼儿教育中心采用了一系列切实可行又经济实惠的环保措施，包括：

- 优化隔热性能以平衡冬季供暖和夏季制冷的能源需求，其中框架墙隔热系数为R2.6，屋顶隔热系数为R3.5；
- 采用热泵供暖与降温，并根据计算设置充足的可开启窗口，包括细流通风孔、手动可控的垂直百叶窗、滑动门等；
- 休息睡眠区采用机械通风；
- 采用低能耗LED照明设备，并通过水平开窗保证良好的自然采光；
- 设置临时区域照明控制设备；
- 配备低流量用水装置，将雨水收集储存起来用于冲洗卫生间、花园灌溉等。

图5-12　New Shoots Greenhithe幼儿教育中心鸟瞰图
图片来源：作者自拍

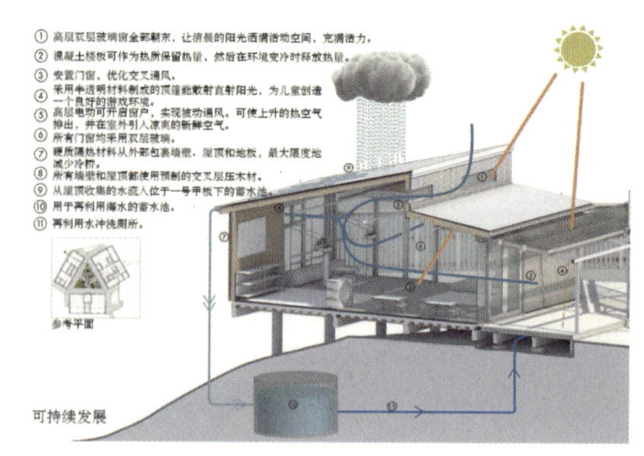

图5-13　生态技术分析
图片来源：作者改绘

5.2.2　被动式低能耗措施

“被动式设计”是由英语Passive building design转译过来。Passive英文原意为诱导、被动、顺从，有顺其自然之意。被动式建筑设计就是直接利用气候的特性施加影响而不依赖常规能源的消耗，通过选址、外部空间微气候调节、建筑本体的设计来改善和创造舒适的建筑室内环境。通过被动式设计，建筑单体通过优化形体、空间和材料的使用，以实现更适宜的使用体验。

（1）天然采光引入

我国的绿色建筑设计主要遵循“被动优先”的策略，以减少建筑对设备的依赖程度。在教育建筑的设计中，主要采用的被动式节能策略主要包括：设置中庭空间进行微环境调节，采用立面遮阳控制室内温度以及利用开窗方式的变化实现导风等。优化天然采光的设计不仅是为了提高室内空间的舒适性和使用价值，更是为了实现节能减排的目标。最大限度地利用自然光，同时减少人工照明的使用，从而大幅降低照明能耗。此外，自然采光应与人工照明有机结合，彼此互补，以实现最优。

依据校园建筑设计相应标准和规范，在设计建筑的不同空间建立采光系数标准值与目标值。一般用采光系数（DF）和室内天然光照度（E）来评价建筑获取自然采光的情况。目前，我国自然采光设计的主要依据是《建筑采光设计标准》GB 50033—2013，其中，明确规定了各类建筑空间的采光系数标准值，校园绿色建筑必须满足但不局限于此，并在实际设计中力求将室内光环境质量有所提高。

例如在宁波惠贞中学，4栋教学楼以高效集约的“目”字形布局紧密相连，其中中庭不仅是连接各教学楼的视觉与功能枢纽，更是整个校园采光设计的精髓所在，确保了所有教室与走廊都能享受到充足的自然光线（图5-14）。校园一层采用开放式设计，与街道两旁的公共设施无缝衔接，教学楼则被巧妙地抬升，下方的地面空间被彻底释放（图5-15）。

又如天津外国语大学附属滨海外国语学校，为了确保教室内部具有良好的采光效果，所有标准教室被安排在二层以上的南向位置，其窗户地面面积比例达到20%以上。同时，在教学楼的走廊中庭处设置了天井，引入自然光线，提高了走廊空间的自然采光效果，实现了教室的双面采光，为学生创造了一个健康舒适的室内光环境。教学楼建筑朝向南偏东37°，可以充分利用夏季的主导风向实现自然通风，冬季则可以避开主导风向，减少室内热量流失。通过室外风环境模

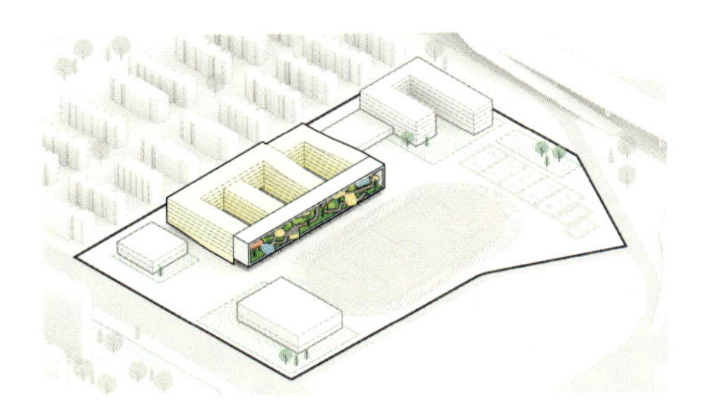

图5-14　宁波惠贞中学空间布局
图片来源：浙江工业大学工程设计集团相关项目

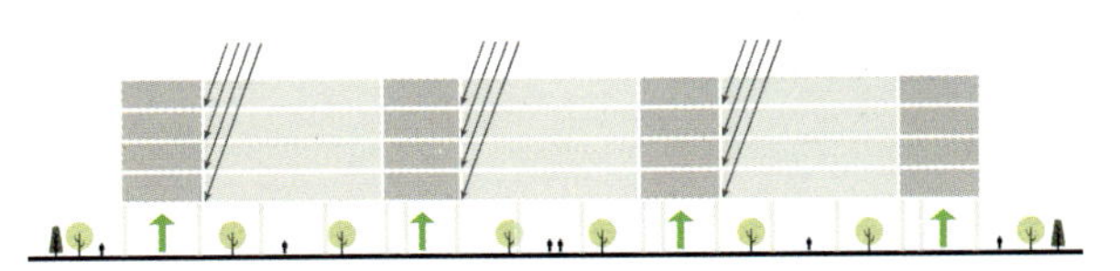

图5-15　中庭采光分析
图片来源：浙江工业大学工程设计集团相关项目

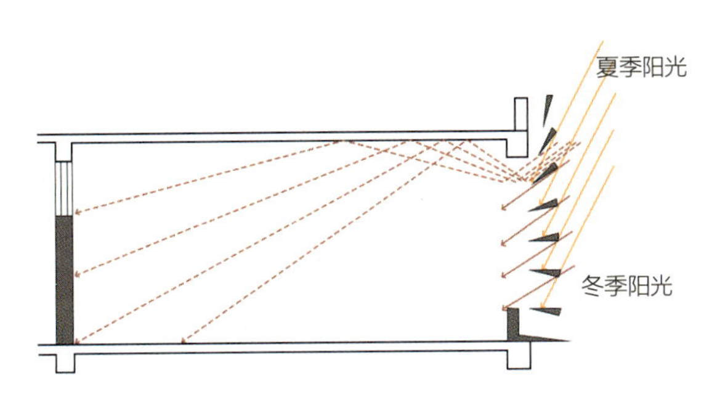

图5-16　自然光引进
图片来源：作者自绘

拟，得出人行区最大风速、风速放大系数等数据，并保证在夏季、过渡季节75%以上的建筑前后保持1.5 Pa以上的压差，避免涡流和死角，通过开窗与开内门等方式，保证室内自然通风的效果（图5-16）。

（2）自然通风优化

在被动式设计中，由于降温与通风是相互联系的整体，故可将两者相结合。依据不同的湿度，被动式降温策略有所不同。对于寒冷地区的建筑物，必须考虑到供暖的要求，需要选择适当的保温材料和窗户类型等，以减少能源消耗和碳排放。而对于炎热地区的建筑物，则需要注重通风和散热的要求，以确保室内温度在夏季保持舒适。在干热气候下，利用晴朗夜间里的冷空气辐射和对流的方法进行降温；在湿热地区，通过湿表面的蒸发冷却来降温。

首先，教育建筑可以通过优化建筑朝向和立面设计，最大限度地利用自然风力，实现自然通风效果。其次，教育建筑的形式和布局可以影响自然通风效果。最后，建筑可以采用中庭、天井等空间形式，以增强自然通风效果。此外，合理设置门窗，窗户和门的大小、位置和开启方式也会影响自然通风效果。

在教育建筑的布局和形态设计中，应重点关注微气候舒适性设计以及降噪措施。深圳市福田区新洲小学利用南翼与东翼交汇处为整个建筑群留出进风口；南侧主入口的架空层、长向南立面上对应各层活动平台打开的通风豁口，成为立面上空间表达的“透明性”焦点（图5-17）。通过采用降噪通风构件，在开窗时可以实现自然通风和降噪相结合，从而减少空调制冷时间和能耗。此外，建筑立面还设计了斜向悬挑板，可以反射下部道路噪声，并且还可以作为立体绿化和空调外机放置的组件。水平板与垂直降噪构件也成为南方建筑遮阳挡雨构件，形成富于技术理性的立面形式。

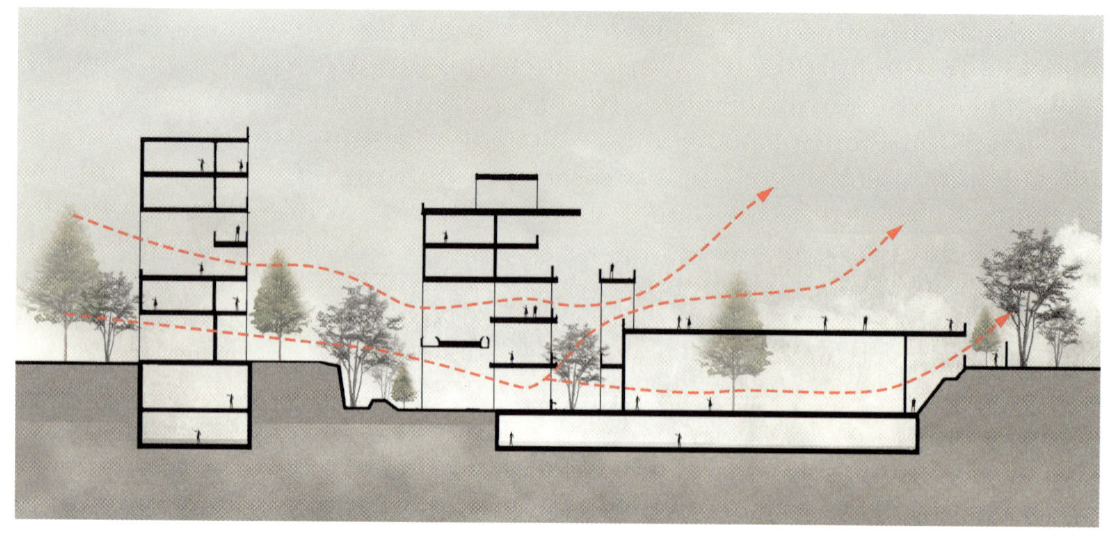

图5-17　气候空间通风示意
图片来源：作者自绘

（3）围护结构保温性能

围护结构的两种类型：外围护结构和内围护结构。外围护结构是指与室内空气直接接触的围护结构，例如外墙、屋顶、外门和外窗等；内围护结构则是指不同于室外空气直接接触的围护结构，例如隔墙、楼板、内门和内窗等。建筑物能耗主要来自围护结构的热传导和冷风渗透两个方面。为了进一步降低建筑的能耗，除了选择合适的外围护结构，还可以采取其他节能措施。例如，在建筑中加装隔热材料、改善通风系统、优化照明系统等，都可以降低建筑的能耗。在建筑设计阶段，可以采用建筑能耗模拟软件对不同设计方案进行能耗分析和优化，以找到最佳节能方案。在建筑使用阶段，也可以通过建筑能耗监测系统对建筑的能耗进行实时监测和管理，以实现能耗的精细化管理和控制。

如浙江省崇德外国语学校，贯彻安全、适用、经济、美观的设计原则，做到技术先进、功能合理、确保工程质量，充分发挥建筑工业化的优越性，促进建筑产业化的发展（图5-18）。各单体的预制构件主要由叠合楼板、预制楼梯、预制阳台板、预制空调板组成（图5-19），施工工艺采用高精度模板及成型钢筋。因此，混凝土结构预制构件主要为叠合楼板、预制楼梯、预制阳台板、预制空调板。在标准化、系列化设计的同时，还结合总体布局和立面色彩、细部处理等以丰富建筑造型及空间（图5-20、图5-21）。

图5-18　浙江省崇德外国语学校鸟瞰
图片来源：作者自绘

图5-19　木制面板预制系统
图片来源：作者自绘

图5-20　室内空间预制系统
图片来源：作者自绘

图5-21　室内空间预制系统
图片来源：作者自绘

（4）遮阳形式改良

建筑在遮阳形式上的改良。首先，应考虑建筑的布局与形式，尽量避免建筑面对太阳直射，减少室内热量的积聚。同时，可以通过对建筑造型的设计，避免对太阳能量的吸收，以改善室内环境。其次，可以选择适当的遮阳材料。遮阳材料能够反射太阳辐射、吸收热辐射或散发热量，如金属、陶瓷、石材、玻璃等；也可以考虑使用具有遮阳功能的生态材料，如竹、木材等。此外，通过安装可调节遮阳设施，如遮阳百叶、遮阳帘、遮阳伞等随时调节遮阳效果，达到节能的目的。最后，在建筑设计时可以考虑在建筑外墙或屋顶设置遮阳构件，如遮阳板、遮阳篷、遮阳棚等，以实现遮阳效果。这些遮阳构件不仅可以起到遮阳的作用，还能够增加建筑的美观性和舒适性。

普林斯顿大学的Olgyay兄弟是最早从事日照控制简单设计研究的两位学者，他们提出日照控制的两种基本形式。其中，一种是垂直的遮阳构件，称为垂直遮阳板；另一种是水平的遮阳构件，称为水平遮阳板。

在爱荷华州立大学学生创新中心中，模拟系统考虑了建筑体量、功能分布以及立面几何结构等多方面因素，以优化建筑在不使用遮阳构件的情况下避免被动对太阳热量的吸收，并将能源消耗降低到同类型建筑的1/3（图5-22）。

图5-22　玻璃立面反射着自身结构、周边建筑以及天空景观
图片来源：作者自拍

5.2.3 主动式辅助节能措施

相对于被动式节能，主动式节能通常在设计中充当辅助角色，并没有受到过多关注，并且大多数设计师不考虑主动式节能技术的经济性及适应性。但是，目前建筑能耗中占比最大的就是暖通能耗。作为设计者，应当从校园规划、环境课程、用途的多样性、水资源利用率、能源的利用率等方面出发，综合考虑优化设计。这种方法强调了建筑和自然技术的融合，从而创造出与自然和谐相处的生态环境，并提高了使用人群的舒适程度，最终实现绿色建筑可持续发展的战略目标。

（1）热泵技术

在教育建筑设计中设置地源热泵、空气能热泵、外墙外保温系统等主动式节能措施，能大幅度减少能源的消耗。在校园建筑中使用热泵技术，相比传统空调系统，不仅能节约大量的能源，降低使用费用，还能做到一机三用。同时，达到制冷、制热和产出热水的功效。冬天，学生们在学校洗手时都可以有热水使用，这为学生的学习生活带来很大便利。学校设置地源热泵空调比一般中央空调覆盖更均匀，使用起来更舒服、更健康。除此之外，太阳能、智能照明系统、地下室智能排风系统、水资源收集系统等主动式节能技术的利用，使得教育建筑在节能减排、投资及实用效果之间取得了平衡。

中国人民大学附属中学的校园规划在绿色生态方面（图5-23）做到了以下几方面：①充分利用自然光线和通风；②高性能围护结构降低能耗；③屋顶种植再造自然和蓄能；④太阳能地源热泵清洁能源；⑤雨水收集和循环水再利用；⑥冰场制冰与热回收融冰技术。地源热泵以及屋顶的光伏太阳能电池板为学校提供了大量可再生清洁能源，也为校园营造出良好的环境，并实现校园的可持续发展。

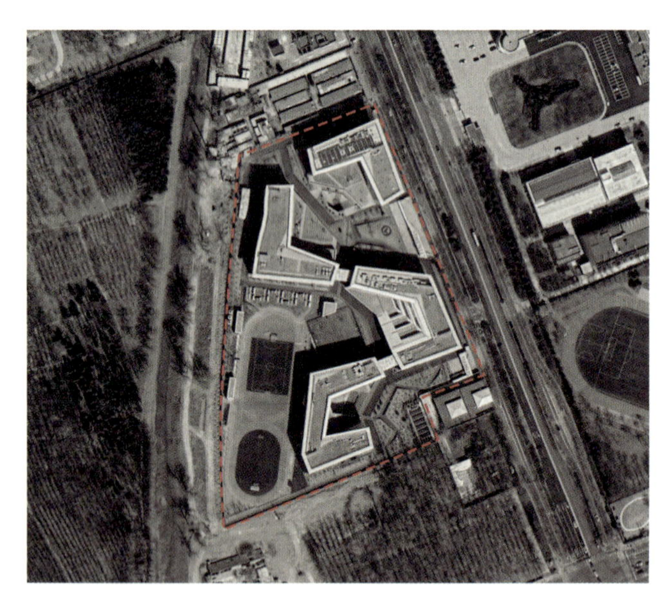

图5-23 中国人民大学附属中学校园鸟瞰
图片来源：作者改绘

（2）水资源回收利用

为了更好地回收和利用校园中的水资源，规划设计中可以采取以下措施：

1）推广节水技术和设备：通过推广先进的节水技术和工艺，使用多种类型的高效节水设备和器具，以及安装智能节水管理系统，可以实现对校园水资源利用的实时监测，从而提高水资源的利用效率。

2）应用节水灌溉技术：采用喷灌、微喷灌和滴灌等高效节水技术，对景观绿化灌溉技术进行优化，加强灌溉用水循环，提高生态效益。

3）管网漏损控制：加强管网漏损控制是保障水资源可持续利用的重要环节。通过排查校园供水管网现状并编制完整的校园用水管网系统图，可以对管网进行合理规划和设计，以确保供水管网系统的安全、稳定、高效运行。同时，定期进行水平衡测试分析，可以及时发现管网漏损、水资源浪费现象，提高水资源利用效率。此外，积极推广应用管网漏损监测技术，可以实时监测管网的运行情况，及时发现管网的漏损点，从源头解决水资源浪费问题。

4）中水回用和雨水回收利用：将中水和雨水进行收集、处理，再进行利用，这既可以保护环境，又可以使水资源得到循环利用，从而提高了非常规水资源利用率。

例如，在浙江省平阳县第二职业学校的规划设计中，利用园林绿化提供遮阳，以控制地面径流系数，结合标高变化，设置下沉绿地与下沉式庭院，形成一个立体的生态和雨洪管理系统（图5-24）。根据规划，景观系统分为中心景观和线性景观，形成点、线、面相结合的景观格局。植物种植多层次、多种类巧妙搭配，充分利用本地树种，以江南一带的乡土树种为主，该设计不仅提供了良好的自然通风和采光，而且还提供了更多可渗透的海绵体，并促进地下水的补给和水循环（图5-25）。

图5-24　立体的生态和雨洪管理系统

图片来源：浙江工业大学工程设计集团相关项目

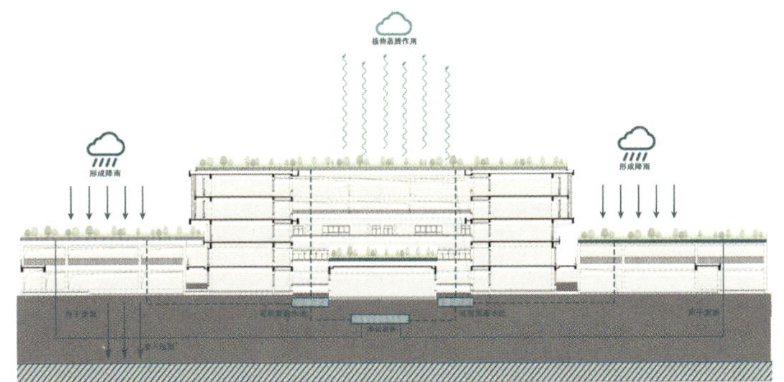

图5-25　校园雨洪管理

图片来源：浙江工业大学工程设计集团相关项目

（3）绿色固碳系统

利用植被光合作用产生的固碳释氧量并改善校园小区域碳氧平衡关系。校园生态廊道的建立对于平衡高排碳耗氧区的碳氧动态平衡有补偿性作用并在一定程度上为改善风道和固碳释氧提供了空气扩散通道。将现有固碳释氧功能较弱的草地绿地斑块进行生态演替式改造，并增加生产性景观，可以提高绿地的固碳释氧能力。增加小型绿地斑块，可以高效利用校园闲置空间。对立体空间进行绿化，非平面的绿化形式成为向立体空间发展的一种绿化拓展方式。相较于传统的地面绿化，屋顶绿化和墙面绿化可以弥补了水平地面空间不足的劣势。不仅能增加绿化面积，还能提供更多的生态空间。另外，绿化覆盖还可以起到保温和隔热的作用，改善空气质量，降低热岛效应。

如在杭州上塘单元中学设计中，通过屋顶花园与垂直绿化提升学校建筑的观赏性（图5-26、图5-27），增加绿地面积，改善微气候，提供清新空气和宜人学习环境。教学空间围绕中庭绿化布局，形成多个安静独享的组团，屋顶则是层层退台（图5-28）。师生活动与环境相互渗透。植物贯穿整个校园，也使得整个小学成为一个立体花园。

图5-26　杭州上塘单元中学鸟瞰
图片来源：浙江工业大学工程设计集团相关项目

图5-27　垂直绿化
图片来源：浙江工业大学工程设计集团相关项目

图5-28　层层退台
图片来源：浙江工业大学工程设计集团相关项目

宁波惠贞中学在校园里嵌入巨大的“空中森林”，植物从四面八方探出头。巨大的空中森林以及楼顶的漫步道，不仅具有观赏价值，而且实现了生态联动，并为小动物提供栖居和觅食的空间。许多奇形怪状的树屋被悬挂在森林中的不同角落（图5-29）。通体透明的玻璃房被学生们用作植物培养室，最高处的小树屋被学生们改造成了校园广播站。还有一些屋子变成了温暖的热带雨林馆，或是迷你的海洋馆。每个小屋的用途都可以根据学生的需求而变化。

图5-29　宁波惠贞中学“空中森林”
图片来源：浙江工业大学工程设计集团相关项目

第6章

因地制宜的教育建筑规划

近年来，社会上重视环境保护、生态平衡的思潮日益高涨，可持续发展成为人类社会的共同选择。建筑作为人类和环境之间的重要媒介，应对可持续发展做出必要回应，以适应时代的社会需求。在教育建筑的规划建设方面，应充分考虑当地气候特点、地形地貌和自然环境等因素，突出本土环境特色，采取低碳环保和可持续发展方式进行规划建设，为人类社会的可持续发展奠定基础。

6.1 气候因素影响

气候因素会对建筑设计产生重要影响，不同气候条件的地区会有不同的建筑设计模式，特别是在平面布局、结构方式、立面外观和内外空间处理上也不尽相同，这也是促成建筑具有鲜明地域特色的重要因素之一。

6.1.1 气候因素影响下的建筑布局

我国幅员辽阔，不同气候区之间的环境条件差异较大，教育建筑应根据地域的环境特点合理布局。

（1）校园建筑的整体布局

气候因素是教育建筑布局的重要考虑因素之一。教育建筑的布局需要考虑当地的气候特点，包括温度、湿度、风向、降雨等因素，以确保建筑物内部的舒适性、安全性和健康性。其布局形式主要分为集中式布局与分散式布局。在寒冷地区，建筑物最好采用集中式布局，建筑形态应规整、封闭并聚合在一起，这样可以有效地减小建筑物的体积系数和总表面积，有利于保温。而在炎热地区，建筑物则宜采取分散式布局与通透的形态，以便于散热和通风组织。其中，干热地区最需要解决的是遮阳，而湿热地区则是通风。

例如，浙江省衢州市第四实验学校考虑到当地属亚热带季风气候，四季分明，气候温和湿润，所以将多数教室都面向南方布局以获得天然采光（图6-1）。行政空间处于场地的南侧，并向北延伸到一个有遮蔽的开放区域。半遮蔽的庭院中有多条狭长的通道，其分散的建筑布局使开放的景观空间与学校的学习空间得以相互穿插（图6-2）。整个学校朝西侧的多用途操场和田径跑道是开放的。空气通过开放的自然通风走廊，并穿过中心半遮蔽的庭院得以畅快循环。垂直的墙壁就像遮阳板，减少了从外侧获得的热量，从而维持了内部空间的凉爽（图6-3）。

（2）校园建筑的单体朝向

良好的朝向是创造舒适室内环境的基础，这对于室内的热度和通风情况至关重要。正确的朝向选择可以大大降低建筑使用的能源消耗。良好的朝向决策不仅有利于优化建筑被动设计、降低机械措施的需求，同时也减轻了建筑被动设计的难度。南方地区一般建筑朝向都是以南及偏南居多。虽然从日照时间和防辐射的角度来说，正南向最好。但是，南方地区的建筑为了散热除湿以及迎合主导风向，其朝向会适当地偏离正南向。

图6-1　南向布置教室
图片来源：浙江工业大学工程设计集团相关项目

图6-2　空气通过开放的自然通风走廊
图片来源：浙江工业大学工程设计集团相关项目

图6-3　遮阳的垂直墙壁
图片来源：浙江工业大学工程设计集团相关项目

例如，深圳光明新区凤凰学校通过自南向北的起伏绿廊连接南北绿化，将东南两方向的"城市绿脉"引入基地（图6-4）。其教学楼、综合楼及宿舍楼等均有南北向的板式外廊，首层是连绵架空层，有利通风采光，且适应南方气候。建筑灵活分散布局，自南向北、由低到高延伸至雏凤山的起伏绿廊，形成空间主轴，同时贯穿五处采光庭院与一处下沉庭院，既丰富了空间，又平衡了土方，它与东侧运动场相交并形成空间节点与空间次轴（图6-5）。

图6-4　深圳光明新区凤凰学校鸟瞰图
图片来源：百度地图

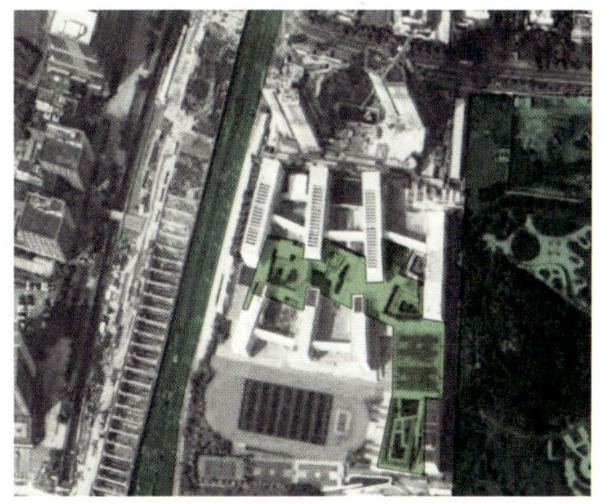

图6-5　城市绿脉分析图
图片来源：作者自绘

（3）校园建筑的间距设计

教育建筑的间距设计，不仅要满足采光、通风、防火、防噪声等的要求，还要满足教育建筑设计相关规范等。建筑物争取太阳光直接照射是获得舒适和卫生的需要，同时也有利于建筑物在冬季的保暖节能。恰当、合理的日照间距可以保证房间有足够的日照时数，也有利于节地。日照间距的大小与太阳高度角和建筑高度有关系。从设计控制来说，就是要确定日照间距系数。欲使建筑物获得良好的通风条件，其周围的建筑物，尤其是迎风的前栋建筑物的阻挡情况是决定因素。前栋建筑物的高度、宽度、深度都会影响建筑背风面的旋涡范围，从而影响建筑的通风间距。

例如，深圳福田中学为避免对北侧医院病房楼造成日照遮挡，将高层的宿舍体量靠南侧布置，而将水平向的教学区居于北侧。轻薄的建筑体型呈南北向线性布置，在优化教室通风采光的同时，创造了东西向的视觉通廊，最大化地形成面向中心公园和福田CBD天际线的视野（图6-6）。在如此高密度的场地条件下，精确的日照模拟分析将引导教学楼坡屋面进一步采取高低错落的体型变化，不仅保证所有普通教室及各学科教室完全满足规范中所规定的日照要求，同时也形成连绵起伏的天际线，创造出一系列空间体验各异的屋顶花园。

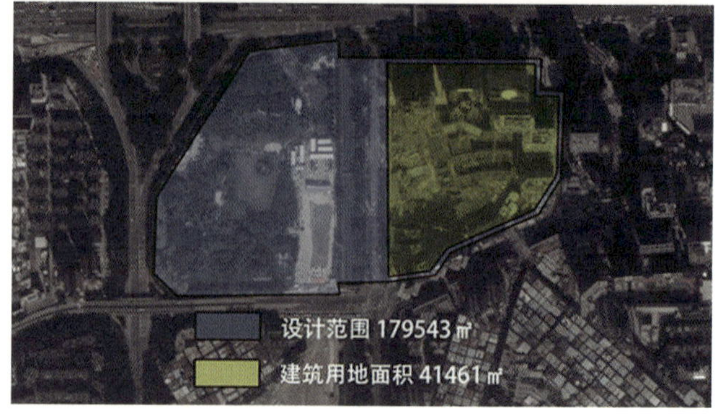

图6-6　深圳福田中学地段环境

图片来源：百度地图改绘

6.1.2　气候因素影响下的建筑形态

建筑形态与地域气候、建筑性质等因素有关。北方教育建筑需要解决采光、保暖问题，在形态上以厚重规整为主，规划布局希望能争取更多阳光，空间组织避免寒风侵袭。形体设计应依据地方规范，控制建筑体型系数。体型系数越小，建筑外表面积越小，其保温性能就越强，并可减少冬季室内热损失。同时，建筑形体趋势有北高南低、北实南虚等做法。夏季引导主导风进入室内，冬季阻挡主导风对建筑的冷风侵袭。南方教育建筑遵循湿热地区建筑设计规范，利用空间布局解决遮阳与通风的问题。

（1）教育建筑群体组团

南方教育建筑在设计中注重遮阳、通风与整体群体布局的协调，以适应湿热地区的气候特征。建筑群体布局强调通过阳光庭院实现除湿，利用檐口控制阳光，结合空间梯度引导自然风流动，从而优化通风效果和环境舒适性。建筑单体借助灵活多样的组团方式，形成具有遮阳和通风功能的院落组合。横向布局通过构建多重檐口，尤其针对夏季阳光做好防护，使得局部微气候得到显著改善。主要活动区域与建筑入口广场均位于避阳区，旨在提高夏季户外活动的舒适性。建筑外轮廓设计力求自由分散，这样可以有效散热，增强热工性能。凉爽的内部中庭空间以及阳光、绿植和水景，形成生态化的环境调节体系，既提升了气候适应性，也满足了人与自然亲近的生理与心理需求。相较于北方建筑，南方教育建筑体量轻盈，其单体平面通过丰富的界面层次处理形成热缓冲区，在改善室内热环境的同时，也提高了整体的舒适度与空间体验。

例如，浙江嘉善四中实验学校，根据杭嘉湖地区传统书院的规划格局确立了多进主轴与东西院落基本空间形态（图6-7）。由于江南地区夏季炎热多雨，所以，中庭常作为主要的室外开放空间（图6-8）。同时，为了提供舒适的使用环境，往往还需要设计无风雨步行系统。

图6-7　浙江嘉善四中实验学校鸟瞰
图片来源：浙江工业大学工程设计集团相关项目

图6-8　中庭开放空间

图片来源：浙江工业大学工程设计集团相关项目

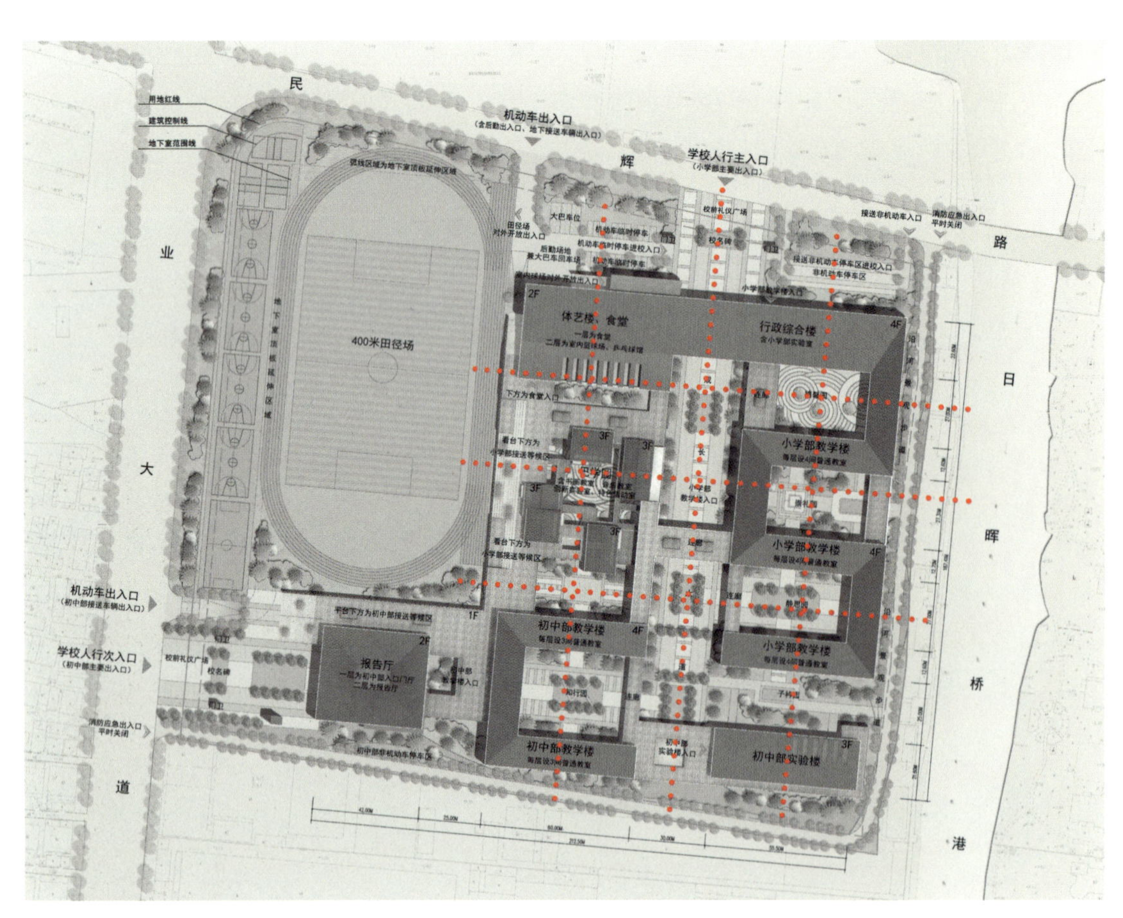

图6-9　基本空间形态

图片来源：浙江工业大学工程设计集团相关项目

(2)教育建筑单体形构

北方地区的教育建筑单体形构较为集聚，其建筑造型宜简洁、规整，并尽量把体型系数控制在≤0.4的范围内。南方地区建筑单体通风包括风压和热压通风，两者相互补充：一方面，室内特色空间对室外自然风的引入以及室内空间组合对户内穿堂风的导流；另一方面，以天井为主的特色空间带动户内热压通风和气流流动。南方地区的教育建筑多采取错层设计，既形成通畅的气流路径，也能获得良好的通风效果。同时，室外又衔接了可以阻挡阳光与季风的花园阳台，从而改变了室内热压、风压环境，形成了独特的通风循环系统。

例如，杭州天城单元地块九年制学校，其建筑空间的核心是一个中心庭院（图6-10），由南北两侧的教学空间围合，并最大限度地引入南面的阳光。在此基础上又创造出一种疏松多孔的空间结构（图6-11），并采取错层设计以回应当地气候（图6-12），旨在探索一种新的校园空间类型。

(3)教育建筑空间组织

北方教育建筑重视热缓冲区域——室内外过渡空间，如门厅、楼梯间、阳台、地下室、屋顶平台、空中花园等。它们既可以形成一个良好的温度阻尼区，又可以减少外围护体系的热损失，并提升室内空间热舒适度。南方地区教育建筑注重穿堂风和热压拔风通道的空间布局，特别是在空间组织上灵活运用天井空间以及中庭空间，使气流通畅、巷道相连，从而形成一个完整的采光通风防热

图6-10　杭州天城单元地块九年制学校鸟瞰图

图片来源：浙江工业大学工程设计集团相关项目

图6-11　疏松多孔的空间结构

图片来源：浙江工业大学工程设计集团相关项目

图6-12　采取错层设计

图片来源：浙江工业大学工程设计集团相关项目

系统。天城单元地块九年制学校利用天井空间以及双首层架空的做法组成通风体系，并设置错层与双廊课间活动平台以满足日照需求（图6-13）。

在浙江嘉兴秀洲现代学校的设计中，设计师将部分礼堂、体育馆、专业教室等辅助功能调整至首层，教学楼主要活动空间则以二层平台为主，在有限的用地范围内最大化地满足教学空间，并结合架空庭院的设计（图6-14），将阳光和空气自然引入首层，从而保证底层空间品质（图6-15）。

图6-13　设置双廊课间活动平台满足日照需求

图片来源：浙江工业大学工程设计集团相关项目

图6-14　架空庭院

图片来源：浙江工业大学工程设计集团相关项目

图6-15　底层辅助功能与庭院设计

图片来源：浙江工业大学工程设计集团相关项目

6.2 地形地貌影响

地形地貌是体现场地整体特征的环境层面要素。场地地形主要包括坡度高差、地势起伏等；场地地貌是由表面构成元素及各元素的形态和所占比例决定的，一般包括土壤、岩石、植被、水体等方面的情况。地形地貌是校园规划与设计的基础，对校园建筑的布局、形态、环境适应性和生态环境等方面都有着重要的影响。

6.2.1 地形地貌影响下的建筑布局

地形地貌的不同特征使建筑在形态上呈现出不同的特点。例如，山地地形可以促使建筑采用崎岖的形态，而平地地形可以促使建筑采用平面式的布局。此外，建筑的高度和朝向也会因地形地貌的不同而有所区别。因此，为了确保场地空间的协调一致，建筑的布局需要与场地的地形地貌形成一种有机的空间关系。

（1）竖向规划的建筑布局

与地势平坦的校园相比，山地校园依托山地资源，其竖向空间更为丰富。合理利用地形地貌的竖向规划布局可以营造出层次丰富、具有特色的校园。同时，还需要考虑交通和行人通行的问题。一般都会在建筑物中央或侧面设置电梯、楼梯等交通工具，使得各个楼层之间的交通更加便捷。由于山地地形起伏较大，在设计时需要合理规划交通线路和行人通道，以确保校园内的交通畅通和安全。

例如，在深圳红岭实验小学的设计中，因基地周边遗存一座名为安托山的小山（图6-16），设计师通过对地形的重新梳理，将建筑在垂直方向上进行错动，形成独特的竖向建筑布局（图6-17）。运用“山谷”庭院、上下错动的水平层板、疏松的细胞组织以及有机绿化植入等建造策略，以应对地形与气候因素（图6-18）。下沉庭院通过缓坡和露天阶梯剧场与架空且自然起伏的首层地面连接，成为一个整体的地景公园。利用场地北高南低的现状地形，使建筑每层的三排教室从南往北产生1m的高差，在E形平板上产生了爬升的行进体验（图6-19）。

图6-16　安托山遗存的山包

图片来源：作者改绘

图6-17　小学新校园概念设计

图片来源：作者改绘

图6-18 东立面运动场上错动的教学楼

图片来源：作者自摄

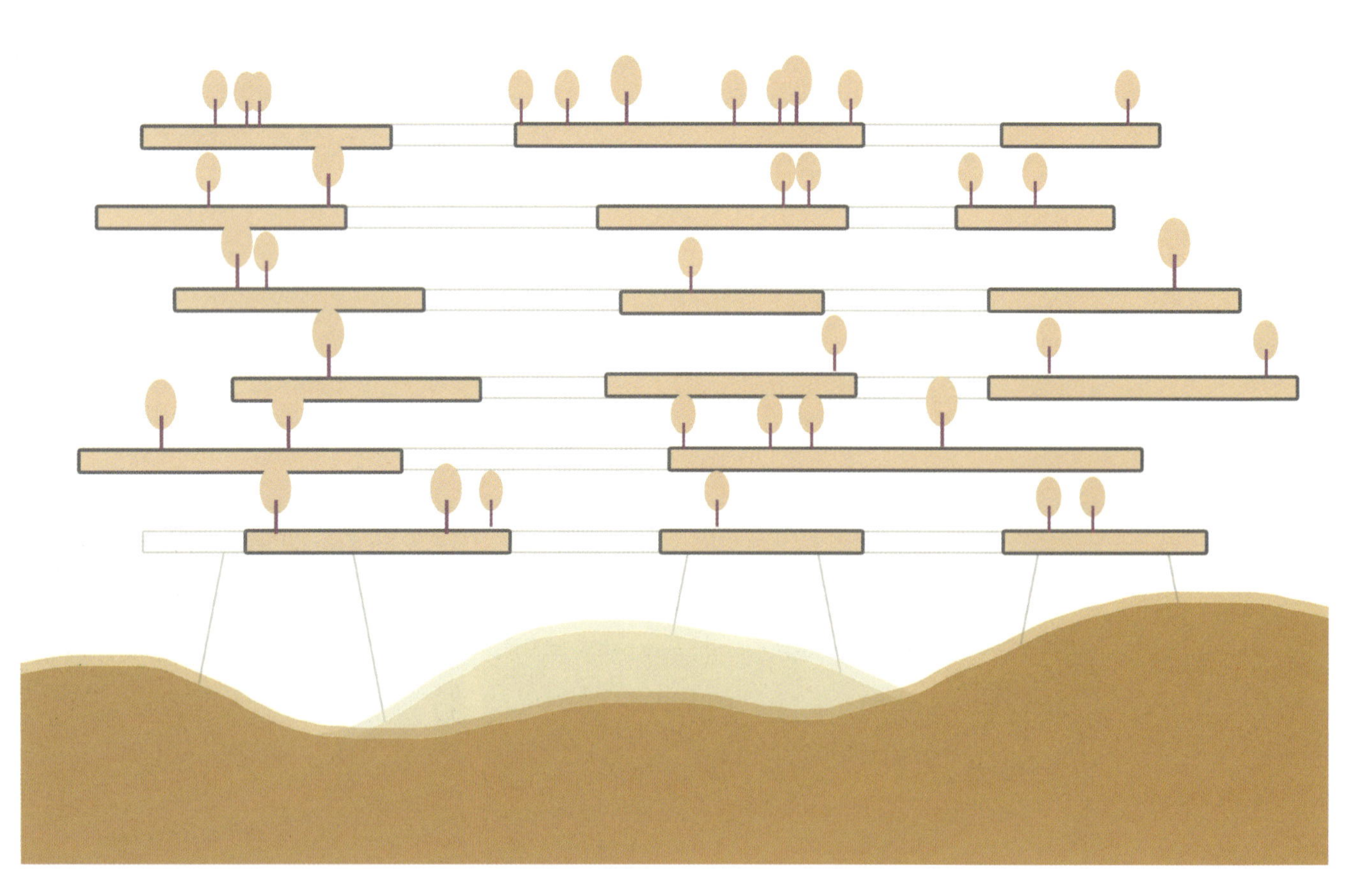

图6-19 地景公园之上的山谷庭院

图片来源：作者自绘

（2）疏密有致的空间格局

校园规划设计应充分利用场地现有的地形地貌和自然资源，创造疏密有致的校园空间结构，并保留差异性的校园特色。在校园组团之间，应避免破坏原有的生态环境，营造丰富多彩的景观空间。根据校园规模、用地情况等差异，通过优化总体结构模式，兼顾功能适度重合，在交通流线的基础上形成不同而又规律的空间组合，从而创造出多元化的校园空间格局。

例如，杭州余杭区崇贤街道沾桥中学的场地是南高北低，其校园形体设计采取多层次院落的形式（图6-20），充分顺应地形特点。利用屋面和坡道，构建校园屋顶活力空间，这是对原始地貌尊重与回应（图6-21）。校园采用首层架空长廊顺应地形，长廊既布置有学生的音乐、美术、舞蹈等专业教室，同时，它也为操场提供了宽敞的安全疏散及接送等候空间（图6-22）。

图6-20　杭州余杭区崇贤街道沾桥中学鸟瞰

图片来源：浙江工业大学工程设计集团相关项目

图6-21　操场与廊道空间

图片来源：浙江工业大学工程设计集团相关项目

教学单元

庭院

运动场

坡道系统

图6-22　功能元素

图片来源：作者自绘

6.2.2 地形地貌影响下的建筑组群

在建筑组群布置方面，需尽量尊重原有地形地貌，依山就势，使建筑组群与环境高度和谐。同时，合理、高效地利用地形地貌条件和自然资源，促进校园与自然环境和谐共生。

（1）垂直于山体等高线的建筑组群

在没有建筑师的情况下，古代村落常常能做到与环境的高度和谐，其主要原因是趋利避害、顺势而为、就地取材等。将教育建筑垂直于山体等高线并插入山林，建筑的各个部分分布于山体的不同高度，并通过平台与阶梯相连接。校园通常建造在山腰斜坡上，它既能实现建筑空间的联系，又解决了山地地形的垂直高差。

浙江省青田县木鱼中小学依据自然地势，校园分散两处，教学楼呈条状排列，垂直于山体等高线并插入山林，沿山呈平行式布局（图6-23）。教学楼之间是阶梯式的花园平台，依山就势、与山接壤，且匍匐在山脚下（图6-24）。阶梯平台下布置了各层的连廊、教师办公室、卫生间等辅助设施。这些房间正面向着走廊，背面通过我们增设的阳光天井满足其隔潮和通风采光需要。

一般认为，平行于山地等高线的建筑布局，可以节约土石方。但是，这样的做法会让每一栋建筑坐落在不同的标高上，将带来室外场地高差变化大的问题，这对于小学生上下学确有安全隐患。而垂直于山体等高线可以让每栋教学楼的一端落在山脚下，各栋建筑的首层标高基本一致（图6-25）。

图6-23 浙江省青田县木鱼中小学鸟瞰

图片来源：浙江工业大学工程设计集团相关项目

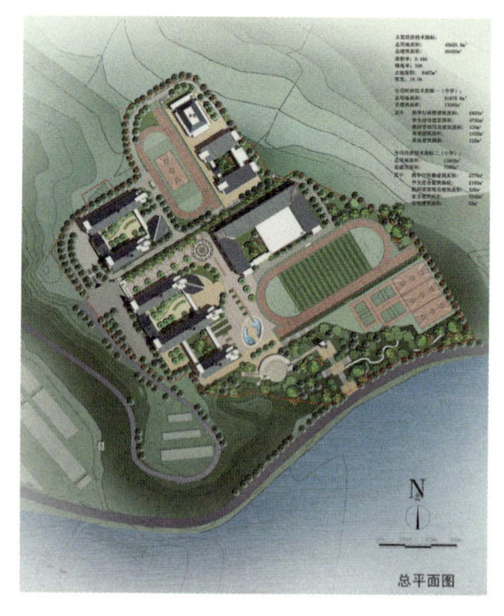

图6-24 浙江省青田县木鱼中小学总平面图

图片来源：浙江工业大学工程设计集团相关项目

图6-25 垂直流线分析

图片来源：作者自绘

（2）顺应地势、叠落错层的建筑组群

建筑顺应地势、层层叠落，构成高低变化的空间形态。为了适应山地地形的起伏变化和不平整性，常将建筑空间、交通流线进行立体穿插组织。

例如，浙江平阳第二职业技术学校的地势是北高南低（图6-26）。设计师利用自然地形将校园建筑与山体融为一体（图6-27）。采用局部平整、中心保留的策略，尽可能保留原有坡地的自然特征，创造更为丰富的地面层空间。顺应场地特征打造逐级叠落的室外庭院、底层半室外空间、室外露台和屋顶平台，形成标高不同、层次丰富的公共活动空间（图6-28）。场地特征与建筑物共同塑造了更多属于集体记忆的小场所，教与学将体现在建筑的每个角落。

图6-26　浙江平阳第二职业技术学校中轴
图片来源：浙江工业大学工程设计集团相关项目

图6-27　浙江平阳第二职业技术学校鸟瞰图
图片来源：浙江工业大学工程设计集团相关项目

图6-28　层次丰富的公共活动空间
图片来源：浙江工业大学工程设计集团相关项目

（3）紧凑组团分散布局

教育建筑规划应充分考虑地形地貌条件和自然资源。依据建筑用地的适宜性，尽可能地将建筑集中于平地或缓坡区域。而局部高差较大的位置，应依照等高线或垂直等高线布置建筑群，以达到最优的利用效果，从而减少土地资源的浪费。将大体量建筑集中布置于地势较为平坦的谷底，而将小体量建筑分散布置于坡地、山地，这样就可以最大限度地优化土地资源利用，同时也可以更好地适应自然环境。

例如，针对浙江省龙泉市第二中学场地内的高差，建筑师在局部修整了若干平台，其余未触及之地则尽量保持原有的自然状态（图6-29）。作为校园的主要活动空间，将操场设置于大面积组团式布局的综合楼顶部，以获得足够的平坦空间（图6-30）。由于特殊的山地地貌特征，教学组团以板式建筑围合布置，它们相对集中，并设有空中连廊以适应走班制教育的需求；而宿舍组团则采用分散式线状塔楼布局，尽量减少建筑对山地的破坏。

图6-29　浙江省龙泉市第二中学鸟瞰图

图片来源：浙江工业大学工程设计集团相关项目

图6-30　浙江省龙泉市第二中学综合楼

图片来源：浙江工业大学工程设计集团相关项目

6.3 利用自然环境

因地制宜地利用自然环境，使建筑成为生态系统的一部分，减少对自然环境的破坏，充分利用自然要素，发展与自然环境协调、融合、共生的建筑。同时，自然环境对建筑及其整体风貌具有影响，绿地及水体的配置要考虑场地布局的整体结构和建筑组织形态的构成等问题。

6.3.1 环境因素影响下的建筑形态

场地环境、绿地和水面影响建筑的布局形态，特别是场地及周围自然形成的景观环境对道路的布局、建筑的形态构造都具有一定影响。应该以自然优先为总体设计理念，遵循自然演进的规律，维护自然环境的可持续性。

（1）景观视野最大化

通过建筑形态变化、体量组合、框景等设计手法将可能的景观视野最大化。布置在主体量和周边道路之间的景观可以避免室内空间受阳光和城市噪声的侵扰。例如，天台县实验小学始丰校区依自然地形而建，绿地起伏、环境优美（图6-31）。教学楼作为主体建筑位于校园主轴线的核心，南面是开阔的活动场地，北面隔着绿地庭院与办公楼群相望，建筑采用圆形平面，以弧形界面最大化地利用周边优美的校园环境（图6-32）。圆形建筑体量沿校园正门轴线剖开，以强调其中心的地位，同时，将公共活动引入教学楼中央院落，通过不同层次的平台、坡道形成内外贯通而流动的立体轴线（图6-33）。

图6-31　浙江省天台县实验小学始丰校区鸟瞰图

图片来源：浙江工业大学工程设计集团相关项目

图6-32　弧形界面最大化

图片来源：浙江工业大学工程设计集团相关项目

图6-33　校园与建筑的关系

图片来源：浙江工业大学工程设计集团相关项目

（2）融合建筑与自然的边界

在规划中巧妙地将校园建筑与景观创造同自然环境相结合，形成独特的校园环境。通过模糊、反转和互逆融合的设计方法来实现建筑与环境之间的连续性和整体性。建筑与环境之间的连续性不仅是指建筑形体和地表的连续性，还包括景观空间的连续性。通过建筑与环境之间的边界交错形成具有可能性和多义性特点的区域空间。建筑与环境的空间关系不再是固定不变的，而是随着环境的变化而变化。建筑的外观和内部空间都能够更好地适应周围环境的变化，使建筑更加舒适、宜居。

浙江省台州市路桥中学学生公寓的设计打破了建筑和环境之间的明显分界线，它们两者相互交织——建筑的终点和景观的起点趋于融合（图6-34）。景观不是止步于基地边界（图6-35），而是自然地融入建筑，并营造出交互式的公共场所。

广东汕头幼儿高等师范专科学校的规划打破了传统大学校园里的兵营式和行列式设计，它将所有的空间打散、混合、重组、消隐，从而实现流线的自由（图6-36）。建筑彼此相连，形成多个错落精致的庭院，这是师生们交流、学习的绝佳场所。

图6-34　浙江省台州市路桥中学学生公寓

图片来源：浙江工业大学工程设计集团相关项目

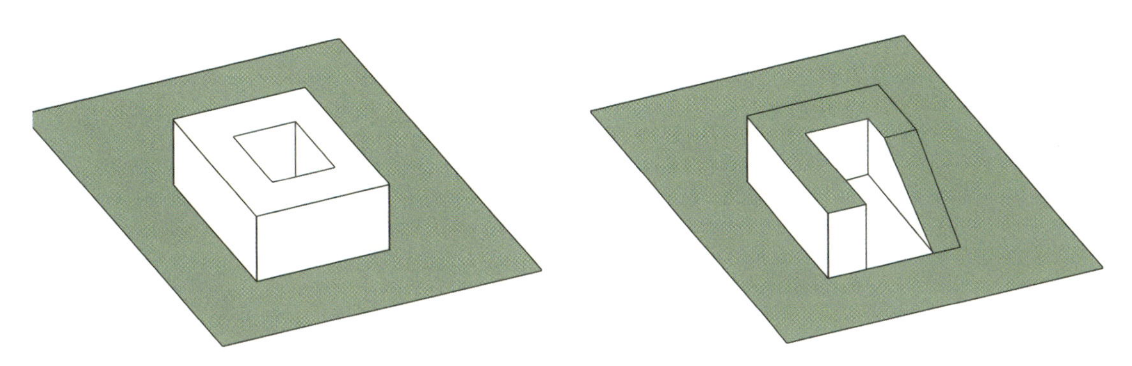

图6-35　融合人为与自然系统的边界

图片来源：作者自绘

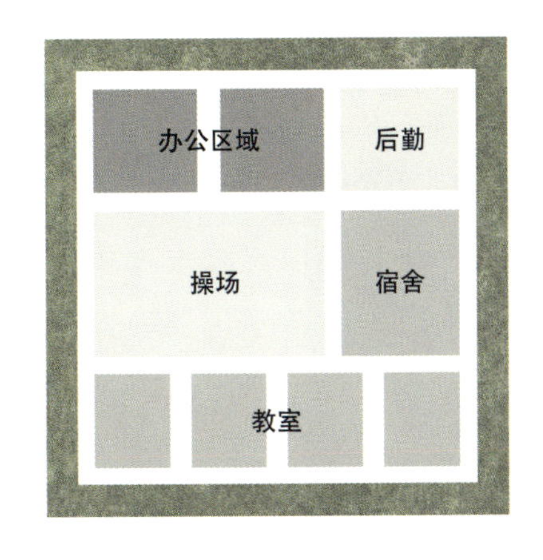

传统校园规划

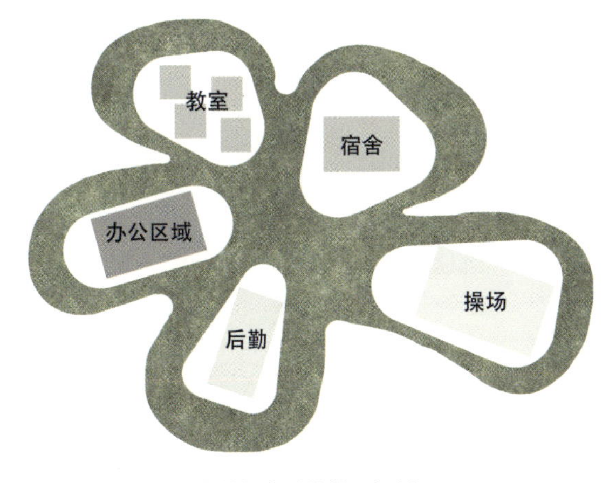

与自然相交融的校园规划

图6-36　规划在自然中的校园

图片来源：作者自绘

（3）建筑消隐于地景

建筑从形态上融入自然环境，主要分为消隐型与拟态型。消隐型多表现在大部分建筑体量隐入地下或嵌入山体等自然地形之中，并在地形表面和建筑的外部形态上最大限度地与自然景观相结合，从而营造出融入自然的体验场所。拟态型建筑对于周围环境的应对则通过模拟自然地形，以其建筑形态回应自然环境的方式，创造出与地域自然环境和谐、共生的外部形态，从而达到融入及整合周围环境的目的。

例如，浙江台州技师学院建筑高低起伏（图6-37），打造出逐级叠落的室外庭院、半室外空间、室外露台和屋顶平台，形成标高不同、层次丰富的公共活动空间（图6-38）。同时，营造出一种自由探索的环境氛围，有别于单一、封闭的传统布局模式，并将建筑的体量融入环境之中，为孩子们在城市里开辟出一隅自然。

图6-37　浙江台州技师学院鸟瞰

图片来源：浙江工业大学工程设计集团相关项目

图6-38　逐级跌落的室外露台

图片来源：浙江工业大学工程设计集团相关项目

6.3.2 优化教育建筑空间整体环境

在校园规划中应平衡用地需求和做好生态系统保护。通过适应性设计和改造，将生态系统和建筑空间有机地结合起来，并使之达到平衡状态。提高校园绿化率，保护自然生态环境，营造独特的校园环境。

（1）通过植物营造以改善微气候

室外环境的设计与营造，可以改善校园局部微气候。首先，植物在营造适宜的建筑外部环境中应用相当广泛，可以在夏天作为遮阴和蒸发降温装置，也可以在冬天充当防风的屏障，并对光线起到过滤作用。其次，通过植物的营造还可以降低噪声、粉尘及大气污染，调节太阳热辐射和日照反射对建筑的影响，降低温度和能耗。植物的遮阳降温作用可以通过枝叶遮挡，使建筑与周边环境免受阳光直射。最后，通过植物的光合作用和蒸腾作用可以改变空气中的水分含量，从而调节环境质量。在不同植物种类的选取上，也起到辅助调节整体环境的作用，如种植落叶植物，在夏季可减少太阳照射、降低周围温度和有利于通风，而在冬季则保证足够的太阳辐射。

例如，杭州余杭风荷路中学通过对地形、小气候和生态的详细分析，学校建筑根据地形布局以减少对场地的影响（图6-39）。诸如图书馆周边种植具有当地特色的草本植物，使建筑耐热性增加，并且进行了屋顶绿化，所运用的植物都具有当地特色，使校园与当地的生态系统紧密地联系在一起（图6-40）。建筑入口处的植物坡有助于提高建筑的热效应，并创造出一个坡地景观（图6-41）。

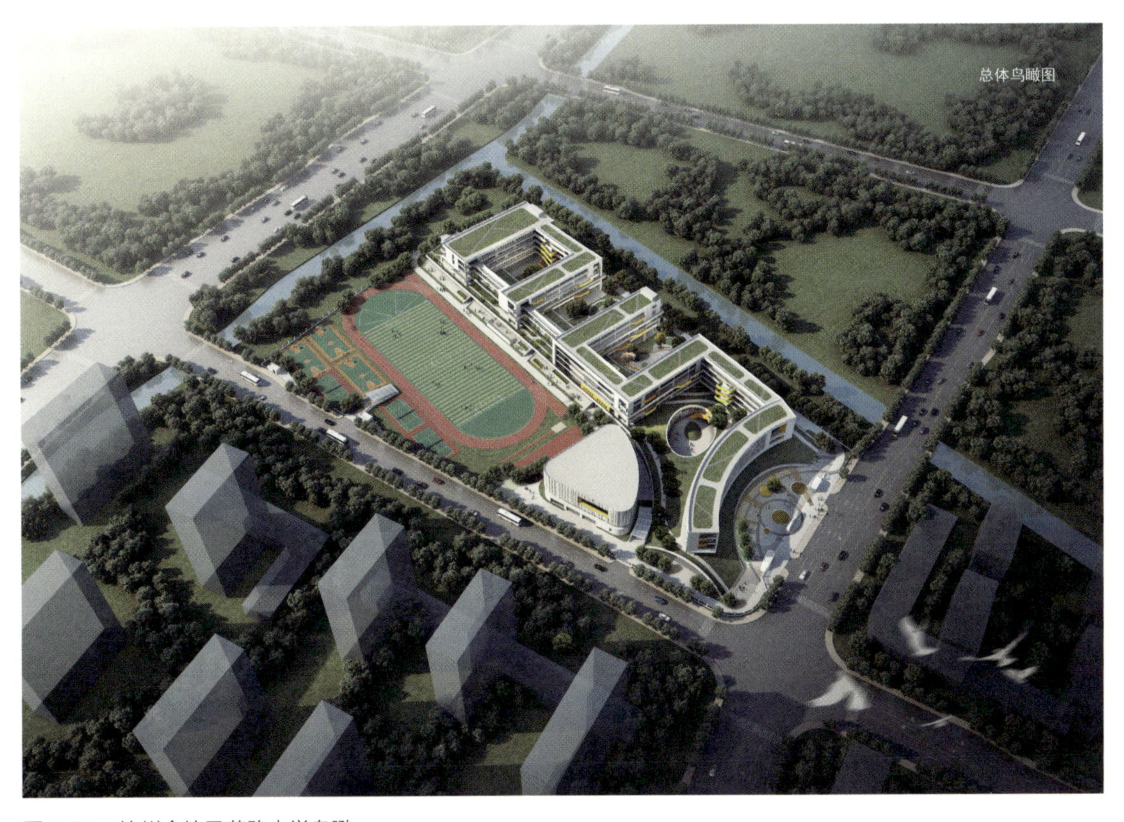

图6-39　杭州余杭风荷路中学鸟瞰

图片来源：浙江工业大学工程设计集团相关项目

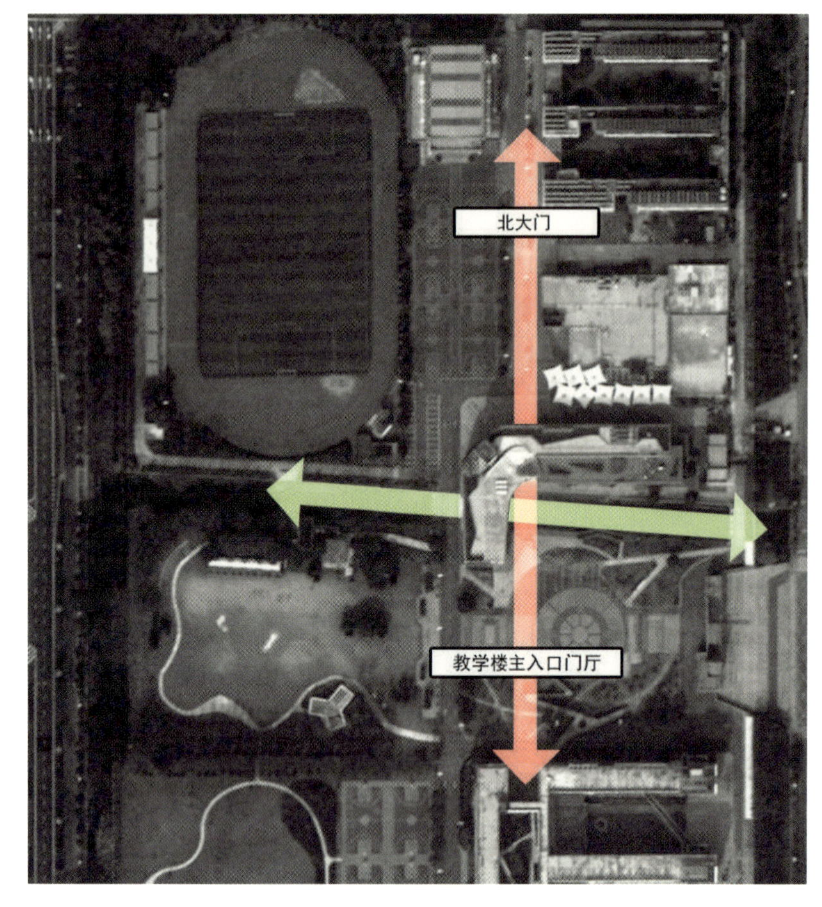

图6-40　两条校园轴线
图片来源：作者自绘

（2）改善微气候环境的水体利用

水体在改善建筑微气候方面可以发挥多种作用。一方面，水体可以调节室内和室外的温度和湿度。在夏季，建筑的入风口应该设置在阴凉的地方，特别是在风进入建筑入口之前，可以设置水体来降低进入建筑内的空气温度，以保证舒适的室内环境。此外，在建筑的周围设置水体，也可以利用水的蒸发或冷却效应来降低周围的空气温度，从而起到通风降温的作用；另一方面，水体可以作为建筑的冷源，调节室内温度。利用水体的蓄热能力和表面反射率低的特点，在建筑的设计中将水体作为冷源来进行调节。例如，将水流动与空气流动相结合，就可以实现对建筑的制冷和降温。此外，水体还能吸附空气中的尘埃，可以起到净化空气的作用，从而提高建筑的卫生环境。综上所述，通过合理设置水体，可以在改善建筑微气候方面发挥重要作用。

例如，在江苏盐城外国语学校的布局中，盐城水系河道正好从校园中部横穿而过，把校园划分成了南侧的教学区和北侧的宿舍区。贯穿校园的小河作为一个宝贵的景观资源，但却极少利用，其两岸的外部空间大多采取背向河道的姿态。设计通过架空、廊道、亲水平台等提升步行空间的连接性和舒适度，塑造一个通达性和停留性俱佳的校园中心场所。此外，沿南北轴线植入多个公共服务空间，加强社区感，新建教学楼底层的报告厅、展厅、丹顶鹤主题馆（盐城的海边湿地是丹顶鹤过冬的重要基地），并使之成为这一连串的公共功能中的重要节点（图6-41）。廊桥具有交通连接和容纳公共活动的双重意义，它增强了教学楼的公共性和场所感；而教学楼为廊桥平添了功能性和实用性。桥上教学楼跨河而建，既赢得了所需的建设空间，同时也增强了教学区和宿舍区之间的联系，并重新组织了河两岸的公共空间，让河流成为校园日常生活场景中的积极构成元素。

图6-41　入口的坡地景观

图片来源：作者自绘

第7章

特殊类型中小学教育建筑

7.1 职业技术中学

近年来，在我国部分产业加速发展与产业升级并存的双重影响下，中职教育在技能型人才培养中的核心地位不断强化，全国各地开展了以中等职业学校为代表的现代职业教育机构布局与结构调整工作会议，确定了一批国家级重点职业技术学校，增加了对职业教育的资金投入。各地中等职业学校纷纷增开专业、引进教学设施，并兴建专门的教学建筑，职业技术中学进入了改建、扩建、新建的发展建设期。

7.1.1 职业技术中学的现状

（1）职业技术中学规划与建设现状

中等职业教育在目前职业教育体系中居于主体地位，每年为社会培养大量技能型人才和高素质劳动者。2000年至今，全国中等职业学校一直保持在16000多所，年招生由316万人增加到近470万人，在校生规模达1197万人。全国独立设置的高等职业学校由83所增加到568所。招生数和在校生数分别从3.5万人和8万人增加到72万人和161万人。

职业技术中学的产学结合机制不同于普通高中教育，它将生产实践和课程学习联系起来，这有助于培养既掌握基本专业知识又掌握操作技能的技术技能人才。当前，我国职业技术中学的规划与建设具有产学结合、校企合作和灵活多元等特征。

1）重视产学结合

与普通高中不同，职业学校同社会实践的关系更为密切，且更加重视专业技能的培养，学生毕业以后将直接走向社会，成为相关技术工作人员（图7-1）。因此，中等职业学校除了具备同普通中学相类似的、提高学生的思想政治素质及科学文化素养的基础课程外，职业学校还需要开设独具特色且更为关键的专业技能课程。专业技能课包括专业理论课和专业实践课两部分，旨在训练学生的专业理论知识和专业操作技能，为将来承担实践工作做好准备。

图7-1　兰溪市职业技能培训基地二期效果图
图片来源：浙江工业大学工程设计集团

2）重视校企合作

现阶段职业学校的建设和当地龙头产业、特色产业相结合已成趋势，此举能有效地融合校企双方的长处，打造校园文化与企业文化相互交融的特色文化，建立人才培养和行业需求的动态对接，并缓解地方企业技术型人才短缺的问题。在具体的规划与建设中，这种特点主要体现在注重中职学校和行业之间的联系，将校园规划融入城市产业发展中，这对于学校和行业、产业来说，可利用其区位优势加强联系，从而形成长期互促互惠的关系（图7-2）。

3）办学灵活多元

和普通高中相比，中等职业学校在学生特点和办学模式上存在着较大差异。比如，各专业类型对于实训空间的需求是不一样的，对于艺术空间和运动空间分配的比例也有别于普通高中。在社会不断变革、经济持续发展的今天，职业教育崇尚“为了美好生活”的理念，并已向素质化技术人才培养转变。学校的专业设置以及招生人数也在不断调整，以适应社会需求。上述各种变革，需要职业中学教学空间更弹性化、灵活化。

图7-2　武义县职业技术学校鸟瞰图
图片来源：浙江工业大学工程设计集团

（2）职业技术中学规划与建设问题

虽然职业教育在中国教育系统内占有重要地位，但是职业校园规划在整个教育建筑规划体系中并未受到应有的重视。由于职业学校与普通学校的功能有所差异，加上建设经验不足、缺乏科学的设计指导等原因，导致已建成的职业技术中学多数存在实训功能认识不足、规划尺度不当、建筑缺少人情味等问题。

1）实训功能认识不足

职业技术中学主要由教学、实训、生活、体育功能构成。与普通高中校园的教学、生活、体育等功能构成相比，职业技术中学的实训功能是其教育职能得以实现的重要基础。在职业技术中学校园规划过程中，需要着重考虑功能分区中的实训功能，切忌套用普通教育建筑规划的一般模式。在将校园按照教学、生活、运动等功能分区的基础上，把实训功能任意置于其中一个分区内，一方面，它忽略了职业技术中学的功能特点；另一方面，这也会导致校园功能混杂，致使校园规划中的实训功能无法满足使用需求。

2）交通规划尺度不当

为了适应与满足学校发展，新建成的职业技术中学在设计时往往预留出一定规模的发展用地，这为以后的校园规模增长提供可能性。为了匹配大尺度的校园规划，其交通流线规模就需要相应增加，这可能形成不适合中职学生步行的交通空间。因此，当交通规划过于追求大尺度、大规模时，就容易丧失对于使用者行为模式的合理匹配（图7-3）。

图7-3　某职业技术学校
图片来源：作者自摄

3）开放与封闭把控失衡

部分职业技术中学的规划往往模仿或照搬高职校园规划，这使教学、实训板块对社会过度开放，导致学校管理上的不便，还可能影响相关功能板块的隐私需求（图7-4）。反之，也有一些职业技术中学的规划仅从中职学生人身安全、校内管理便捷考虑，把校园规划得密不透风，并实行全封闭式的严格管理，这与校园规划的开放性理念背道而驰。这两种极端化的校园规划方式均忽视了中职学生心理发展特征以及行为特性，在建筑布局上造成了开放和封闭的失衡，甚至可能会在学生管理、人身安全等方面造成隐患。

图7-4　某职业技术学校校门
图片来源：作者自摄

7.1.2　基于特定培养的空间需求

职业技术学校以培养技术型人才为主要目标。其目标是实用化，是在中等教育的基础上，培养出一批既具有基础知识又有一定专业技术和技能的人才，其知识的讲授要求能用为度、实用为本。专业技能类型的多样性决定了职业中学专业类别的多样化，根据《中等职业学校专业目录（2021年修订）》，中等职业学校专业分为19个专业类、321个专业数，其专业分类涉及国民经济的三大产业：农牧业、制造业、服务业。在不同专业类别的职业技术中学规划设计中，需要综合考虑办学模式、地域特色、教学条件、政府决策、校企合作以及产业发展等因素造成的差异化需求。

（1）农牧业的特定培养空间需求

中职教育教学体系下的专业理论课程与公共基础课程教学多被安排在普通教室中进行。有鉴于此，职业技术中学的整体规划通常把实训建筑作为教学活动的核心空间，而将普通教学教室集中于教学楼内。农林实训大楼主要服务于农、林、牧、渔等专业的实训教学课程，而此类建筑如果仅注重理论教学空间的设计，则将会造成教学纸上谈兵、实际操作性差的结果。因此，这类实训课程计划大多为动植物静态培养和生化类实验的“培训包”。

例如，在农业类教学空间中，针对粮食作物、经济作物以及其他植物的种植需求，通常在校园内设有农场、大棚等相对应的实训场地。又如林业类专业空间，通常布置在与林场相接近的区域，或直接在校园内建设小型林场，以便于学生开展实践活动。对于动物养殖类专业，校园内也应设置对应的牲畜饲养基地，并设置相应的后勤服务空间（图7-5）。

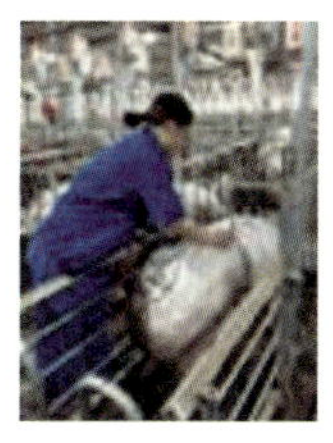

图7-5　农牧业职业技术学校实训课程
图片来源：百度图片

（2）制造业的特定培养空间需求

此类实训建筑主要服务于制造业相关专业的实训课程。由于相关专业自身构成的复杂性，教学计划涉及的内容亦较复杂，这导致具体空间的类型多种多样。同时，由于制造业所具有的专业特点，对建筑物理环境等亦有特殊要求。

在制造业实训课程中，操作过程一般属于动态实训，而实训操作客体的形体一般较大，并且对自然环境要求不高或是实训客体本身就需要室外天然环境，其相关特征也使得校内实训教学场地通常不需要建筑覆盖。此外，具有较高空间灵活性的实训车间也是制造业职业技术中学普遍采用的建筑类型。在印刷、机械类及其他工业制造业科目的实训课程中，由于实训设备体积过大、重量过重，作业时噪声震动也较大，所以，相对应的建筑形式通常是大跨度、高层高的结构体系（图7-6）。

图7-6　制造业职业技术学校实训课程
图片来源：百度图片

近年来，制造业职业技术中学的实训建筑也逐渐呈现出“实训综合体”这一新形式（图7-7）。该形式通常用于应对城市中心区用地资源紧张的情况。为了实现土地资源利用的最大化，这种可集普通文化课教学、图书阅览储藏和实训教学功能于一体的建筑形式率先被日本的都市型职业学校所

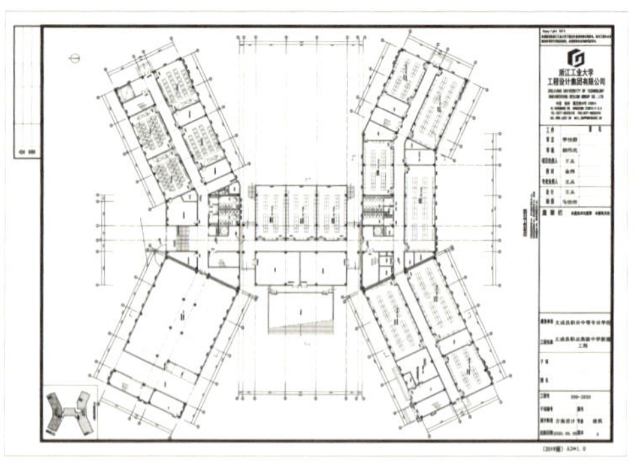

图7-7　文成县职业高级中学效果图（左）及一层平面图（右）
图片来源：浙江工业大学工程设计集团

采用，它是“职业学校复合化”设计思想下的产物，我国也逐渐出现类似功能的实训综合体建筑。

（3）服务业的特定培养空间需求

在中等职业学校的专业中，属于服务业类的主要包括财经商贸类、文化艺术类和医药卫生类等多个大类，每个大类又都有对应的培养空间需求（图7-8）。

经管类的实训建筑多应用于财经贸易类专业、旅游服务类与公共管理服务类的实训课程教学，这类专业更注重理论教学，对于实训操作空间并无特殊要求。因此，这类实训建筑多采用常见的普通教学空间。

艺术类实训建筑多应用于文化艺术类、教育类和其他专业实训教学，其课程包括绘图类设计、工艺品制作、计算机辅助设计、音乐舞蹈训练等类型。虽然涉及类型广，但是各类型课程的实训空间需求差异较小，因此，实训室的设计可参照中小学的语音教室、微机室、绘图教室与音乐教室等来做。

对于医药卫生类专业实训课程，其校内实训受资金、师资等因素的客观制约。此类专业实训教学更注重理论与基础性生化实验的结合，以及临床医学操作等。各种实训空间的设计多参照普通实验室和医疗建筑护理单元做法。

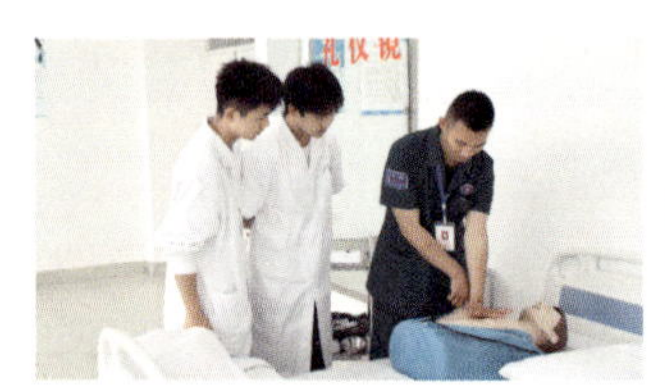

图7-8　服务业职业技术学校实训课程
图片来源：百度图片

7.1.3　空间设计策略

（1）职业技术中学总体布局策略

1）选址策略

中职教育具有理论教学与实训教学两大教育职能，并借助理论教学与实训教学实现人才的培养。其新建校园规划多体现其专业多样性和教学职业性等内涵，并从新建校园的选址与城市产业布局等方面进行考量。新建校园的选址同城市产业布局的有机融合将有助于加深职业技术中学同产业行业之间的衔接与配合。由于职业技术中学需要洞悉产业行业的最新动态、掌握企业需求并快速调整教学培养方向，因此，必要时可以将校园建设在邻近企业的位置，从而更好地促进校企结合。

2）交通规划

首先，职业中学的交通规划策略应建构圈层布局的交通体系；其次，考虑行车动线的划区与分流；最后，是构建步行化交通体系。交通规划旨在形成与校园规划的开放化、社会化趋势相匹配的结果，创造出符合中职学生自身发展特点且舒适宜人的空间，并解决交通规划中尺度不恰当的问题，以及满足校园活动复杂性的内涵要求（图7-9）。

例如，机械加工等制造业类专业在实训时会产生大量的生产性废料，因此，在管理时需要将其及时运出校园。同时，在实训时还需要投入原材料等。此外，机械类设备和汽修类设备在运行过程中会出现损耗，也需定期进行检修及零部件更换。这些因素要求在实训楼附近建立便捷的货运流线，且该流线应避免穿过校园其他区域，其道路应与校园次入口相邻，以保证货运流线的便捷通畅，同时也确保了和教学楼之间人行流线的连续性。

图7-9　玉环市中等职业技术学校总平面图

图片来源：浙江工业大学工程设计集团

3）功能分区

职业技术中学教学工作的重点与特殊性均体现在实训教学方面，其相应的“实训区”是区分职业技术中学和普通高中校园的主要标志，具有独特的功能构成，这也是反映职业技术中学属性的主要指标。在对中职学生使用场所频率的调查中，我们发现实训区不仅是中职学生在课堂上的重要学习场所，更是中职学生在课后和教师、学生交往的重要空间。因此，合理规划实训区的空间，显得尤为重要。就规划单元布局而言，宜把实训区置于规划单元中心位置，以形成联系教学区和运动区的纽带和生活区的中心（图7-10）。

与普通高中相比较，职业技术中学的公共服务区和外部行业、企业联系的频率更高，具有高度的对外开放特性。中职教育为了更好地发挥实训教学功能，往往着意加强企业参与学校教学工作的

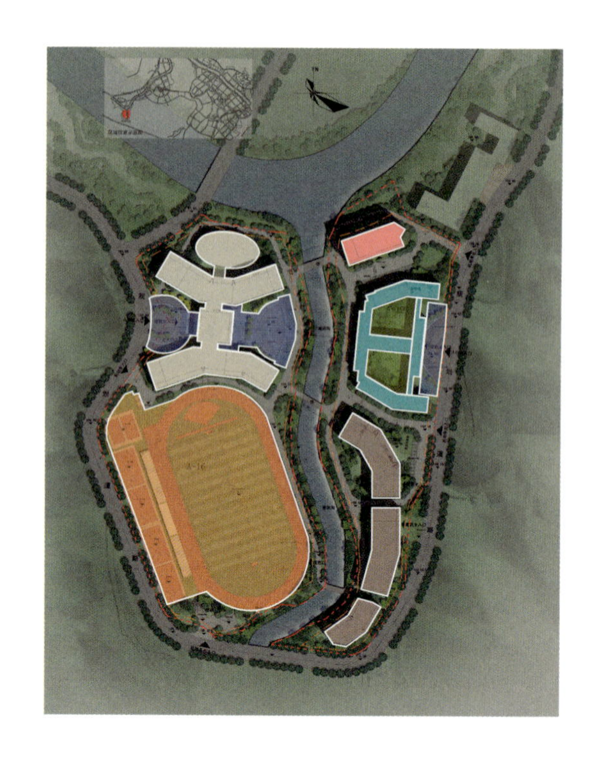

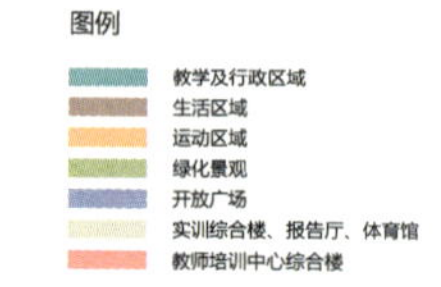

图7-10　文成县职业高级中学总平面功能分区图

图片来源：浙江工业大学建筑设计研究院

力度。因此，职业技术中学必然需要和产业、企业之间建立联系。职业技术中学的公共服务区应当设置在校园主入口附近，并具备会议座谈、交流展示功能，并且需要配置符合内部办公和来访者所需的停车空间。

（2）职业技术中学建筑设计策略

实训楼是中职教育实施实训教学的重要场所，它既是职业技术中学的核心建筑，同时也是职业技术中学区别于普通高中校园的主要建筑。因此，关于职业技术中学校园建筑设计策略的论述主要围绕实训楼展开。

1）实训楼设计策略

各类专业实训课程的教学与普通教学课程存在差异，既有受外界环境影响的课程，同时也存在对内部空间环境有特殊要求的课程。这就要求对楼层平面功能作进一步的分区设计，具体策略是：将平面功能划分为三大分区，也包括受外界环境影响的空间、对内部物理环境有特殊要求的空间和过渡空间。过渡空间主要是指教学辅助空间，包括交通空间以及公共服务空间。这些过渡空间可布置于其他两种功能之间，以增加空间拓扑关系中干扰要素之间的间距，最大限度地减少相互干扰。

实训楼通常采用的平面形式有“一字形”“L形”以及“回字形”。在各种平面形式下，上述三个功能分区之间的位置关系如图7-11所示。从建筑整体来看，这三种平面类型均可根据使用需求进行深化布置和调整。在采用“一字形”的建筑单体中，平面空间常呈现对称式布局方式，因此，可将门厅、展览厅、图书阅览室、教研室和楼梯电梯等过渡空间布置于平面的正中，并将受外界影响的空间和对物理环境有特殊要求的空间布置在其两侧。这种布置方式既满足了使用需求又保证了建筑美观性，同时也避免了公共开放空间之间的相互干扰；在“L形”平面布局中，可利用形体转折区域布置储藏室、楼梯电梯间、卫生间和配电室等过渡空间，其他两类功能分区在平面上各自占据一翼而不相互干扰。这种布局模式可使室内面积得到充分利用，同时也有利于室外交通和公共活

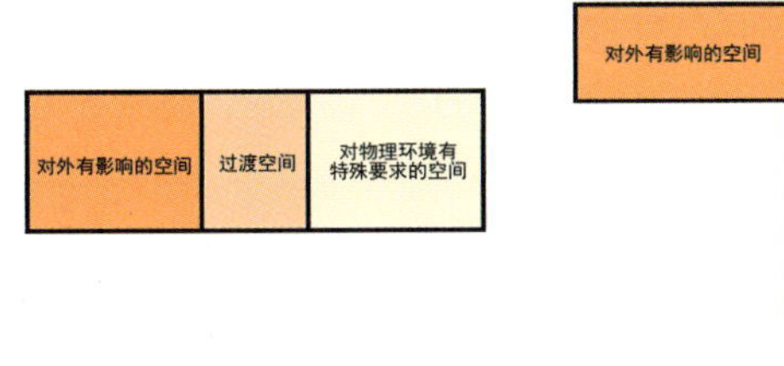

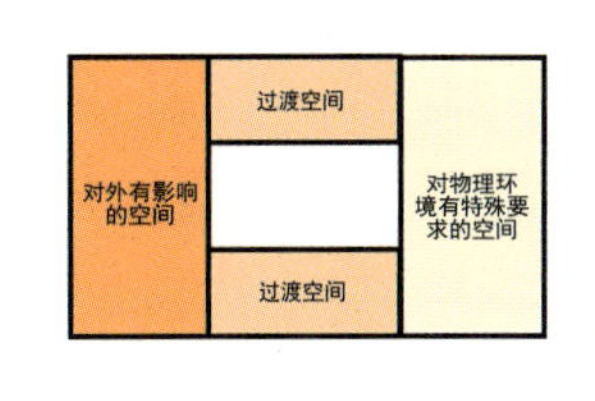

图7-11 功能分区的三种形式

图片来源：中等职业学校制造业类实训楼空间适应性设计研究[D]. 重庆大学，2016.

动；在“回字形”平面布局中，由于建筑围合形成内院，因而也增加了平面本身的对外接触面积。其中，南、北向两翼作为主要功能空间，并在另外两翼布置辅助功能区。在此基础上，可把受外界影响和需要特殊物理环境的空间分别布置于南、北向两翼，并在其他两翼布置过渡空间。

2）实训室设计策略

实训室是展开专业技能教学的主要场所，也是组成实训楼空间的必备元素，是实训楼中面积占比最大的部分。不同类型的实训室需要配备相应的实训设备，供不同专业教学课程使用。在实训教学中，学生被划分成多个班级小组，在不同实训室里展开学习。因此，每个实训室均为一个完整、独立的实训场所。在实训室中，作为教学主体的教师和学生共同参与教学活动。首先，任课教师讲解操作流程和注意事项，并对操作方法进行实际示范。接下来，学生按照教师的讲解进行模仿训练。在此过程中，教师将从旁协助并纠错指导，学生接收到这些反馈信息后，再反复操作练习，直至熟练掌握。根据该互动教学过程，实训室内部空间可分解为实践操作空间和说明演示空间两大部分（图7-12）。

图7-12 理论实践一体化教学模式下的实训空间模型

图片来源：中等职业学校制造业类实训楼空间适应性设计研究[D]. 重庆大学，2016.

（3）职业技术中学景观规划策略

1）景观设计发挥育人功能

与其他各类校园类似，职业技术中学的校园环境能够起到环境育人的作用。职业技术中学大多采用寄宿制，学生的大部分时间都在校园里度过，故对于校园景观风貌有更高的要求。中职学生可能存在身心发展不平衡、情绪心态动荡等心理特点，因而校园环境对学生的心理健康、问题疏导等方面都具有重要的影响作用。职业技术中学的景观设计宜采用本地普通乔木、灌木与观赏植物结合的方式，营造错落有致的自然氛围，唤起学生对自然环境的热爱，并提高景观亲和力，以满足中职学生在寄宿生活中的归属感等心理需求（图7-13）。亭、廊等景观小品宜采用具有地方特色的建筑类型，在传承民族文化精神的同时，也保留当地的传统文化特色，有助于创造具有浓郁地域特色的景观，从而加强学生对环境的认同度与亲近度。

2）景观设计增强人文氛围

职业技术中学的人文氛围往往相对较为淡薄，不如大学、重点高中等校园历史文化积淀厚重。因此，职业技术中学的规划更要注重人文氛围的营造，利用各种方式来改善校园人文环境。在规划阶段，可以通过优化建筑外形、装饰景观小品等方式传递人文精神。此外，还可以在校园的主轴线

图7-13　武义县职业技术学校校园景观
图片来源：浙江工业大学工程设计集团

或节点处布置有丰富背景和内涵的雕塑或景观小品，以陶冶情操。上述方法均有助于将人文精神寓于环境之中，并且可以构成学校的标志性形象符号。

7.2 特殊教育学校

特殊教育学校是指由政府、企事业单位、社会团体、其他社会组织及公民个人依法设立的专门针对残疾儿童、青少年的义务教育机构。在我国，特殊学生一般指身体有残疾和障碍的学生。在医学残疾标准的基础上，结合我国特殊教育对学生的安置模式，将处于九年制义务教育阶段的特殊学生分为视力障碍学生、听力障碍学生和智力障碍学生。基于招收学生的障碍类型不同，特殊教育学校可分为四大类：盲校、聋校、培智学校以及招收两种或两种以上障碍类型的综合型特殊教育学校。

根据国家统计局近20年的数据统计，残疾人群整体的受教育程度逐年上升，未入学的学龄残疾儿童数量逐年降低。在国家政策的支持、各部委的推动和地方政府的积极配合下，我国特殊教育的覆盖面和教育质量不断提升。我国第一所盲人学校由英国传教士威廉·穆瑞于1874年创立，位于北京，名为“瞽叟通文馆”，即现在的北京市盲人学校。当时，特殊学校以私人教学和教会办学为主，具有宗教慈善性质。截至中华人民共和国成立前，全国共有42所聋哑学校。中华人民共和国成立后，我国在1951年出台规定，要求“各级政府要设立聋哑、盲等特殊教育学校，对生理上有缺陷的儿童、青年和成人施以教育”。改革开放后，特殊教育开始蓬勃发展。20世纪90年代后，随着教育理念的深入发展，特殊教育的“随班就读”形式得到了广泛的认可，特别是农村地区对特殊学生的安置能力得到改善，进而逐步形成了以随班就读为主体、特殊教育学校为骨干的特殊教育安置体系，并发展至今。

7.2.1 特殊教育学校的现状

（1）学校分类及相关案例

1）盲人学校

北京盲人学校原身为中国第一所特殊教育学校——瞽叟通文馆。该校位于北京市海淀区的西三环和西四环之间（图7-14），其教育类型覆盖了学前、小学、初中、高中及成人阶段，学生包括视力障碍学生和部分多重障碍学生。该校的教学规模为14个教学班，共168名学生，同时开设一个学前班和多重障碍班，专职和兼职教师共50人。学生按照盲生和低视力分类教学，盲生以盲文为主，低视力以汉字学习为主。

北京盲人学校的校园占地面积2.97万m^2，建筑面积3.14万m^2，整体结构紧密，校园北侧为学生宿舍区，与东侧的体育活动区相邻，方便学生就近活动（图7-15）。在场地设计中，充分考虑了无障碍需求，设置了完善的盲道、视线引导视觉标志等无障碍措施。南侧为主要教学区域，与社区接邻，并设置了实践基地，可直接对外服务。

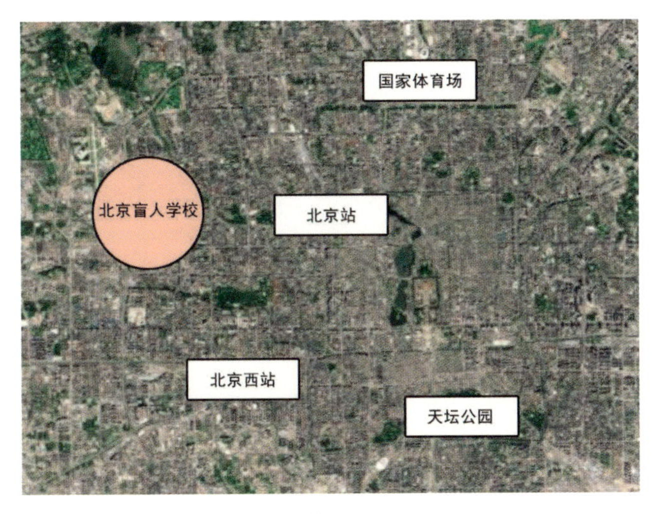

图7-14 北京盲人学校现状区位图
图片来源：百度地图改绘

图7-15 北京盲人学校校园现状总平图

2）聋人学校

以杭州聋人学校（原杭州市聋哑学校）为例。该校创建于1931年，是浙江省历史最悠久、办学规模最大的一所聋人教育学校（图7-16）。学校是一所集学前教育、九年义务教育、高中教育（含普高、职高）为一体的综合性聋人教育学校。当前办学规模为32个教学班。

杭州聋人学校建校时间早，原校址地处于城市中心区，2005年整体迁址重建。新校区远离市区，用地相对宽松。迁建后的杭州聋校建筑面积约35000m^2，可容纳54个教学班。其校园规划工整，总体布局沿南北纵向轴线两侧展开，西侧为教学区，东侧为体育活动区，北侧为生活辅助区，功能结构完善合理（图7-17～图7-19）。建筑通过连廊形成半围合的院落单元，方便学生在雨雪天气下活动。

3）启智学校

广州市越秀区启智学校是一所九年一贯制的公立培智学校（图7-20、图7-21），现有18个班，约220名学生，年龄在6～18岁，主要包括了智障、脑瘫、自闭三类特殊儿童。越秀区启智学

图7-16　杭州聋人学校现状区位图
图片来源：百度地图改绘

图7-17　杭州聋人学校校园现状总平图

图7-18　杭州聋人学校体艺楼照片

图7-19　杭州聋人学校教学楼照片

校建制于1990年，独立建校于2003年，校园用地邻近城市中心区，用地面积较为局促，现占地约3700m^2，虽然总建筑面积较少，但容积率接近3。校园内仅有2栋建筑，通过连廊相连，整体呈工字形布局。该"工字形"的上翼较长，为学生主要活动区域。其中间的空地为学生体育活动场地，由于用地面积不足，未设置直跑道，仅设置了一个篮球场、一个羽毛球场及绿化活动场地。

学校内功能用房比较齐全，共有教室60多间，包括普通教学区、专用教室、康复教室办公室、会议室、小礼堂、教师资源中心、家长资源中心、随班就读教育指导中心、越秀区特殊教育师资培训中心以及广州市弱智儿童综合测检中心等多种类型的功能空间，并在有限的用地条件下实现了相对完善的功能配置。

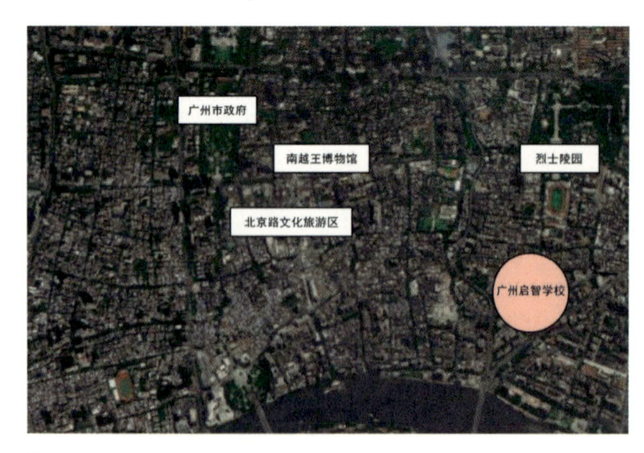

图7-20　广州市越秀区启智学校校园现状区位图
图片来源：百度地图改绘

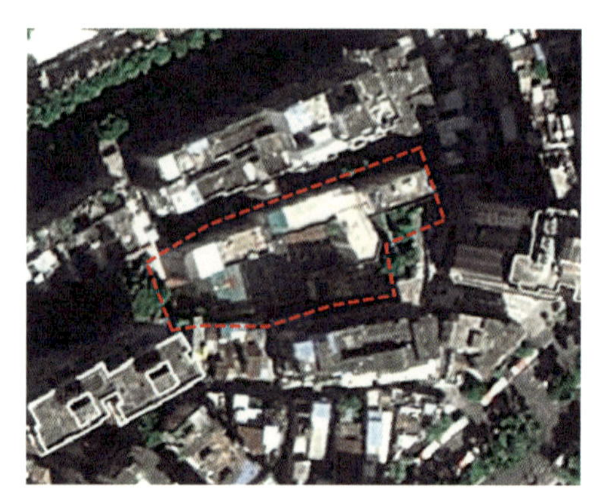

图7-21　广州市越秀区启智学校校园现状总平图

4）综合学校

浦东新区特殊教育学校成立于2002年5月，并于同年9月1日开学（图7-22、图7-23）。目前，学校共有30个教学班、312名学生，招生对象包括听力障碍、智力障碍和脑瘫三类特殊学生，是目前全市仅有的一所为多种特殊学生服务的高标准、寄宿制、现代化、综合型特殊教育学校。学校占地26亩，总建筑面积10678m^2。学校建有教学行政楼、康训楼、室内体育馆，配有各类多功能的现代化教学辅助设施，并做到了校园网络全覆盖。

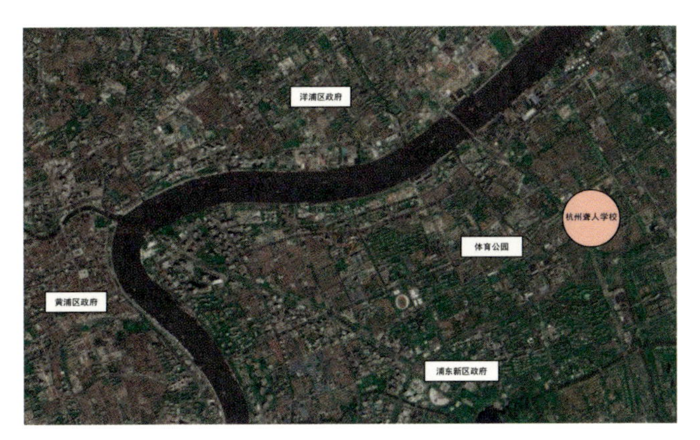

图7-22　上海浦东新区特殊教育学校校园现状区位图
图片来源：百度地图改绘

图7-23　上海浦东新区特殊教育学校校园现状总平图

（2）校园选址与平面布局

特殊教育学校的校园选址与平面布局联系密切，但同时也受到建设规模的制约。总体来说，其选址与平面布局受用地条件、建设规模以及招生规模三类因素的影响。

1）校园选址

目前，特殊学校的建设选址一般分为两类。一类是原址建设，主要体现在一部分老牌的特殊教育学校建设中。由于其建校较早，且得到了政府和相关机构的支持，因而其邻近市中心的校园用地得以延续至今，能够为特殊学生的就读提供便利。对于这一类型，通常在既有用地和建筑的基础上采用新建或扩建建筑空间的方式来适应特殊教育发展的需求，但受制于紧张的用地条件，其教学规模很难有大幅度发展。

另一类则是异地重建。20世纪90年代，随着城市化进程加速，一些原本处于城市边缘的地区也逐渐转变为地价昂贵的城市中心区，使得一些历史悠久的学校出现扩建无地可用的状况。因此，异地选址重建便成为更好的选择。新的选址可以大幅度扩大空间容纳规模，可招收更多特殊学生，但同时也存在着地域偏僻、缺乏配套设施以及与社会脱节等问题。

2）平面布局

特殊学校的校园平面布局主要分为集中式布局与分散式布局两种。对于原址建设的学校，其区位条件优越、交通便利、周围配套设施齐全，但用地不足，因而多选择采用集中式布局。从学生角度而言，集中式布局的优势主要在于其主要功能用房集中于少数几栋楼内，能够节省交通成本，提升学习效率。由于主楼在规划之初几乎无法预留出充足的发展空间，扩建余地比较小，这使得扩建成为这种模式下最主要的问题。

分散式布局一般适用于学校用地相对宽松的情况，在异地重建的校园建设中被普遍采用。由于用地条件良好，校园容积率相对较低，大多采用低层建筑模式，留有充足的室外活动场地。分散式布局在采光、通风、学生活动场地等方面具有明显的优势，可为学生提供较好的空间环境，同时也为未来扩建提供了充足的余地。但是，该模式下的长距离交通也为行为障碍的学生带来了诸多不便。

（3）建设现状问题与分析

特殊教育校园建设起步很早，但发展相对较为缓慢。目前，在规划设计方面主要存在以下问题：

1）在选址与规模方面，存在校园选址不适宜、用地规模不足等问题；

2）在整体布局方面，存在功能分区不明确、扩展用地不足、公共空间缺乏等问题；

3）在功能用房方面，存在平面处理大众化、缺乏针对性、功能用房数量紧张、教室面积不足、功能较为单一等问题；

4）在细部设计方面，存在安全防护措施不完善、因管理和建设年代老旧而造成安全隐患、对学生感知特点考虑不足以及无障碍设计有缺陷等问题。

7.2.2 基于行为障碍特征的空间需求

障碍特性导致特殊儿童与正常儿童在心理和行为特征上皆有较大的差异，这些差异会直接影响到校园的规划与设计。特殊学校建设必须以这些要点为核心进行设计，以保障特殊学生在校活动的安全。

对于特殊儿童障碍特征的研究，主要分为以下四个方面：感觉、知觉、社会适应能力及身体发展特征。通过对这些特征所导致的特殊行为的心理学分析，可以明确其空间层面需求，从而指导相关建筑设计。

（1）感觉特征和行为特点

方俊明在《特殊儿童心理学》中指出，感觉是“人们对于客观事物个别属性的反映，是客观事物个别属性作用于感官，因此器官活动产生的一种主观映像，受主体心理活动的制约，对人的感觉产生影响”①。简而言之，感觉是人对外界信息刺激的一种感受。人感知环境和事物的感觉多种多样，其中包括视觉、听觉、触觉、嗅觉、振动觉以及运动觉等多种感知能力。

特殊学生的感觉缺陷分为两类：一类是由于某些特定功能感觉器官的缺陷，造成的对应感觉能力不足；另一类是由于各种感觉之间统合信息能力的缺陷，造成的感觉统合能力失调。感觉具有补偿能力，当某些器官失去感受能力之后，身体会通过调整其余感觉器官和相关器官的功能，从而获取对环境的感知，例如失明者耳朵通常会更加灵敏等。

第一类情况一般表现为视力障碍和听力障碍，也包括发展性障碍。以听力障碍学生为例，由于其不能通过声音来判断周围环境状况，因此视觉便显得格外重要。听障儿童交流方式多依靠手语，教学时会以双语教学为主。在环境的处理上，为了保障交流，首先需要保证其空间的亮度以及交流双方的位置关系，且由于师生的注意力均集中于手势和交流者个体，因而需要相对固定和不受外界打扰的空间环境。

---

① 方俊明，雷江华．特殊儿童心理学［M］．北京：北京大学出版社，2015.

第二类情况中，由于特殊儿童的特定感觉系统缺失，导致感觉系统与运动系统之间的信息传递不协调、不顺畅，造成与外界环境的互动不敏感或过于敏感，容易发生感觉统合失调的现象。例如，大运动障碍学生表现为行动时移动速度较慢，同时需要较大活动空间，包括在走廊中的水平移动、上下楼梯等活动，均需要较大活动空间。同时，这类学生难以控制身体活动，有时会误伤他人。因此，在建筑细部的设计上，尤其需要考虑通用的无障碍设计。

（2）知觉特征和行为特点

知觉指人们通过感觉得到外界信息后，大脑对信息进行加工而得到对事物的整体认知。知觉可分为空间知觉、时间知觉以及运动知觉三类。特殊儿童的各类知觉能力均有不同程度的障碍，具体表现为知觉能力不足、抽象思维能力弱、空间认知能力有限三点。

1）**知觉能力不足**。主要表现为知觉反应慢、对需注意的信息辨识度低。因此，按照普通学生行为标准设计的标识系统往往不能有效地引起特殊学生的注意，故对于重点信息要给予足够的强调，以引起障碍学生的认知和注意。在建筑设计中，应重点关注两方面：一是注重安全标识的设计，因为障碍儿童知觉辨识度低、难以察觉安全隐患；二是信息表达应简明扼要，因为发展性障碍学生知觉容量小，无法同时记忆太多的信息，因此，最好采用简洁具象的方式。

2）**抽象思维能力弱**。在校园建筑中，抽象信息主要包括视觉信息、听觉信息和触觉信息几类。视觉抽象信息是抽象信息中最主要的部分，包括可视化的图像、符号等，要求简单易懂。听觉抽象信息包括语言信息和声音讯号，例如警铃等。信息的抽象度较高，对于发展性障碍学生来说其理解尤其困难。触觉信息主要指，在人体尺度范围内通过手脚接触能感受到的材质变化，如摩擦力纹理、光滑度以及冷暖等方面的变化，以此传达信息。触觉信息主要面向触觉注意度较高的人群，如视力障碍、听力障碍学生。

3）**空间认知能力有限**。空间认知能力对于儿童来说非常重要，但特殊儿童在认知过程中获取信息和建立空间表征均存在困难，由此导致很多看似简单或正常的建筑空间组织和标志性节点设计对于特殊儿童而言可能产生空间认知障碍。因此，特殊教育学校的空间形态、空间组织、空间节点等的设计应该有利于补偿学生的认知缺陷，改善和提高他们对于所在环境的认知能力，以便更好地形成心理地图，提升他们对校园环境的认可，避免陌生环境带来的焦虑和不适，以及由此引发的不当行为。

特殊学生的空间定位模式倾向于相对定位，即基于自身所在位置来确定周边环境和事物方位。因此，在校园建筑的总体布局以及室内空间流线的组织过程中，应尽量简化道路的层级，提高空间的秩序性，降低流线的复杂程度，提高可达性。例如，教学用房、门厅与中庭之间的流线和结构关系应清晰明了，可使得学生更容易建立学校学习环境的心理地图。

（3）社会适应能力和行为特点

社会适应行为是指学生处理日常生活的有效行为，社会适应行为包括人际关系、责任、遵守规则以及回避危险等。特殊学生由于存在身体障碍容易产生心理问题，并导致社会适应能力方面的问题，尤其以发展性障碍学生更为明显。

1）**语言与沟通问题**。语言障碍导致的主要问题是特殊学生与其他人之间的交流方式与正常学生有所区别，这既有感官带来的问题，同时也受交流方式本身的影响。视力障碍学生的语言和言语问题主要是由于交流不畅所导致的，可以从缺陷补偿的角度为学生交流提供更多的空间，以促进学生与学生、学生与家长、教师之间的正面沟通交流，并从建筑设施、建筑细节设计等方面，减少不必要的沟通，以提高学生在校期间的活动效率。例如，在封闭房间设置必要的观察窗口，使学生不必进入教室就可知道室内情况，减少必须敲门、开门的动作。发展性障碍学生的语言和言语问题是由认知障碍导致的，需要教师给予足够的关心和指导，既包括班级集体指导，同时也需要个别指导。因此，教学空间的组成应丰富灵活，有利于教师随时根据学生活动展开针对性的教学指导。

2）**情绪过度敏感问题**。情绪过度敏感容易导致突然性大声尖叫、不可控跑跳等行为。一方面，可能引发学生个体的安全问题；另一方面，如果学生过激行为持续一段时间，则也会影响校园内的正常教学和生活。对此，在建筑设计中可从两方面来应对情绪过度敏感问题：一是必须保证学生在非正常情况下的安全，当学生处于过激情绪时，无法注意到相关安全提示和保护措施，部分学校在上课期间将智力障碍学生的活动区域通过门锁完全封闭起来，虽然有利于管理，但为安全疏散埋下极大隐患；二是在学生日常活动的教学区和生活区设置平绪空间，如游戏放松室、音乐治疗室以及宣泄室等专门的平绪用房，在教学区还可通过设置多样化的一对一独立空间，让学生平复情绪。

（4）身体发展特征与行为特点

与普通儿童相比，特殊儿童不仅在感官、智力水平及适应能力上有明显差异，在身体发展上也有一定差距。一般来讲，障碍越严重的学生其身体发展与普通儿童的差距越大。身体发展的具体指标包括身体形态的发展、身体素质的发展和神经系统的发展等。特殊儿童的身体发育随着年龄增长有较大改善，可以完成基本的适应行为，但最终与普通人仍有一定差距。特殊校园建设要适当考虑其身体发展特点。

1）**适当缩短通行距离**。考虑到学生身体素质有限，以及肢体活动能力有限，应适当减少学生的通行距离，缩短通行时间，以利于教师在各种情况下组织学生活动。通行距离包括日常交通往返距离以及紧急疏散时至疏散口的距离。

2）**室内桌椅配置的灵活性**。由于学生个体间差异很大，即使同一年级的学生其身体发育差距也很大，因此，室内家具和可操作设施的高度、力度设置应具有适应性、灵活性。如学生学习桌椅的高度、储物柜的开门等要适当照顾发育严重迟缓的学生，同时，也要考虑学生步入更高年级后身体发育状况的改善。

3）**空间的精细化设计**。由于学生的精细动作能力低，所以对需要操作的设施应尽量简化，包括操作步骤简化以及操作方式简化等。如电源开关尽量设置盖板式开关，不设按钮、旋钮式，房间疏散门的把手应以推动式为宜，不设上下旋转式。

4）**安全保护措施**。特殊教育学校学生的身体素质欠佳，对个体运动的控制能力较弱，过度跑跳容易产生碰撞等事故。因此，应在学生活动的室内、走道等位置设置足够的安全防护设施，包括软包、贴壁板以及声音提示等。

7.2.3 空间设计策略

基于特殊儿童的前述障碍特征，可从以下方面考虑其空间设计：

（1）设计原则

学生在校的主要目的是学习与生活，特殊学生有着同样的需求。同时，在特殊学校设计中也要考虑障碍特征下的特殊需求。特别是在满足普通中小学设计原则与规范的基础上，进一步满足特殊教育学校的设计要求。

1）安全原则

特殊障碍学生的缺陷特征使得普通中小学设计无法满足其安全需求。因此，在校园建筑的设计中需要配置教师与家长的陪护空间，以及其他安全措施等，以减少安全隐患。

2）缺陷补偿原则

对生理缺陷的补偿是实现特殊教育的必要基础条件。缺陷补偿是针对学生的障碍特征，通过其他感官代替、改善或者促进，使得学生能够实现教育目标。因此，在校园设计中应遵循缺陷补偿原则，辅助学生进行学习与生活。

3）个别原则

个别原则是指针对每个学生不同的特点，制定个别化的学习计划，实现单独的学习进度。由于“没有两个特殊学生是相同的”，因而在设计校园时应该重视灵活空间的设计，为学生和老师提供个别化教育空间场所。

4）生活化原则

特殊学生学的不仅仅是知识，而且需要学习如何生活。因此，教育的场所不仅仅包括普通的教室空间，也包括日常的课外生活场所，例如走廊、操场、宿舍等。学生在沉浸学习氛围的同时，也尽可能掌握日常所需的生活技能。

（2）设计策略

1）简洁合理的校园布局

特殊教育学校在遵守普通中小学设计标准的基础上，需要更加精细化、人性化地考虑特殊学生的需求。普通校园空间一般包括教学区、生活服务区、运动区以及行政办公区，特教学校则还包含了康复区和职业培训区。复杂的功能分区容易为特殊学生带来不必要的困扰，造成其感知混乱，进而引发不良影响。因此，设计师需要设计出简洁合理的校园布局（图7-24、图7-25）。

①降低环境干扰策略。日常生活中包含了大量的信息刺激，普通人能够提取其中有用的信息来感知周围环境，但特殊学生容易受到无用信息干扰，从而产生不利的影响。在校园空间布局过程中应充分考虑周围环境干扰，例如噪声、光污染等，尽量降低它们的负面影响。在此基础上，还应将相对安静的教学区域与其他活动区域分开布置，例如将体育馆、教学楼与宿舍区等分隔开来，从而避免相互干扰。

②功能空间糅合策略。大量的功能分区可能导致复杂的空间组织。因此，可以通过功能糅合的方式将校园分为几个大的区块（图7-26）。诸如教学与生活空间糅合处理，可作为学生主要的生活学习场所，布置在校园的核心位置。同时，缩短教学与生活区之间的通行距离，以减轻学生和老师的交通负担。此外，康复与职业培训空间也可作糅合处理，因为二者均具有一定的社会服务性质，需要考虑提供对外服务。例如，医教结合布置的康复用房，不仅可以为在校学生提供康复服务，也能为社区提供就近的康复场所；又如特殊教育下的职业培训，能够让特殊学生更好地与社会接触。运动和行政管理等区域则可按相应需求，进行灵活布局。

2）灵活多样的空间设计

特殊教育学校具有更为复杂的功能分区以及更为灵活多样的空间需求，需要考虑特殊儿童障碍特征的设计策略。特殊教育学生在校的主要目的是学习如何融入社会，并学会基本的生活技能，还

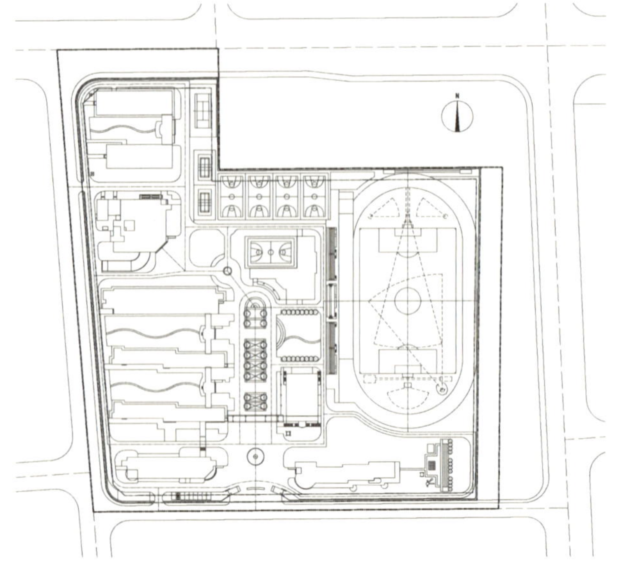

图7-24　杭州聋人学校总平图
图片来源：浙江工业大学工程设计集团有限公司

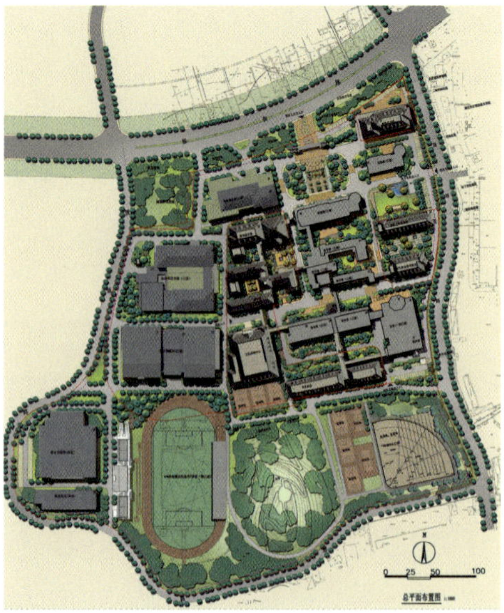

图7-25　浙江特殊教育职业学院总平图

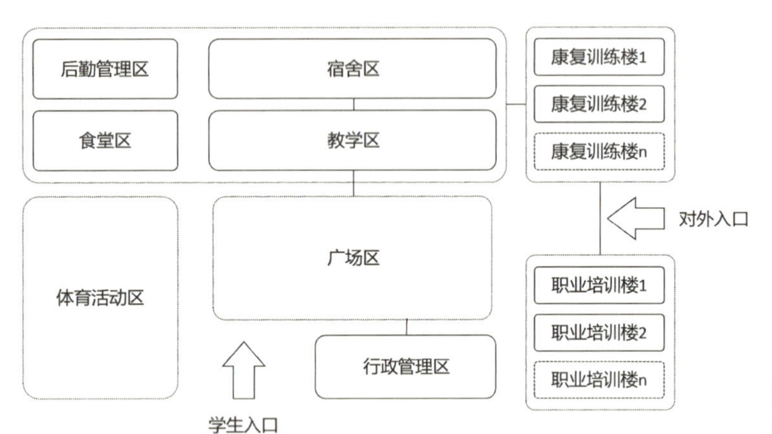

图7-26　功能分区示意图
图片来源：作者自绘

需要保证其在校期间的人身安全。相应的设计策略主要包括学习空间、交流空间以及过渡空间三个方面。

①**学习空间设计策略。**特殊教育学校的教学单元可采用综合化策略。常规学校一般采用带状教室结合小空间组合的方式来布局。例如，在廊道尽头附加卫生间、办公室等（图7-27）。特殊教育学校不同于常规院校，需要设置教学组团。因此，可在教室之间插入小型辅助空间（图7-28），以满足个别化教育需求。低龄特殊儿童缺乏安全感，需要家长在校陪同，可就近设置家长陪同室；学生独立性较差，需要教师时刻关注教室内的学生状况，可就近设置教师办公室等。此外，随着特殊教育教学方式的提升，多媒体教学越来越普遍，可就近设置设备用房，以达到更好的教学效果。

②**教学空间开放化策略。**教学不应该局限于教室内部，可与教室外开放空间相结合。开放学习空间由以下几种方式构成：一是扩大教室外廊道空间，使得每间教室均拥有各自的开放空间，如在廊道空间中设计阅读交流等功能区辅助教学；二是由教室围合形成中庭（图7-29），既有利于保证教室通风与采光，学生可以相对安全地接触室外、呼吸新鲜空气；三是结合特定功能，形成综合开放空间，如由若干教室以及康复室共同围绕一块开放空间形成组团（图7-30）。

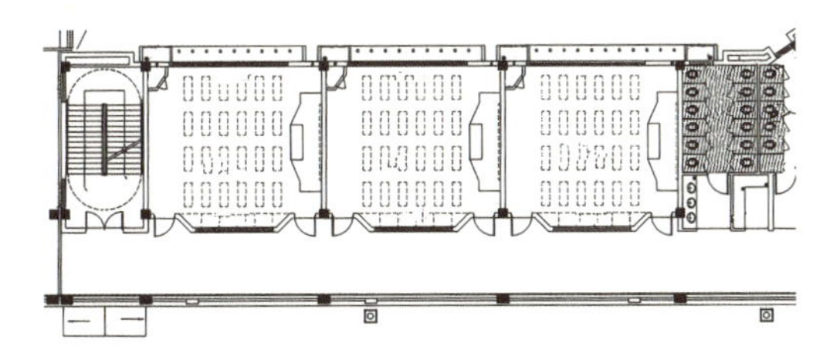

图7-27　莲都区新青林小学教室平面图

图片来源：浙江工业大学工程设计集团有限公司

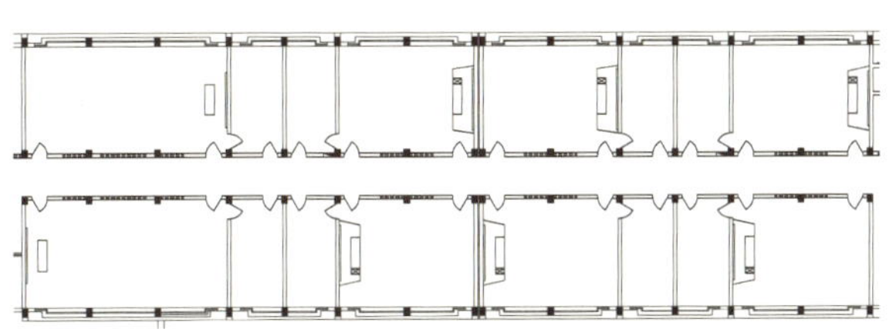

图7-28　杭州聋人学校教学单元组团平面图

图7-29　浙江省丽水市莲都区新青林小学中庭

图片来源：浙江工业大学工程设计集团相关项目

图7-30　湖墅单元27班九年一贯制学校中庭

图片来源：浙江工业大学工程设计集团相关项目

③过渡空间设计策略。过渡空间一般指建筑内的空间节点，例如门厅、中庭、交通体等。由于人群的聚集以及设备的使用很容易产生干扰，因此，设计时需要注意细节：一是过渡空间的位置，应分布在动区与静区之间的缓冲地带，降低动区对静区，如教室的影响；二是过渡空间的尺度可适当增加，以尽快疏导人群；三是增加过渡空间的透光性并采用对比鲜明的色彩，从而使其具有导向性，从而为障碍学生提供便捷的方向指引（图7-31、图7-32）。

图7-31　浙江余姚中学明德实验学校过渡空间

图片来源：浙江工业大学工程设计集团相关项目

图7-32　杭州市西湖区蒋村单元幼儿园项目廊道空间

图片来源：浙江工业大学工程设计集团相关项目

④交流空间设计策略。由于感知缺陷，聋人学生的语言能力得不到锻炼，从而引起交流障碍。因此，在聋校设计中，交流空间场所的设计相当重要（图7-33、图7-34）。首先，应保障其交流的安全性。由于交流双方的注意力集中在对方的面部以及手语上，容易忽略环境中的危险。为保障安全起见，校园设计应在人车分流的基础上，设置多个零散的休息座椅，为学生提供临时停留交流的空间。其次，应保证光线的充足。由于聋人学生主要通过视觉交流，因而需要在室内配置充足且均匀柔和的照明，以保证其视觉舒适。最后，还应保证合适的交流距离。适当的视觉接触有利于提高双方的交流效率，因而采用围合或半围合的方式设置一定的私密空间，这样既能够保障交流距离，同时又能减少外部干扰。

图7-33　天城单元地块九年制学校阅览交流区
图片来源：浙江工业大学工程设计集团相关项目

图7-34　祥符东单元地块初级中学阅览交流区
图片来源：浙江工业大学工程设计集团相关项目

3）缺陷补偿的细节处理

缺陷补偿主要指通过一定的手段来弥补缺陷。对于尚未彻底丧失感觉能力的学生，可进行强化刺激；对于彻底丧失感觉能力的学生，则可通过强化其他感觉的方式进行替代补偿。利用对建筑环境的特殊细节处理，可实现这一目的。

①视觉补偿策略。即便是视力障碍学生，大部分仍然保留着一丝残余视力，能够感受部分明暗与颜色。因此，通过设计具有韵律感的空间，引入日照或人工照明，形成较为明显的明暗对比，可加强学生对自己所处位置的感知。在一些相对重要的空间节点，可使用较为鲜艳的色彩或指示灯光来进行视觉上的引导。

②听觉补偿策略。由于不同尺度的空间所带来的混响时间不同，因而可通过对廊道与大厅的设计来提示学生所在位置。在关键节点处还可进一步通过设置不同内容和强度的背景声音以及人工提示音，来为学生提示方向。

③触觉补偿策略。特殊学生在行进中的触觉来源主要是脚底。地面材质的不同，可以明确地提示区域的转换。例如，在一层设置一个小坡或者轻微突起，在二层设置两个，以此类推来提示学生其当前所在楼层。

4）心灵疗愈的景观设计

营造舒适的校园景观可以为特殊学生提供健康的学习环境和便捷安全的生活环境。特殊学生的心理往往是封闭和孤独的，我们通过对校园环境的美化，则有益于其心灵的治愈。此外，一个好的校园景观设计，还能起到隔声消噪、净化空气、改善气候等作用。

图7-35　浙江省玉环县陈屿中心小学指向性楼梯
图片来源：浙江工业大学工程设计集团相关项目

图7-36　杭州市西湖区蒋村单元幼儿园项目过渡空间色彩
图片来源：浙江工业大学工程设计集团相关项目

①**人性化策略。**在无障碍设计的基础上，需要进一步从人本角度出发展开设计。在材质上，可采用亲和的材料，如木材、布料等，避免采用冷冰冰的钢材石板；地面可采用防滑的材料，在条件允许的情况下采用有弹性的塑胶等材料，避免学生摔伤。在色彩上，对低年龄段的学生可选择淡绿、淡蓝等色彩，以安抚其情绪；中小学则建议采用暖色调的色彩和图案，以激发其活力（图7-35、图7-36）；对于较为成熟的学生可以采用淡雅的色系，如米白色等。

②**康疗化策略。**随着医教结合理念的普及，康复空间已然成为特教学校的组成部分。好的环境同样具有辅助治疗的功效，例如利用绿色植物组成隔声屏障，从而起到隔断空间并降低噪声的作用，可安抚学生情绪。气味疗法则是采用不同的花卉，营造小型植物疗养空间，以改善学生身心健康。此外，可以尝试动物疗法，用可爱的动物来帮助学生放松。

③**教育化策略。**在广场等空间可设置有趣的互动设施（图7-37、图7-38），例如，雕刻算数、谜语或者有趣的图案，也可以在喷泉池中央设置宇宙星球运行科普模型，或在花坛中设置残障名人的雕塑等。同时，可以设置宣传窗展示学生作品成果。总之，通过营建校园文化，可以达到辅助教育的目的。

图7-37　杭州市西湖区蒋村单元幼儿园项目广场互动装置休息座椅
图片来源：浙江工业大学工程设计集团相关项目

图7-38　杭州市西湖区蒋村单元小学幼儿园广场
图片来源：浙江工业大学工程设计集团相关项目

第8章

中小学教育建筑实践案例评析

随着我国中小学教育需求的变化和教育事业的进一步发展，教育建筑的规划设计越来越受到社会各界的关注与重视。面对城市化进程的加速推进，传承与创新仍将是未来教育建筑发展的主题。

8.1 守正创新

我国现阶段的教育更重视从平等思想出发，要求将传统中小学“以教师为中心”的教育模式向“以学生为核心”的教育模式转变。教学模式已经从17世纪出现的以“编班授课制”为代表的工业化教学模式转化成富有中国特色的以“素质教育”为核心的人本化多元教学模式。“混班制”“走班制”等新模式的出现，对传统教学空间尺度、空间形式、学生动线等都产生了不小的冲击。为满足多元化使用者的需求，传统的教育教学空间形式亟待更新。有鉴于此，如何将多样化的空间融入校园中去，让学生更高质量、更高效率地使用建筑空间，这些问题都值得我们在教育建筑设计中深入探讨。

教育建筑如何既体现历史传承又结合时代进行创新，这是当今教育建筑设计必须面对的问题。建筑师需要更多地了解校园的学习空间与学习方式，以便让设计与新文化、新材料以及新工艺等有机结合起来。本书从浙江工业大学工程设计集团公司的教育建筑设计作品中精选出近30个代表作品，通过对建筑形体的塑造和对建筑空间的诠释，体现了我们工大设计集团公司对现代中小学教育建筑的理解，以及对未来中小学教育建筑发展方向的思考。一直以来，浙江工业大学工程设计集团公司都以教育建筑功能的提升与优化构建形象独特、内涵丰富、功能先进、理念超前的教育建筑，并契合最新国家、地方政策导向，努力寻找最符合新生代学子的学习生活空间，勇于发现现有教育空间模式上的不足，积极探索教育建筑未来空间新形态。

8.2 案例优选

挑选出的24个代表作品展现了浙江工业大学工程设计集团对不同类型、不同规模、不同用地情况、不同地域文化的中小学教育建筑设计理念。在方案选取的过程中，我们关注到教育建筑设计应避免范式，注重多元化，尽可能从多个方面选取典型方案，以更全面地展示集团公司在教育建筑设计方面的思考。

（1）**从建筑类型来看。**我们除了选取普通中小学的优秀案例，还将特色民办中学、异域民族学校、援建学校、职业学校以及特殊教育学校等多种类型校园选入。一来可以更完整地展现各类型教育建筑在设计过程中所采取的各种不同策略与方法；二来不同类型教育建筑在使用方面的不同需求也能在各类型的建筑空间中展示出来。

（2）**从建筑形态来看。**我们尽可能避开传统范式与套路的基本型制，而选取一些既能保证各类使用功能又形态各异的案例。建筑的革新需要先锋的尝试，而建筑形态的革新又是先锋迈出的第一步。虽然这不是未来的标准形式，但是，敢于创新、勇于实践，这才是建筑设计理念创新的重要一步。

（3）**从平面功能来看。**除了必须满足的教育教学空间，我们着重关注了公共空间的数量与质量。公共空间不再局限于传统的走廊楼梯等交通空间，而是把屋面层、地下层和架空层作为重点建设的公共空间，诸如在地下层安排接送学生就可以大大节约地上交通空间，具有接送更有序、效率更高、学生更安全等优势。除此之外，非正式教育空间的利用也是空间灵活可变性的体现。

（4）**注重新技术与建筑的结合。**在重视信息化、智能化的今天，越来越多的信息通信技术以及互联网平台正逐渐被应用于教育建筑中。建设高效的智能化管理，使得建筑在能源效用、绿色环保等方面迈出了重要的一步。人脸信息识别系统等智能监控系统，能让学生在校园内享受更高效、更便捷的生活。信息化的教学设备也可以让师生的互动更紧密，学生的学习效率和积极性得到极大的提升。

8.3 展望未来

可以这样说，国内的教育发展理念和教育建筑设计都正处在一个充满着未知、同时又蕴藏着无限潜能的发展阶段。作为新时期中小学教育建筑的设计人员、管理人员，既要保持对新教育理念变化、新技术发展趋势的探索精神，也要对既有教育教学模式、教育建筑空间以及它们之间的关联给予更多的反思，并通过多样化的校园空间设计为教育改革提供多元化途径。

最后，希望通过对下面几个典型教育建筑案例的分析，能帮助读者感受建筑创作过程的艰辛，并深化对教育建筑设计的理解与认识，以指导未来教育建筑设计实践，从而提高教育建筑的创作水平和质量，让新时代校园设计真正适应与融入教育发展的新趋势。

附：中小学教育建筑实践案例一览表

序号	学校名称	类型	规模		项目地点	竣工时间
			班级数	建筑面积		
1	宁波市惠贞高级中学	普通中学	30班	51982m^2	浙江省宁波市	2022年5月
2	杭州市钱江外国语实验学校	普通小学	24班	19075m^2	浙江省杭州市	2016年8月
3	义乌市高新区小学	普通小学	36班	57984m^2	浙江省义乌市	2021年3月
4	杭州市五常第二小学	普通小学	30班	39584m^2	浙江省杭州市	未竣工
5	金华市金东区第二实验小学	普通小学	60班	49775m^2	浙江省金华市	2021年6月
6	丽水市莲都区新青林小学	普通小学	36班	29733m^2	浙江省丽水市	2023年6月
7	杭州市文澜中学	普通中学	42班	56512m^2	浙江省杭州市	2003年4月
8	杭州市丁桥高级中学	普通中学	48班	56903m^2	浙江省杭州市	2009年11月
9	杭州外国语学校	普通中学	42班	69510m^2	浙江省杭州市	2013年9月
10	杭州市学军中学海创园校区	普通中学	12班	11453m^2	浙江省杭州市	2017年7月
11	衢州市第四实验学校	普通中学	48班	51381m^2	浙江省衢州市	2018年12月
12	建德市城东初级中学	普通中学	24班	21260m^2	浙江省建德市	2019年6月
13	临海市灵江中学（高中部）	普通中学	48班	52571m^2	浙江省临海市	2021年1月
14	威宁自治县民族中学	普通中学	120班	119900m^2	贵州省威宁自治县	未竣工
15	杭州市西兴北单元中小学	九年一贯制学校	36 班小学、36 班中学	10279m^2	浙江省杭州市	2019年10月
16	温州市泰顺明德实验学校	九年一贯制学校	36 班小学、24 班中学	62000m^2	浙江省温州市	2021年7月
17	连云港市赣榆高铁拓展区初级中小学	九年一贯制学校	18班幼儿园、48 班小学、30 班中学	94955m^2	江苏省连云港市	2022年8月
18	杭州市大关小学	九年一贯制学校	27班	42559m^2	浙江省杭州市	未竣工
19	杭州市钱江农场学校	九年一贯制学校	36班	58723m^2	浙江省杭州市	未竣工
20	杭州市星灿九年一贯制学校	九年一贯制学校	63班	82871m^2	浙江省杭州市	未竣工
21	青川职业高级中学	职业学校	30班	50445m^2	四川省广元市青川县	2010年8月
22	兰溪市职业技能培训基地	职业学校	48班	56005m^2	浙江省金华市	未竣工
23	武义县职业技术学校	职业学校	48班	210000m^2	浙江省金华市武义县	未竣工
24	杭州聋人学校	特殊学校	54班	35000m^2	浙江省杭州市	2007年6月

宁波市惠贞高级中学

项目地点 浙江省宁波市

设计时间 2019 年 6 月

竣工时间 2022 年 5 月

用地面积 63814m^2

建筑面积 51982m^2

班级规模 30 班

总体理念 日益紧缺的城市空间，快速增长的就学人口，以及居高不下的升学压力，决定了现有城市校园“效率至上”的建构原则。建筑师面对项目设计，在空间总效率不变的基础上，将“校”与“园”拆开，对效率进行重新分配，让负责教学的“校”尽可能呈现出最高效的状态，从而允许“园”呈现出一种“低效”甚至是“无效”的特征，并成为学生们可以认真“浪费时间”的地方。紧密相连的教学楼自然形成连绵起伏的屋面，教室也可以出现在屋顶，被包裹在花园漫步道之中。随着时间的推移，草木逐渐枝繁叶茂，藤蔓将爬满建筑的立柱和墙面，校园将与“空中森林”一起自由生长。

空间组织 通过“浓缩”教学空间，建筑师在教学楼面向太阳升起的地方，“腾出”了一片“空中森林”，学生一下课就可以快速到达这里，进入一片可以暂时“逃避学习”的自然之中。建筑师还尝试让一些教室不再遵守苛刻的规范，以自由形态“悬挂”在森林的各个角落，让教室不再是排列整齐的“机器”，让课堂充满野趣。

景观路径 教室之间的路径不再是两点之间最短的直线，而是呈现出一种“生长蔓延”的状态，就像森林树冠之间的“栈道”一样，萦回曲折、蜿蜒缠绕，让时间和压力在这里舒缓下来。“浓缩”后的教学楼将地面也“腾”了出来，使地面不再是被建筑割裂的“碎片”，并成为可以自由漫步的“街道”，各种公共用房自由散落在街道的两旁。

设计感悟 本项目是对城市校园设计的一次大胆探索。我们希望在高密度城市空间中，创造一座可以认真“浪费时间”的校园。追求校园“效率”固然重要，但我们认为在繁重的压力下，孩子们更需要拥有“浪费时间”的空间，可以在其中放松身心，发现美好。

校园鸟瞰图

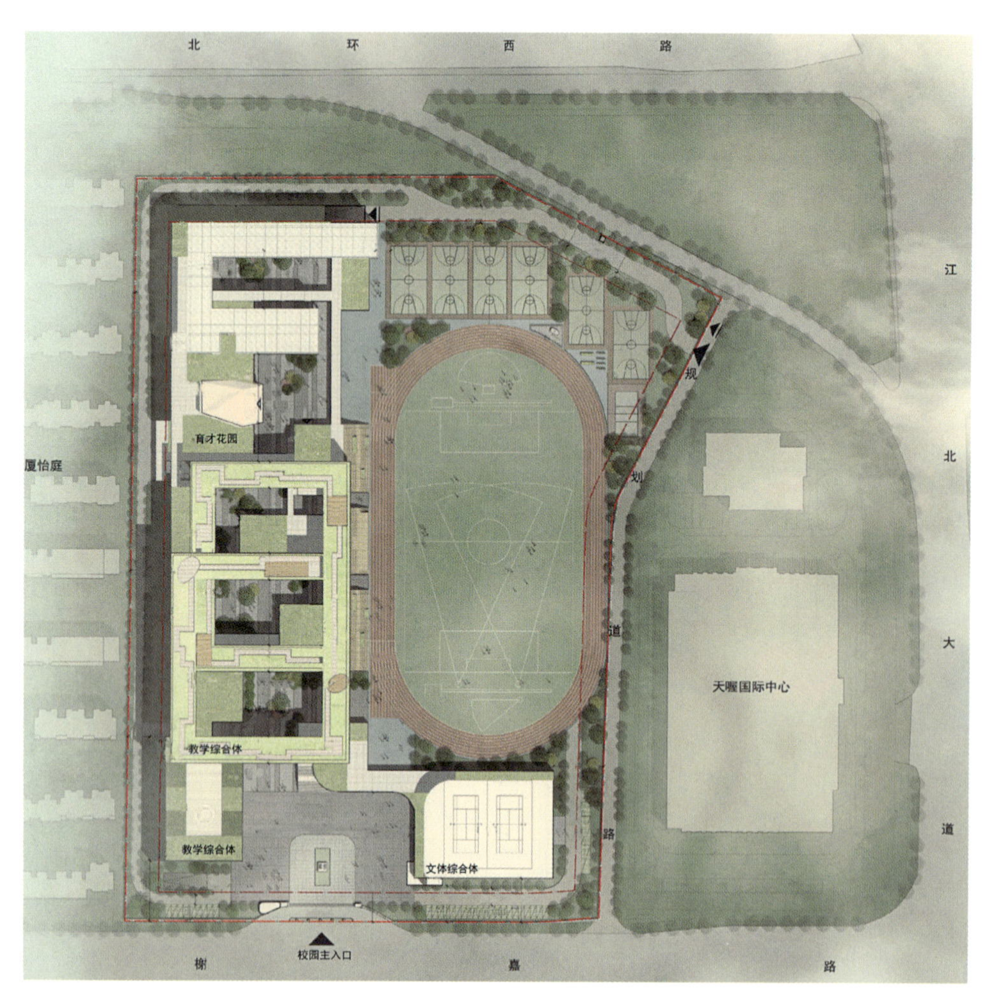

校园总平图

校园透视图（1）

校园透视图（2）

校园透视图（3）

校园透视图（4）

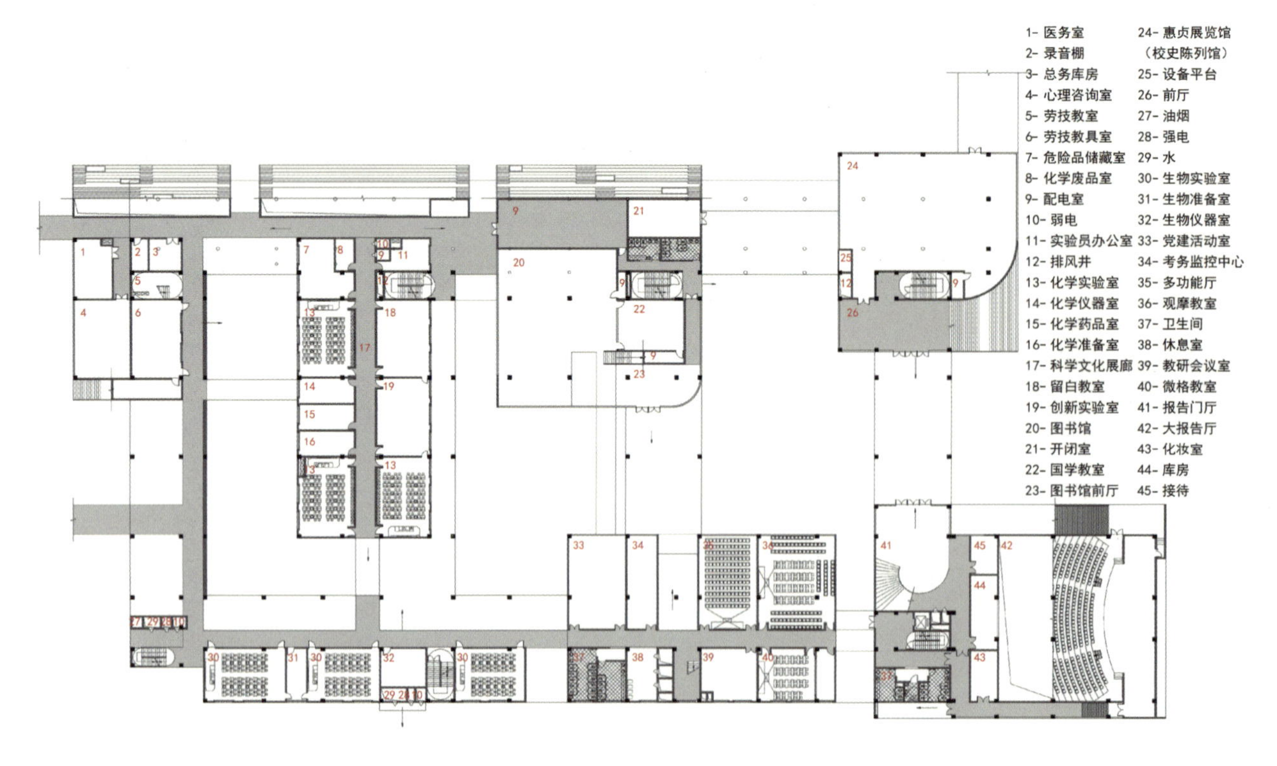

教学综合体一层平面图

校园透视图（5）

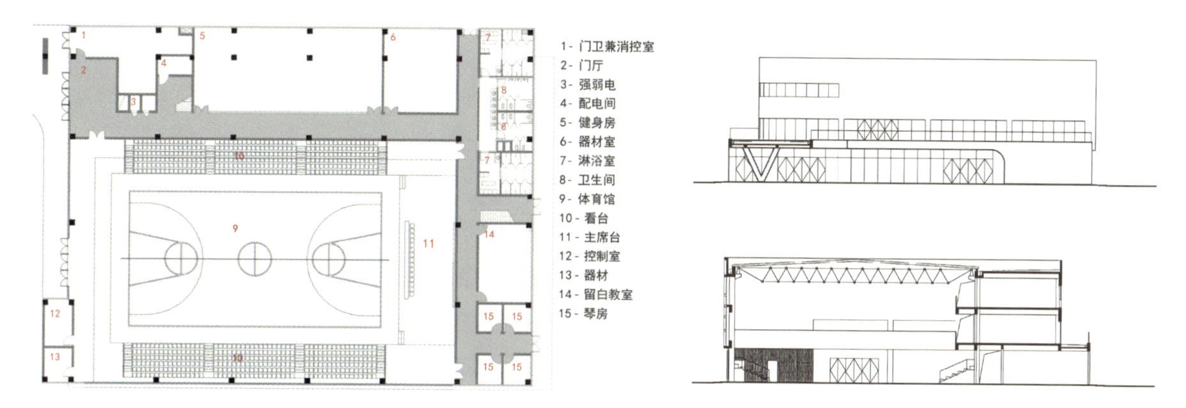

校园文创综合体一层平面图

校园文创综合体立面剖面图

校园透视图（6）

校园透视图（7）

杭州市钱江外国语实验学校

项目地点 浙江省杭州市
设计时间 2014年
竣工时间 2016年8月
用地面积 19500m²
建筑面积 19075m²
班级规模 24班

总体布局 由于项目规模和场地的限制，所以学校难以通过简单的布局形式创造层次丰富的校园空间，形成具有聚合感的室外空间。设计师将校园内几个主要的功能通过立体化的组织集中在一起，以形成校园建筑综合体，并通过建筑体量围合、错动实现对校园空间的积极处理，从而形成由公共到私密不同级别的校园空间。

空间组织 本方案采用集约化的手段来设计教学综合体。3个三维的L形体量紧密地围合、穿插与咬合，巧妙地将教学区、生活区以及运动区等功能区立体化地组织在一起，使得整个教学活动区在一个建筑综合体中得以实现。内廊空间是学生进行交往活动的主要空间，也是使用频率较高的交通空间。建筑通过内廊联系各个功能建筑，这些开放的内廊形式多样，仿佛是一个学习的街道，并贯穿起多个内部的、可提供非正式学习的公共空间。学习的街道具备多种可能性，既促进各种教育活动，也促使学生相互交流。

景观造型 整个建筑完整、大气，并具有更长的景观界面。校园景观与河道相互渗透，加上局部架空和屋顶平台景观视线的渗透，营造出多维景观以及丰富的活动场景。此外，结合连廊、架空层、活动平台营造丰富的空间层次。同时，引入不同的树木花草，结合花池、踏步等小品设计，做到花木扶疏，使学生充分感受大自然四季的变化，实现自然景观与人文景观的相得益彰。

设计感悟 校园作为教书育人的场所，本项目希望能为孩子们创造一个多样的活动空间，营造一个和谐快乐的学习氛围，并提供一个良好的、多元的学习环境。

校园现状图（1）

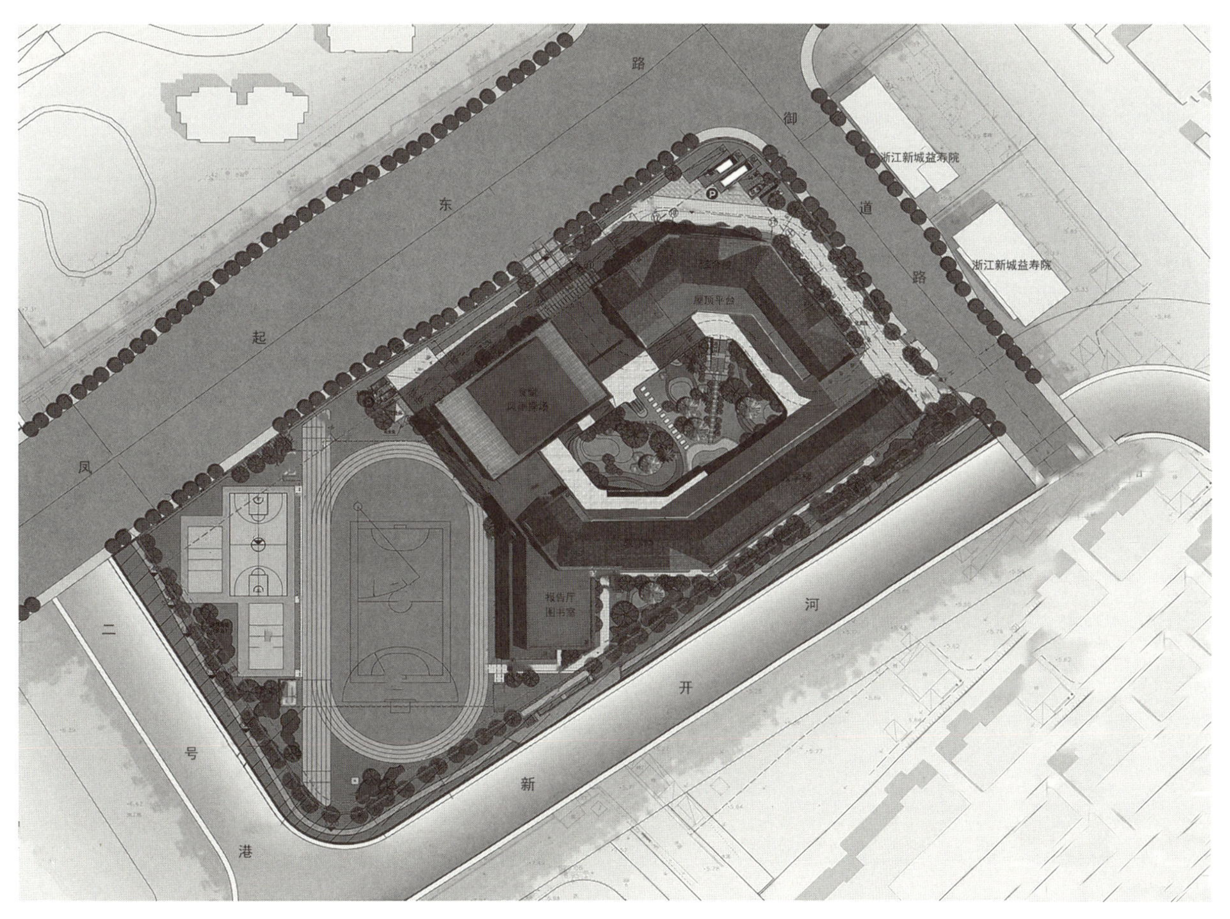

总平面图

一层平面图

校园现状图（2）

校园现状图（3）

校园现状图（4）

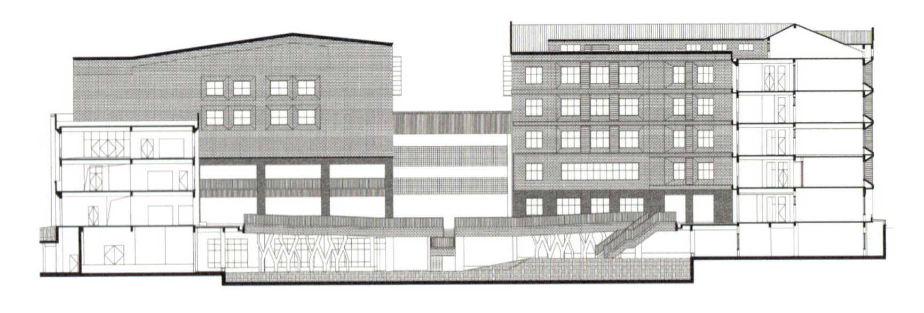

剖面图

轴立面图（1）

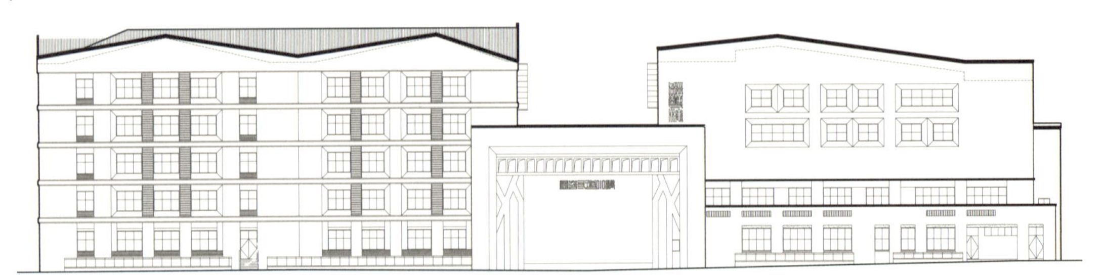

轴立面图（2）

校园现状图（5）

校园现状图（6）

校园现状图（7）

校园现状图（8）

校园现状图（9）

校园现状图（10）

校园现状图（11）

校园现状图（12）

校园现状图（13）

义乌市高新区小学

项目地点 浙江省义乌市
设计时间 2019 年
竣工时间 2021 年 3 月
用地面积 40727.76m^2
建筑面积 57984m^2
班级规模 18 班幼儿园，36 班小学，共 2000 人

总体布局 在总体布局中，校园设计采用向心呵护的空间意向迎合“生命教育”的教学理念。在用地中央设置“活力环”，将校园串联为一个整体。“活力环”内为校园中央景观及下沉小剧场，西南侧布置体育馆、游泳馆及报告厅，便于向社会开放。体育馆向北依次布置两幢教学楼，教学组团可通过“活力环”便利地到达各功能空间。“活力环”北侧布置行政综合楼及STEAM创客中心，南侧布置校前广场及校园客厅。“活力环”东南侧布置幼儿园，设置独立出入口，这样既可以独立成区，又可以共享校园其他功能。“活力环”东北侧布置食堂、教工及学生宿舍，位于幼儿园及小学教学区之间，方便共同使用。

空间组织 结合场地自身高差，采用了“多首层”的设计手法。通过整体灵动的中央“活力环”串联不同标高的平面，并与建筑周边的交流平台相联系，既将各单体建筑、景观庭院等要素整合为一个整体，又提供了全天候的师生交流空间，打造出一个主干清晰、多维延展的校园空间层次。在教学组团的设计中，每个组团由普通教室、兴趣教室及办公室等教学辅助功能组成。其次，除了局部放大的多用途交流讨论空间外，还设置了环绕普通教室的回廊供学生们在课间休息、玩耍、交流使用，以此营造出一个符合儿童心理的“游戏性”“互动性”和“场景化”的室内外空间。

景观造型 建筑横向分割、层次分明。在立面造型上，运用不同节奏的竖向线条形成主次分明、性格各异、刚柔兼济以及通透灵活的建筑风格。特别是高低错落的建筑单体、丰富的屋面绿化、灵活的室外连廊及平台等设计元素使得建筑空间趣味盎然。同时，通过建筑造型将学习与娱乐蔓延至建筑的每个角落，也促进了楼层间的互动和周边功能的激活。

设计感悟 如何体现义乌市高新区以信息光电为产业特色，这是本次设计的一个重点。通过对项目的研究与分析，设计提出“都市拼图，乐学光谷”的设计理念。将拼图元素运用至建筑形态当中，打破传统单一、乏味的校园空间形态，增加建筑的活力与趣味，以满足幼小儿童心态。同时，在设计中强调“光”的属性，让教室日照充足。此外，采光天井、导光系统、光伏发电等技术的运用，不仅迎合绿色建筑的设计要求，而且对于学生也具有良好的示范与教育功能。

校园效果图（1）

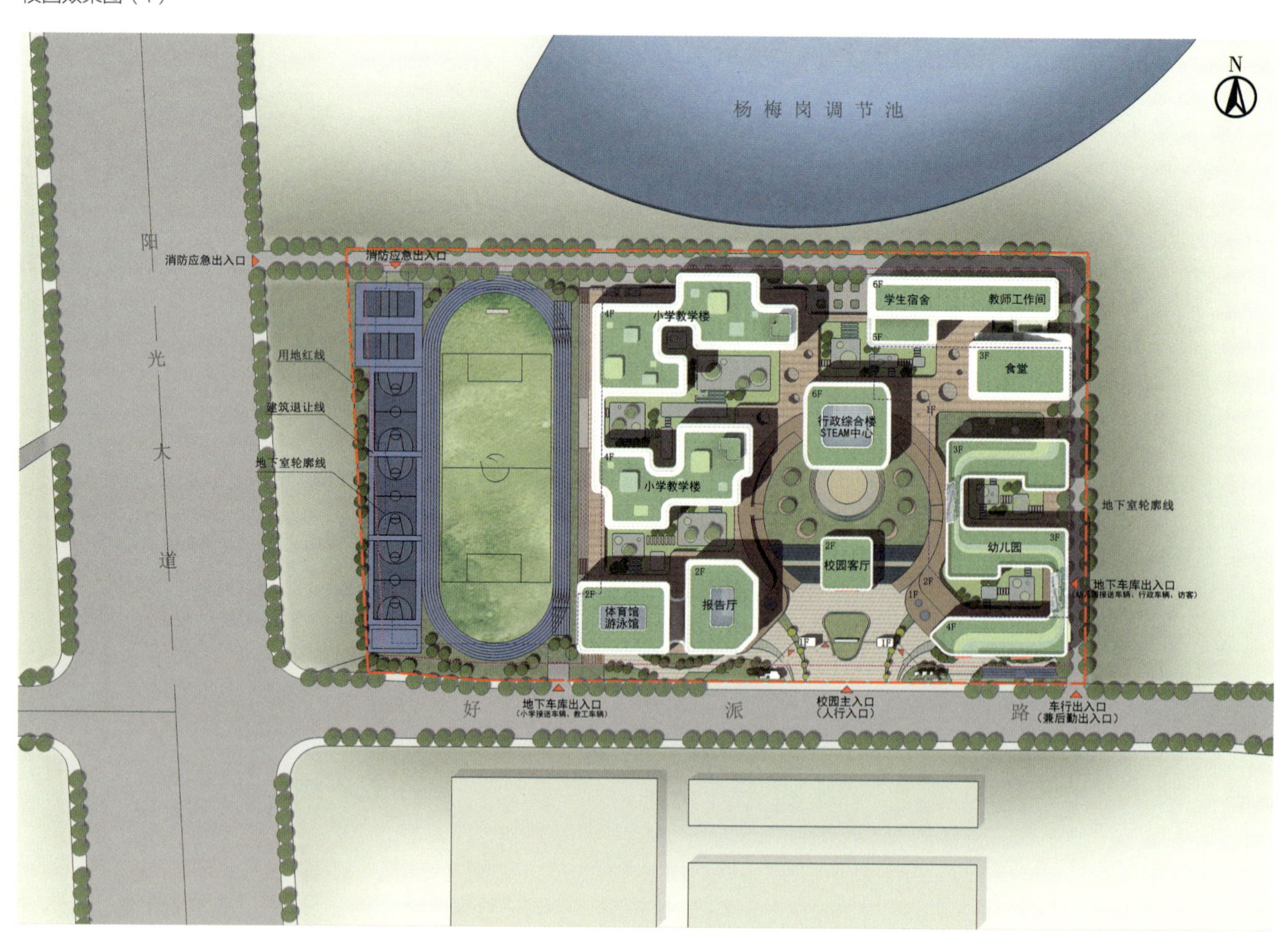

校园总平面图

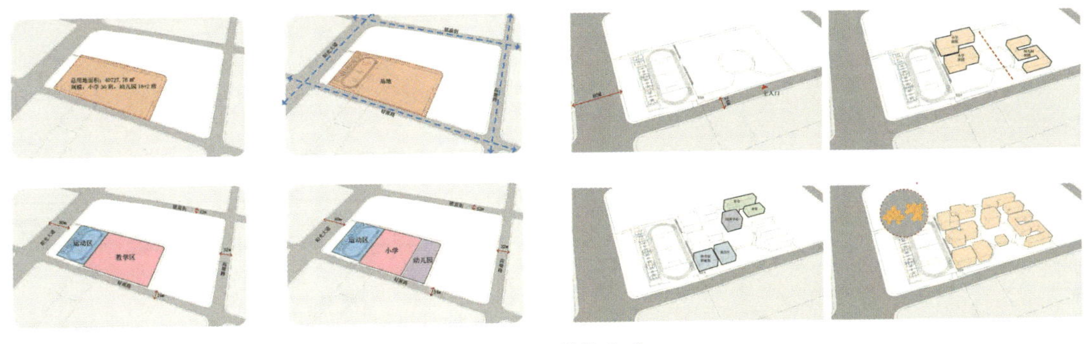

基地条件　　　　体块生成

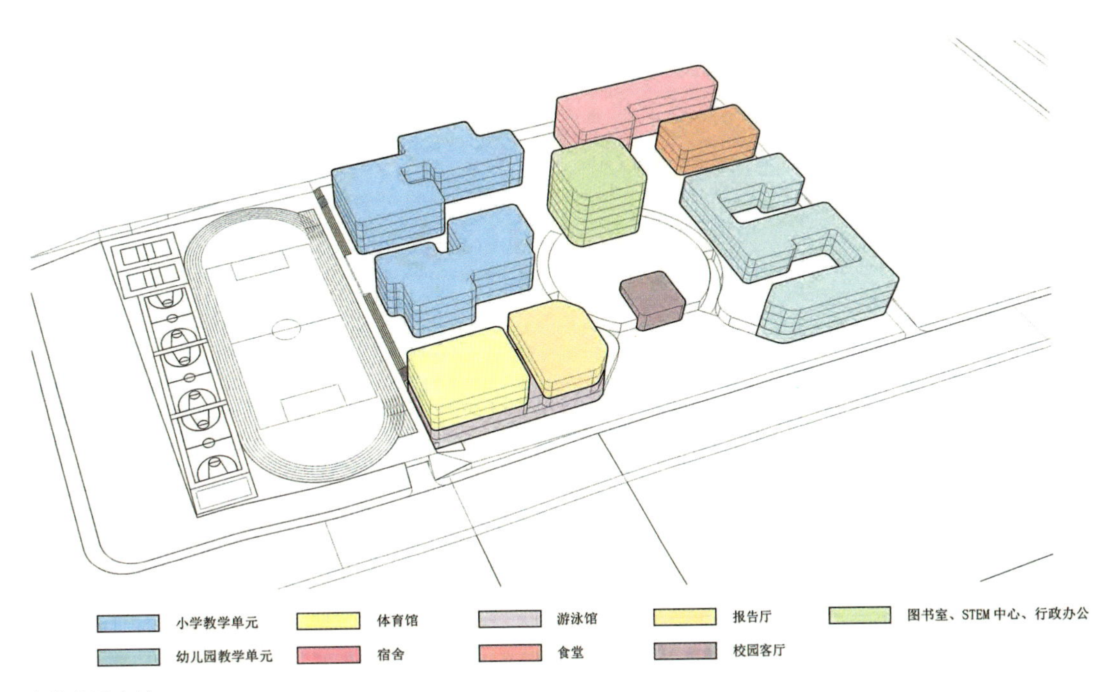

功能分析（1）

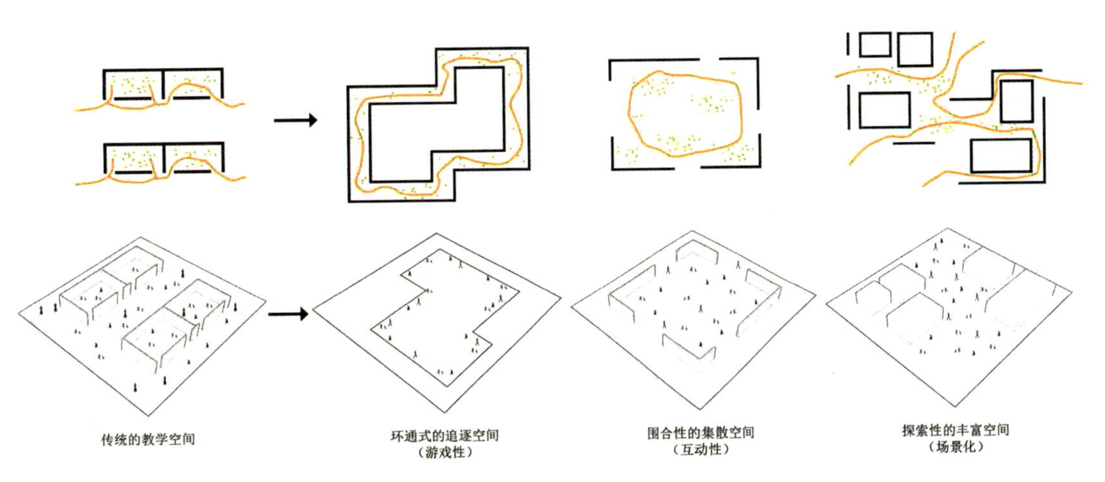

功能分析（2）

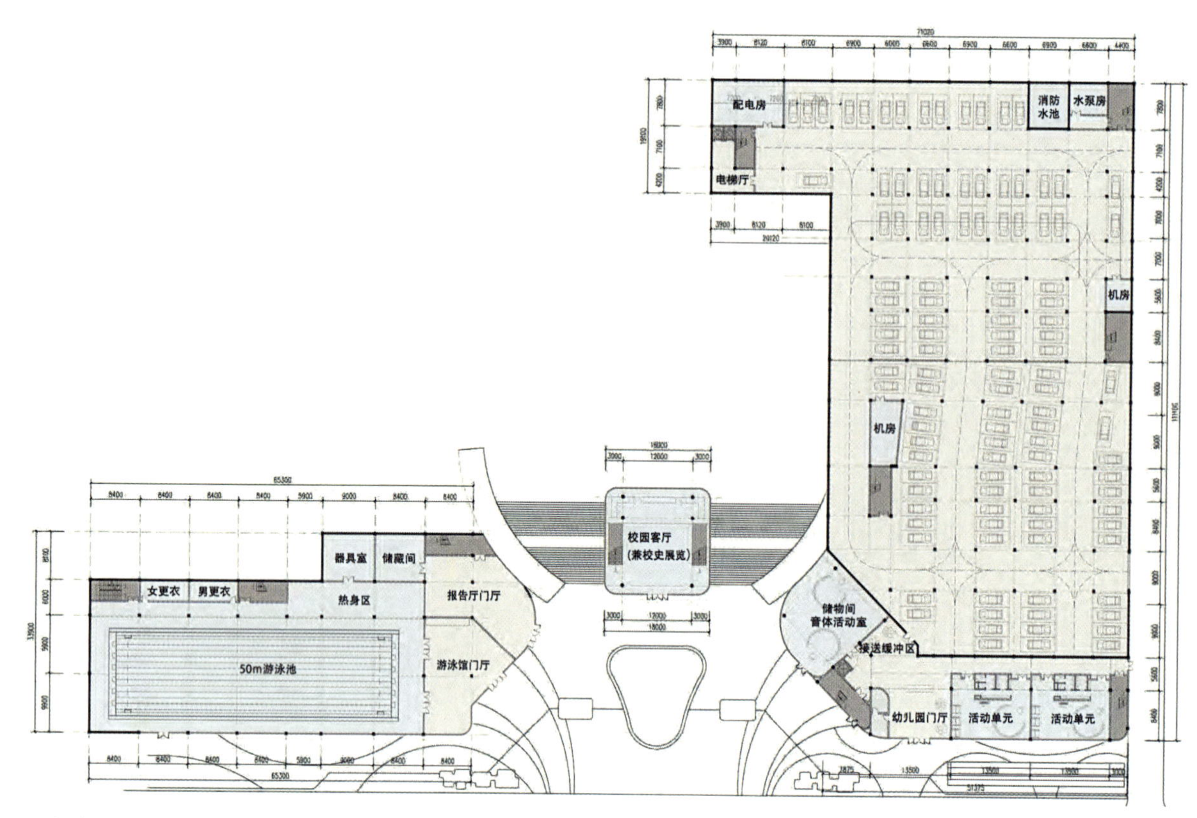

100.00标高层平面图

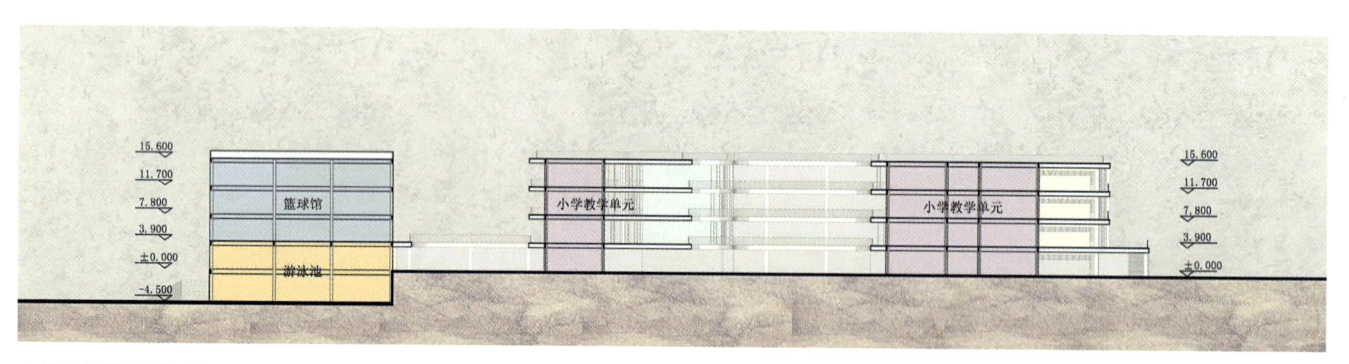

小学教学单元剖面图

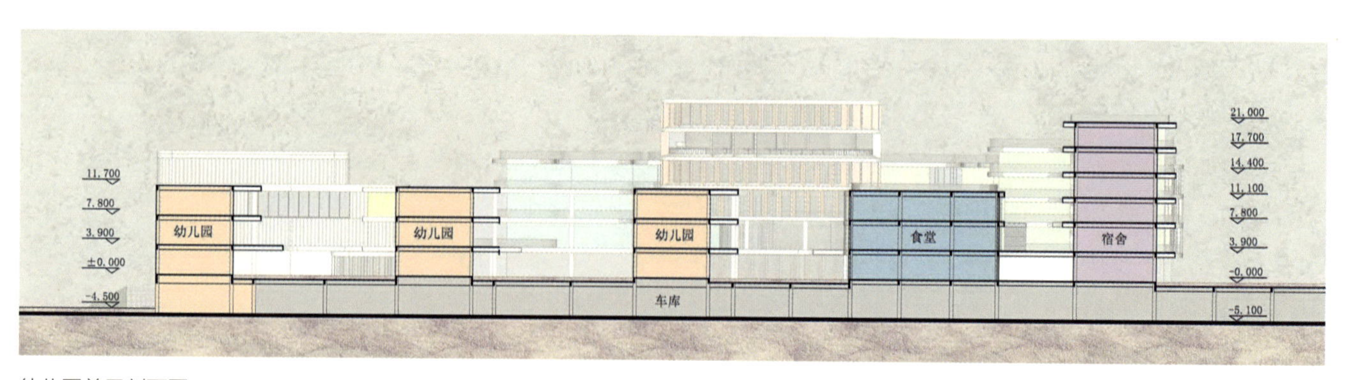

幼儿园单元剖面图

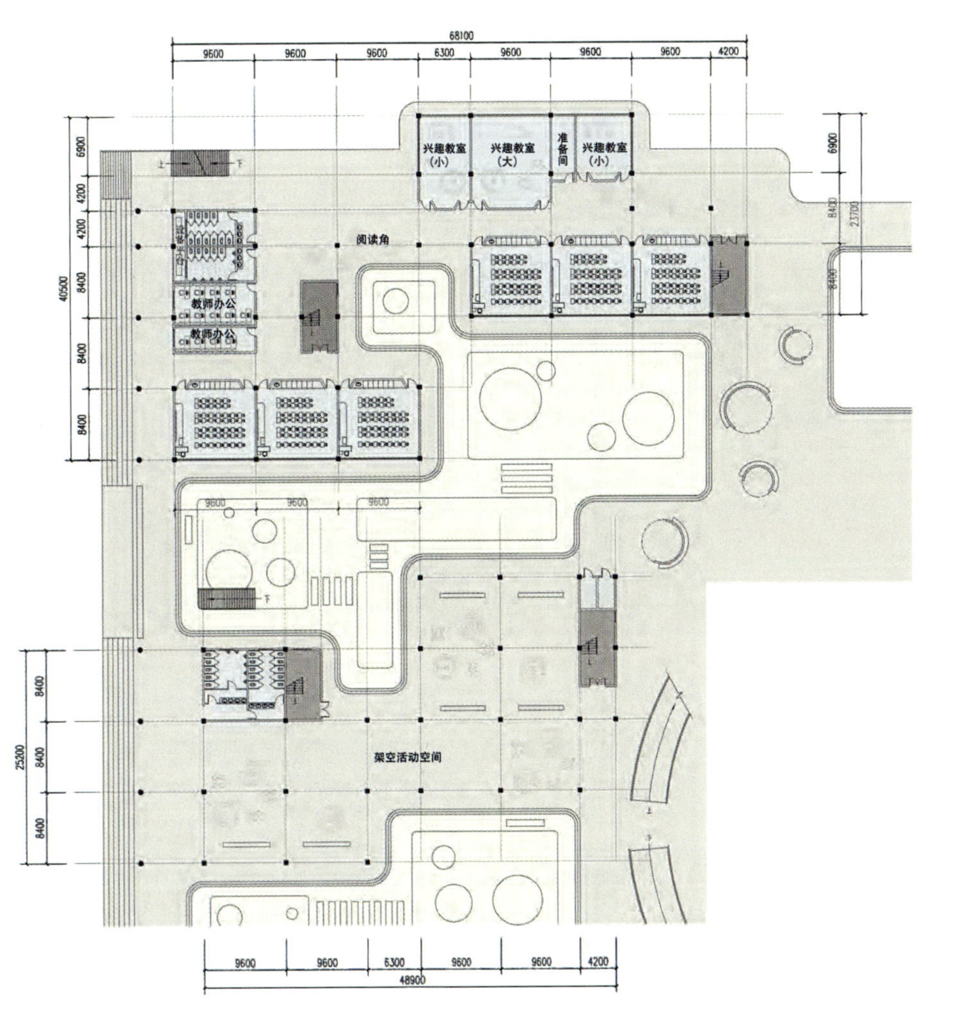

小学教学楼一层平面图

校园效果图（2）

校园效果图（3）

小学教学单元剖面图（1）

小学教学单元剖面图（2）

校园效果图（4）

校园效果图（5）

校园效果图（6）

校园效果图（7）

校园效果图（8）

杭州市五常第二小学

项目地点 浙江省杭州市
设计时间 2020 年 3 月
竣工时间 未竣工
用地面积 23684m^2
建筑面积 39584m^2
班级规模 30 班，共 1215 人

总体布局 学校紧邻西溪湿地与五常湿地，设计立意为花园学校，旨在将湿地公园的场所精神注入校园空间和内部教学中。设计强调教学功能与外在景观的无缝对接，以营造良好的学习氛围。传统的景观设计主要是将景观设置集中于地面，而本次景观设计则是景观平台、景观地面、景观屋面形成上、中、下三位一体的多维体验。

校园景观 校园景观主要以“一心一轴两园”来组织与体现。

一心——校园主入口广场中心，它是整个校园景观最重要的组成部分，以铺地及绿地为主，营造一种开阔、包容的氛围；

一轴——以中央学习街屋顶花园为中心形成的南北轴，通过景观渗透衔接各景观庭院与广场；

两园——两个相对独立的书院式教学组团院落，主要以各书院特性为主题设置富有江南园林意趣的景观。

造型材料 屋顶花园作为建筑的第五立面，很好地统一了校园的风格，并串联起了几个散落的组团，这既浪漫独特，又和谐统一。设计将园林中的庭、廊、园等空间进行合理转译，将园林趣味注入到校园之中，形成多层次的校园空间体系。设计注重建筑内外空间形态的组织与变化，强调空间形态与环境的关系，重视空间序列和节奏。同时，采用现代的材料和语言，创造富有独特个性的教育建筑。建筑风格注重统一，强调简约，也突出格调与韵律。

设计感悟 学校设计要跳出传统空间布局，要从使用者角度出发并构筑和营造多元化的学习空间。精心打造一所花园式校园、智慧型校园、体验式校园，让校园的每一个角落都能激发学生的学习兴趣和探索欲望，让校园的每一处花草都能让学生身心健康与自由生长。杭州市五常第二小学就是这样一所学习轻松、笑声不断、环境优雅、教育前沿的学校。

校园效果图

总平面图

校园透视效果图（1）

校园透视效果图（2）

校园鸟瞰效果图（1）

校园鸟瞰效果图（2）

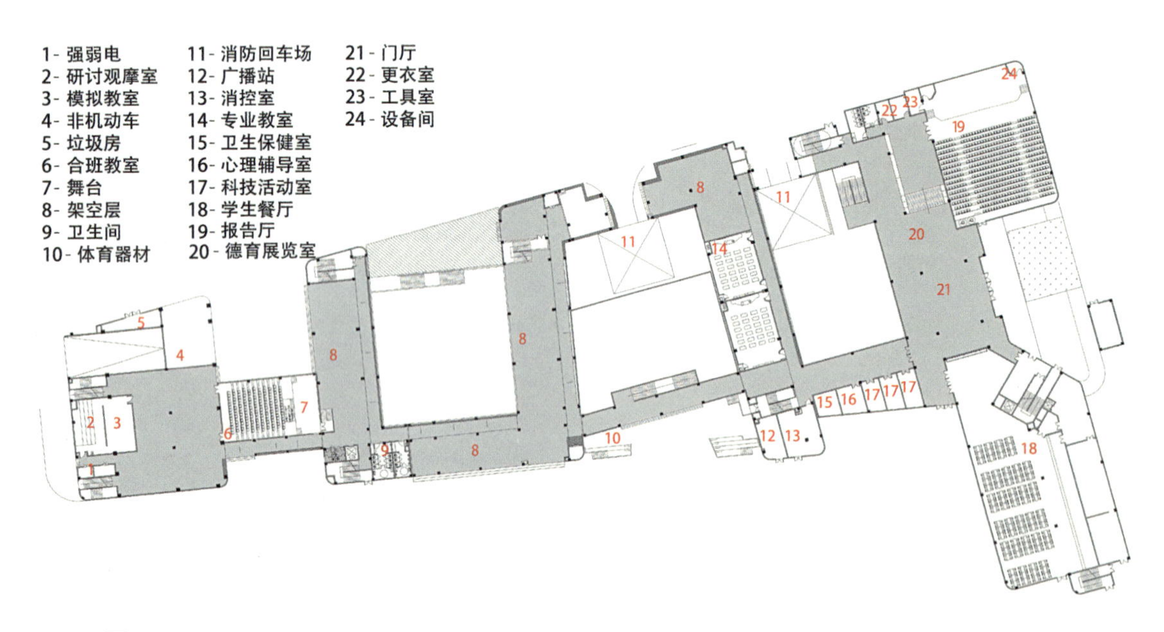

一层平面图

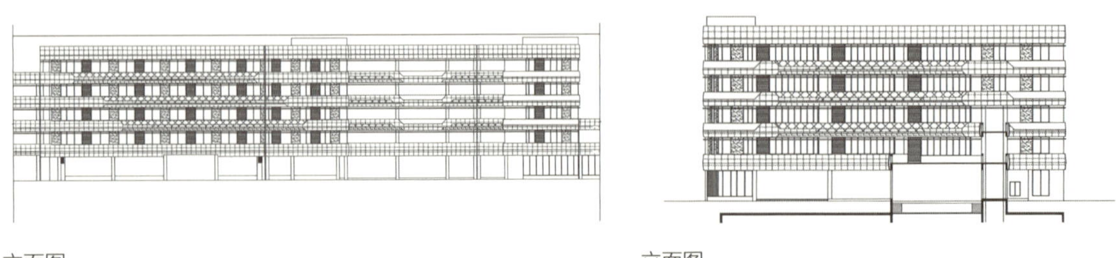

立面图

立面图

校园透视效果图（3）

施工现状图（1）

施工现状图（2）

施工现状图（3）

金华市金东区第二实验小学

项目地点 浙江省金华市

设计时间 2018 年

竣工时间 2021 年 6 月

用地面积 43304m^2

建筑面积 49775m^2

班级规模 60 班，共 2400 人

总体布局 遵循功能分区明确、动静分区合理、土地利用充分、交通流线清晰的原则，以提升学校资源使用效率为目标，提出“原野书桌”的总体布局理念。地块西侧为运动区域，东侧为教学生活区域。食堂位于地块北侧，可减少油烟对学生身心健康的影响。教学行政中心位于地块正中央，底层结合校园客厅设置，其中教学楼的2～4层为教学区，5层为行政办公用房。人文艺术中心与自然科学中心位于教学楼东侧，与教学楼相连。风雨操场位于教学楼西南侧，毗邻运动区。

空间组织 方案从深入研究项目的城市环境、办学需求出发，以合理的用地划分、便捷安全的开口设置、完备的运动场地、居中的主楼布局等构架起项目的设计理念。设计理念涵盖了空间利用、通透视野、城市色彩、入口形象、建筑退让、河道借景、建筑界面、大跨架空、退让旁置、区域交通、接送缓冲、预留空间、地下室、食堂利用、教室组合、扩班途径以及存包模式等。

造型材料 为营造整体大气的建筑立面效果，设计以多彩漆质感涂料、彩色铝合金装饰构件为主要材料，局部采用上下层落地窗间隔窗间墙的形式。落地窗均内衬护窗栏杆至900mm高，落地窗之间的墙体采用与窗框同色的环保涂料，从而形成整体的立面效果。各建筑外墙材料均与墙体基层牢固结合，以杜绝建筑材料的脱落对使用者造成的伤害。

设计感悟 本项目符合金东新城区总体城市定位，突出现代化学校特色。建筑总体上美观、大方，体现时代特色。按照“先理念——再课程——后建筑”的设计思路，并基于浙江省学校标准且适当超越标准。同时，围绕以课程为中心，接轨STEAM课程体系；以智慧校园为引领，吸取当今先进的教育建筑设计理念，努力把学校建成具有“面向未来学习空间”的一流学校。

校园鸟瞰图

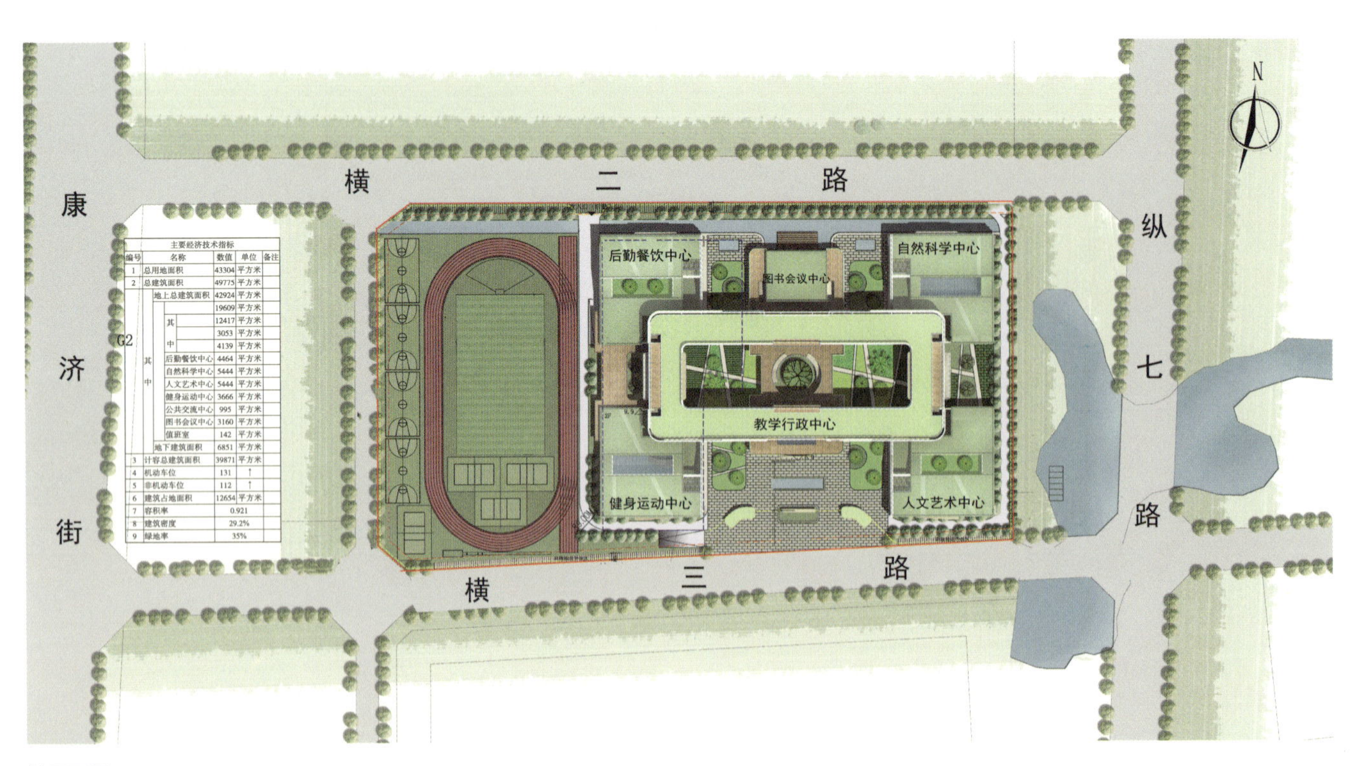

主要经济技术指标

编号	名称			数值	单位	备注
1	总用地面积			43304	平方米	
2	总建筑面积			49775	平方米	
	其中	地上总建筑面积		42924	平方米	
		其中		19609	平方米	
			其中	12417	平方米	
				3053	平方米	
				4139	平方米	
			后勤餐饮中心	4464	平方米	
			自然科学中心	5444	平方米	
			人文艺术中心	5444	平方米	
			健身运动中心	3666	平方米	
			公共交流中心	995	平方米	
			图书会议中心	3160	平方米	
			值班室	142	平方米	
		地下建筑面积		6851	平方米	
3	计容总建筑面积			39871	平方米	
4	机动车位			131	个	
5	非机动车位			112	个	
6	建筑占地面积			12654	平方米	
7	容积率			0.921		
8	建筑密度			29.2%		
9	绿地率			35%		

总平面图

校园透视效果图

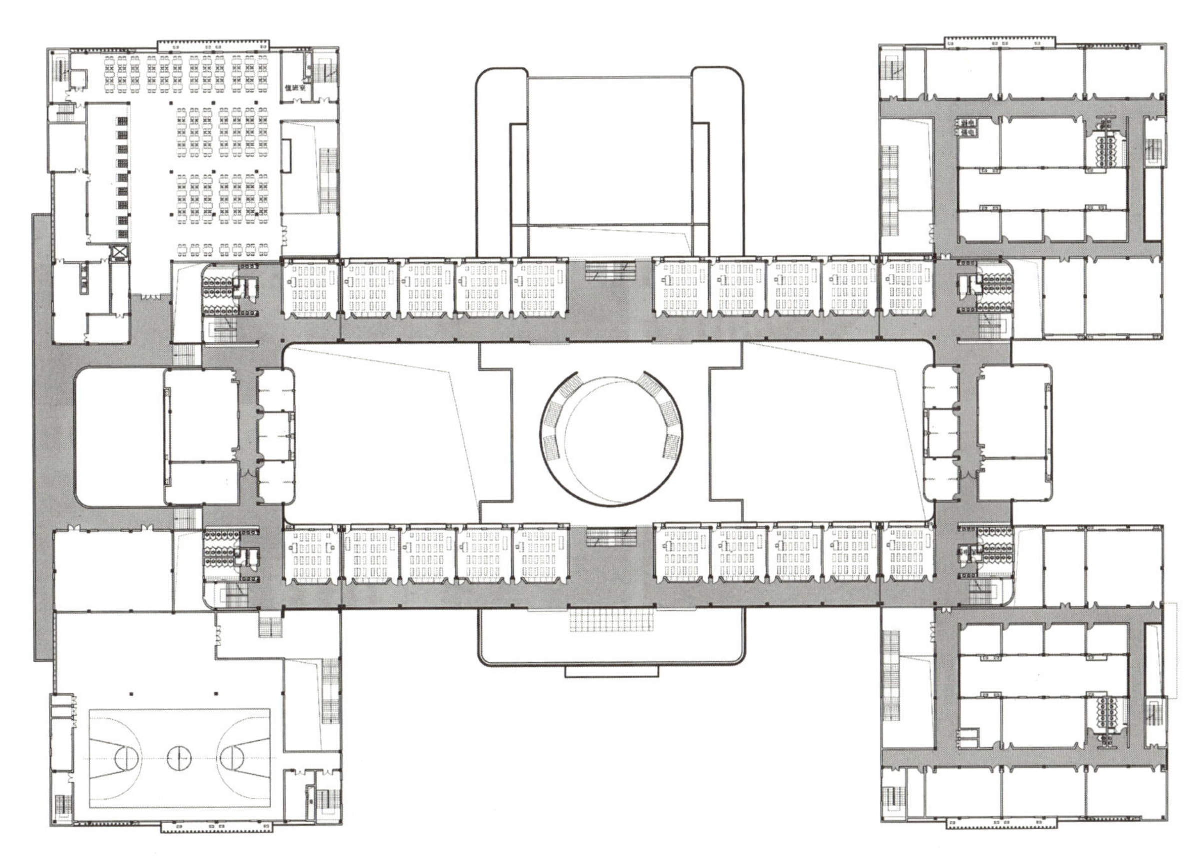

一层平面图

校园鸟瞰效果图

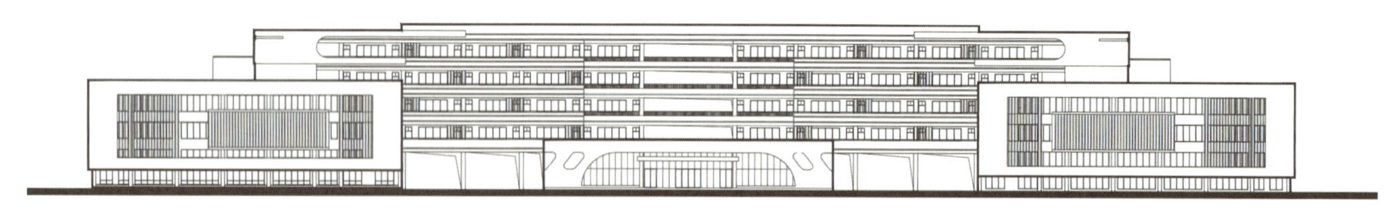
立面图

校园透视图

丽水市莲都区新青林小学

项目地点 浙江省丽水市莲都区
设计时间 2019 年
竣工时间 2023 年 6 月
用地面积 37000m^2
建筑面积 29733m^2
班级规模 36 班，共 1620 人

总体布局 中央学习街作为贯穿东西的中央主轴形成空间骨架。主入口正对主席台，主席台两侧为看台，看台环抱整个操场，突出的中轴线提升了整体气势；中央学习街的南侧联系教学楼、报告厅、阶梯教室等主要教学空间，北侧则联系行政楼综合楼、体艺后勤楼等主要功能用房。各个单体通过主题庭院隔离开来，院落空间灵活布置，并自由渗透与融合。

空间组织 项目功能采用“树状”连接方式，中央学习街作为主干贯穿东西，南北教学楼、行政楼、阶梯教室以及公共教学用房等相互联系，并将体艺中心与后勤中心设置在远端。在传统院落设计的基础上，我们又运用“双首层”设计手法和“门与路”的设计语言。“门”是院落的起点，首层的校园客厅通廊作为形象入口通向中央学习街，景观学习阶梯作为并联的入口，通向一层屋面；“路”是院落的脉络，中央学习街作为主茎干，可以通过连廊、半开敞空间到达各个院落。

造型材料 建筑主要材料采用象牙白色自洁型外墙涂料，涂料具有独特的表面微结构，使得灰尘不能牢固附着其表面，加之超强的憎水性，所以只要下雨，这些浮在表面的灰尘就会不断被滚落的水珠带走，从而使墙面干净如初。教学楼楼梯间、主席台以及宿舍单元间隔板的外墙部分采用彩色弹性涂料。立面玻璃窗采用灰色断热型材透明Low-E中空安全钢化玻璃窗，满足节能规范要求，走廊采用木色格栅吊顶，使空间更有亲和力。

设计感悟 本项目设计遵循“多维空间、趣味书院、自由融合”的设计理念，在空间组织上采用了“院落”这一中国传统建筑形式，并借鉴传统书院的院落布局，运用“双首层”的设计手法，创造现代自由式的院落布局，打造不同层次的校园空间。

校园透视效果图（1）

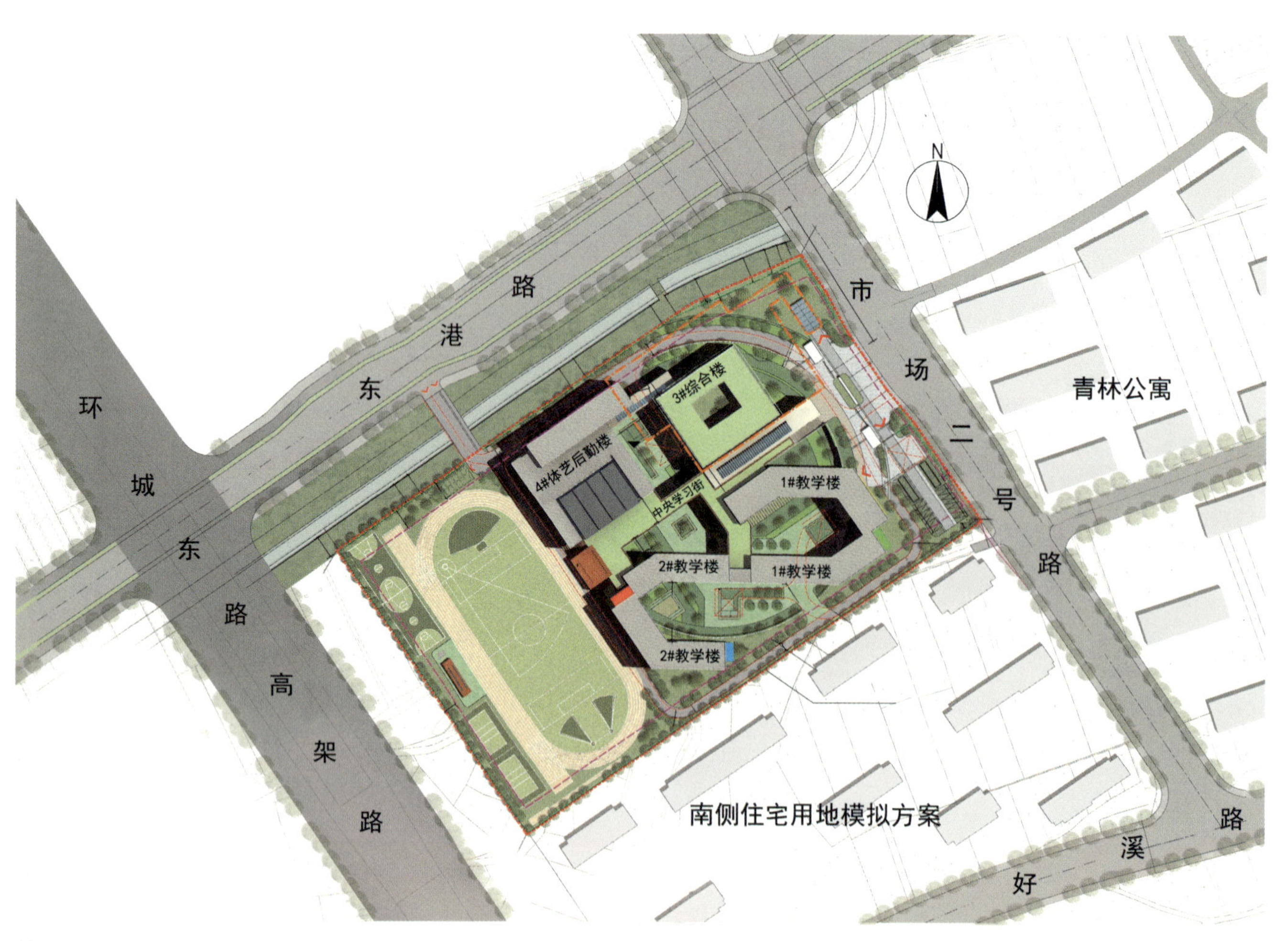

总平面图

校园鸟瞰效果图

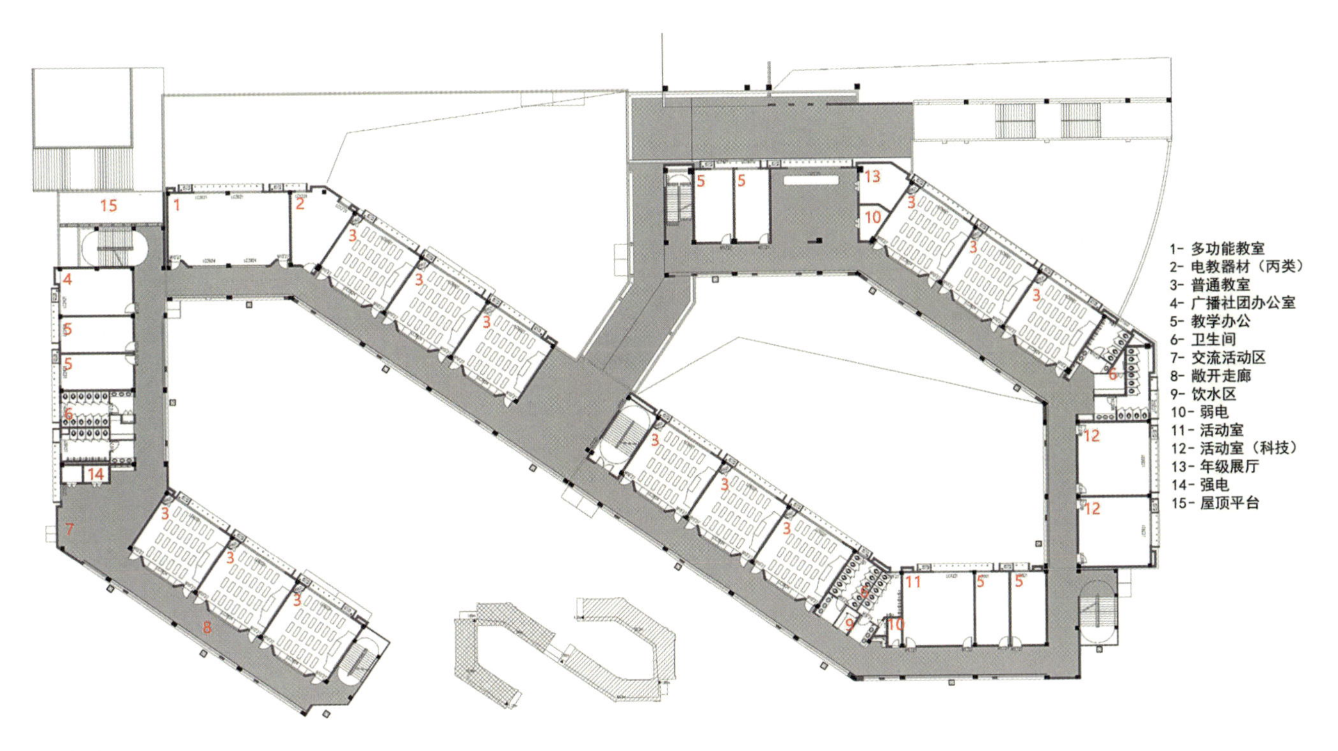

一层平面图

校园透视效果图（2）

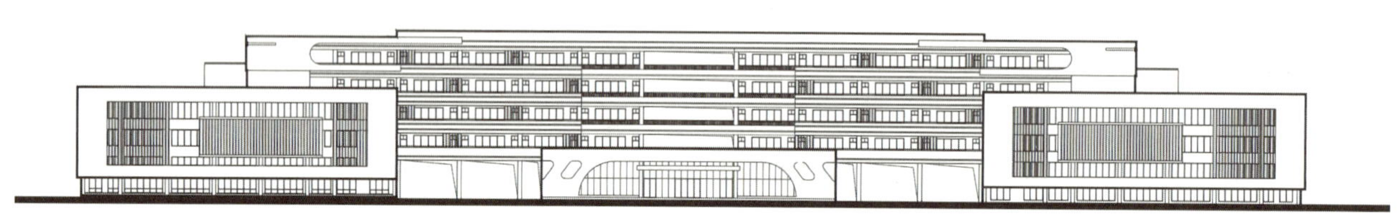

立面图

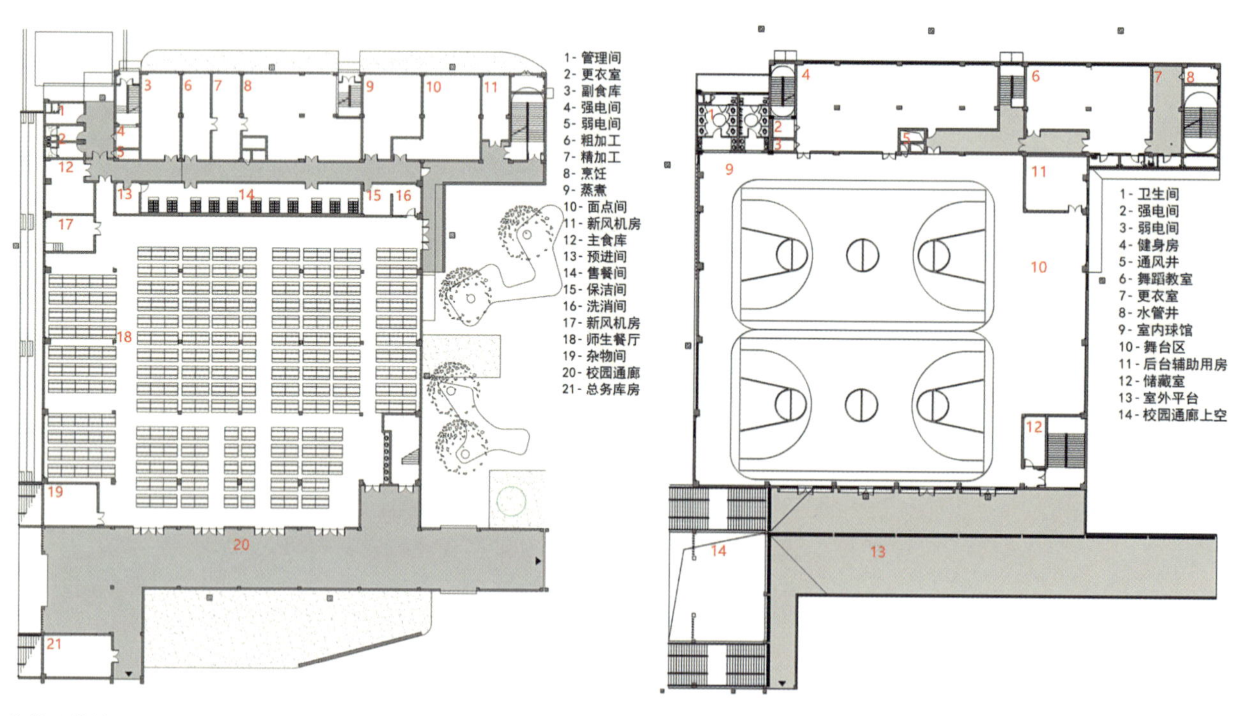

体艺后勤楼一层平面图

体艺后勤楼二层平面图

杭州市文澜中学

项目地点 浙江省杭州市
设计时间 2002 年 1 月
竣工时间 2003 年 4 月
用地面积 85291m²
建筑面积 56512m²
班级规模 42 班

总体布局 校园共分为三大功能区块（西北侧为教学行政区，东侧为体育运动区，西南面为生活后勤区），各功能分区动静分明，并通过广场、绿地以及连廊相互联系，形成多变的院落式布局。空间有合有开，视线有收有放。规划与单体设计始终突出对校园空间及景观的营造，建筑采用开放、不对称布局，错落有致。

空间组织 开放、架空、复合的建筑群使得整个校园具有复合、多义的空间属性，并形成互递、互补、互通的空间共享格局，它强调建筑、环境与人的互动关系。

校园现状图（1）

校园现状鸟瞰图

校园现状图（2）

校园现状图（3）

校园现状图（4）

校园现状图（5）

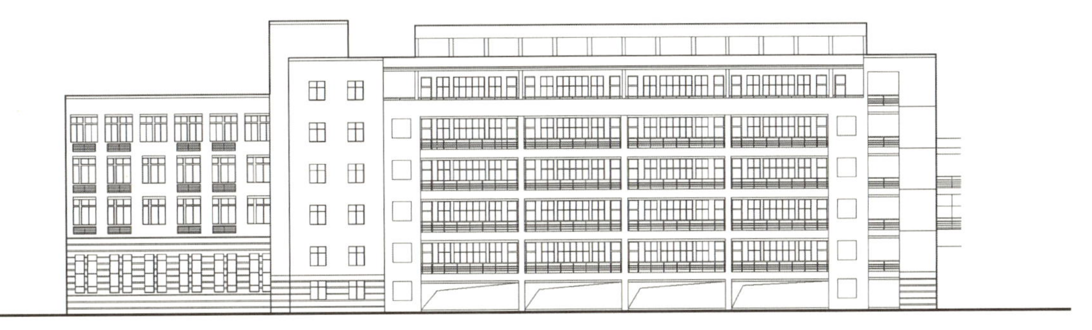

南立面图

北立面图

校园现状图（6）

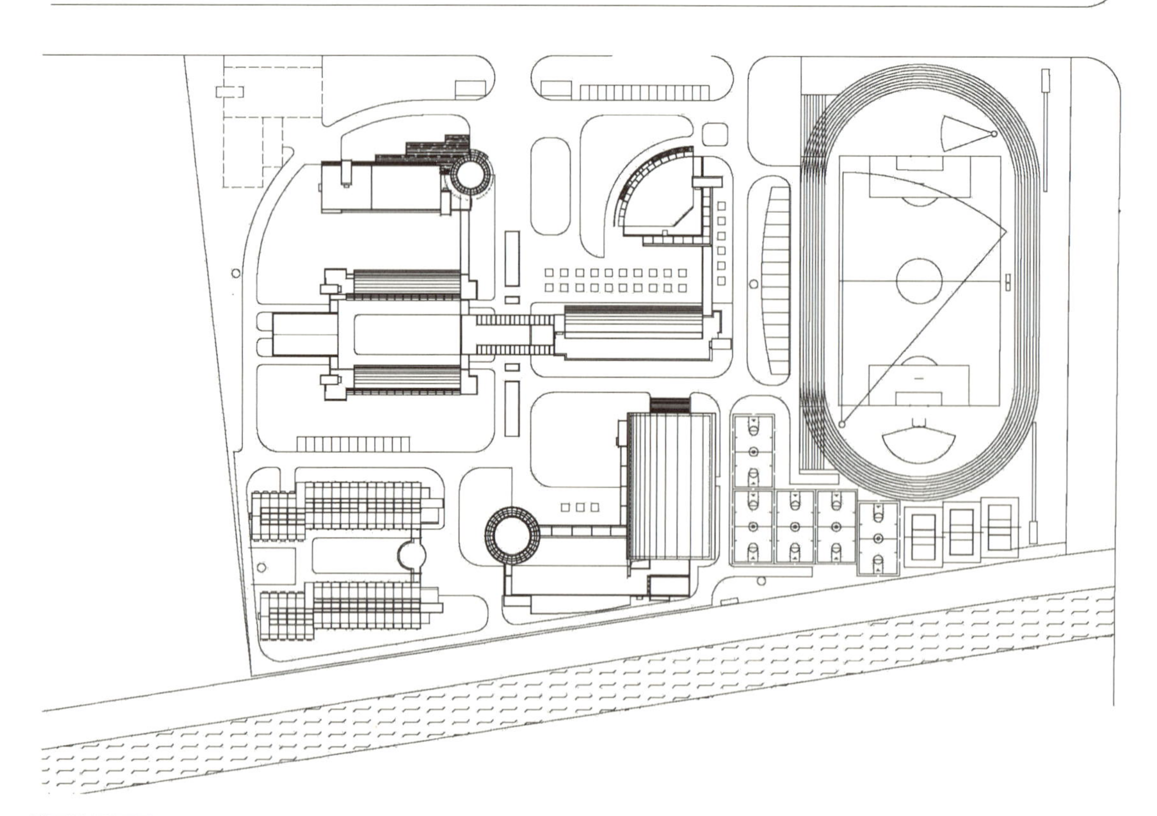

校园总平面图

校园现状图（7）

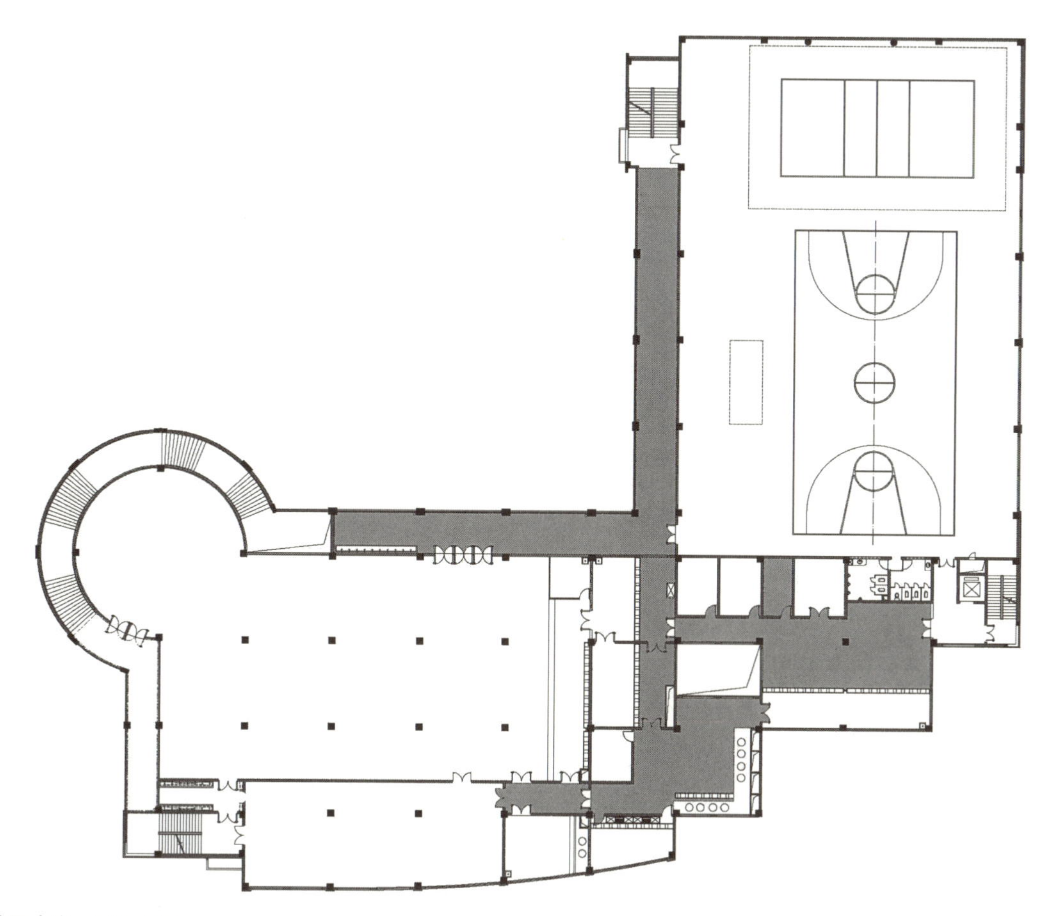

校园食堂二层平面图

校园现状图（8）

校园现状图（9）

校园现状图（10）

校园现状图（11）

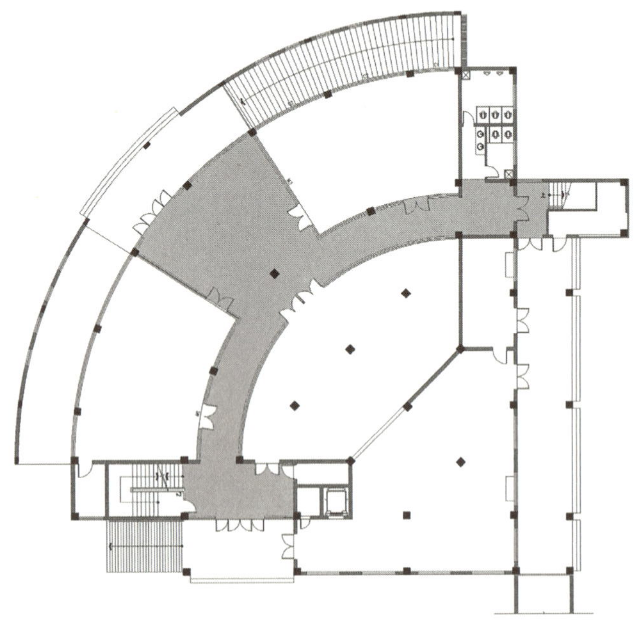

报告厅一层平面图

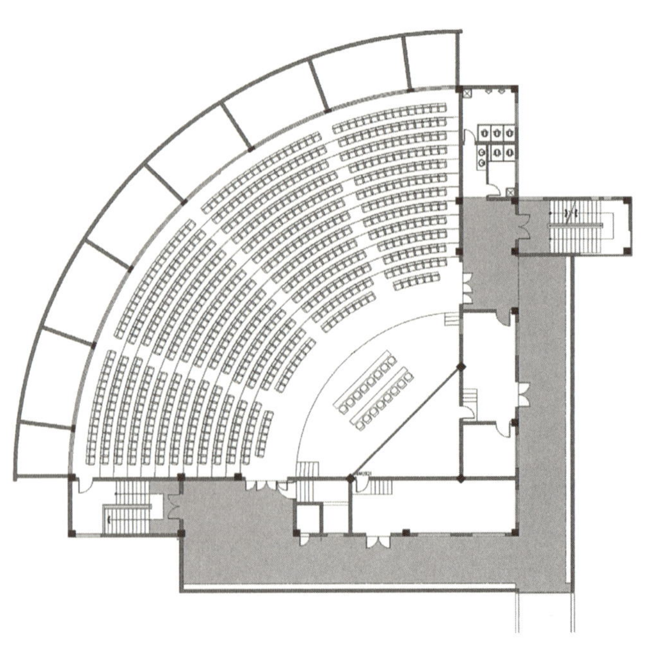

报告厅二层平面图

杭州市丁桥高级中学

项目地点 浙江省杭州市
设计时间 2007 年
竣工时间 2009 年 11 月
用地面积 68349m^2
建筑面积 56903m^2
班级规模 48 班，共 2400 人

总体布局 学校东西北三侧为规划道路，南侧为景观河道，主入口位于用地东侧，次入口位于用地西侧。校园分为教学、运动、生活三大区块，其中教学区位于校园南半部，运动区位于校园西北角，生活区位于校园东北侧，三大区块分区清晰，互不干扰。

空间组织 以空间和道路轴线为骨架，以入口广场为核心景观空间，形成规整有序的规划结构。空间主轴线由主入口开始，穿越入口广场，直抵实训综合楼；空间次轴线，由用地南侧景观河道开始，经综合楼与教学楼群之间贯穿南北抵达运动区。建筑群与景观绿化，相互渗透、相互复合，形成了丰富的空间层次和环境层次。校园总体空间方正豁达、环境优雅、层次丰富。

造型材料 建筑造型力求体现时代性、中国传统文化延续性和校园文化气息，创造富有独特个性的绿色校园建筑。建筑第五立面采用平坡结合的手法，形成了和谐的天际线。建筑色彩则以本白色为主基调，部分深灰色体块穿插其中，配合浅色玻璃及深灰铝窗樘等建材，使建筑群体显得文静雅致且富于力度，在整体风貌上兼顾了江南书院的精致隽永与现代建筑的简洁大方。

设计感悟 学校秉承“人格与学术并重，本土与国际兼容”的办学特色，践行“为每一个学生的学习发展而设计”的办学理念。项目设计契合上述特色与理念，以和谐大方的形象表达为基调。校园空间开合有序，高低有致；建筑与环境互为烘托，自然相融，整个校园充分体现了其科技、时代、人文和地域特色。自投入使用以来，项目已取得了校方及社会各界的良好反响，成为省内教育建筑领域新形象的展示窗口。

校园现场透视照片(1)

总平面图

综合楼立面图

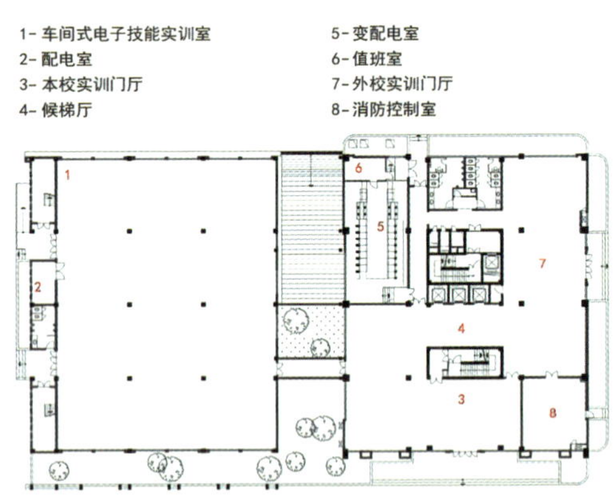

综合楼一层平面图

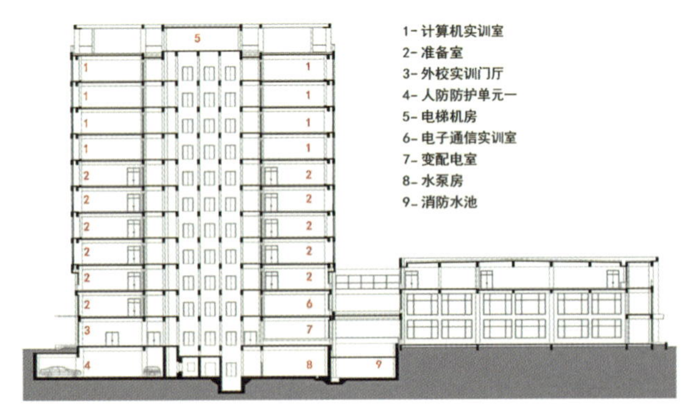

综合楼剖面图

综合楼高层平面图

校园现场透视照片（2）

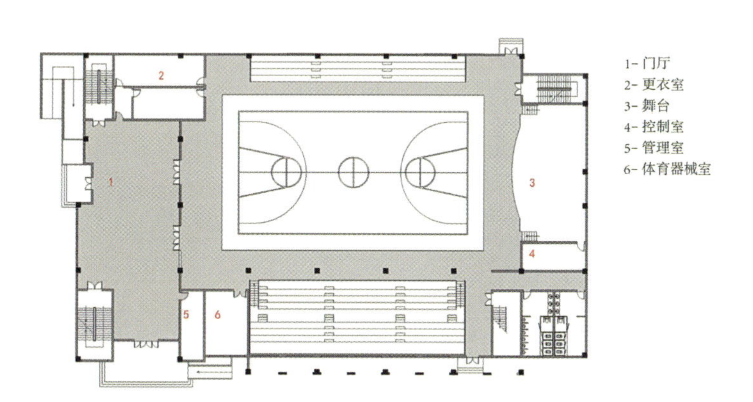

体艺馆一层平面图

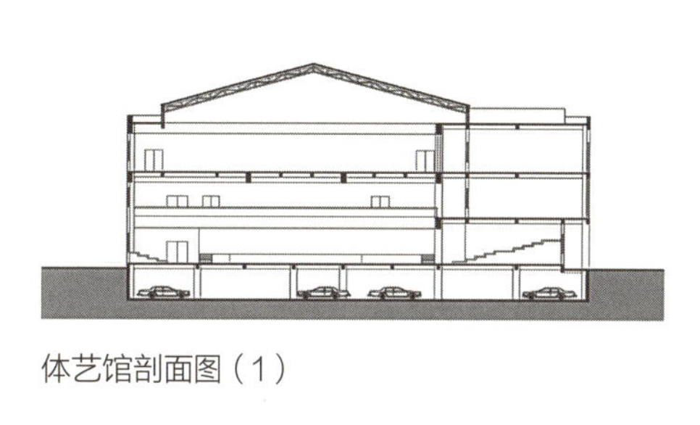

体艺馆剖面图（1）

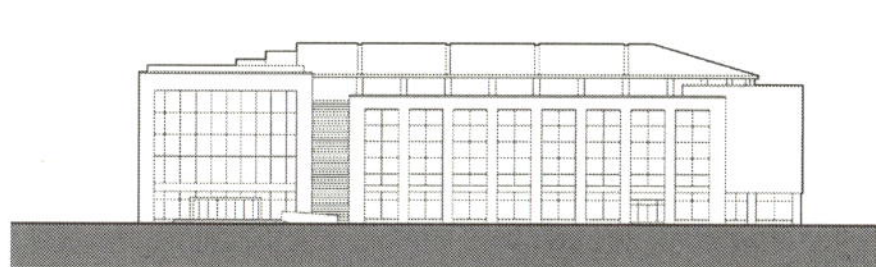

体艺馆剖面图（2）

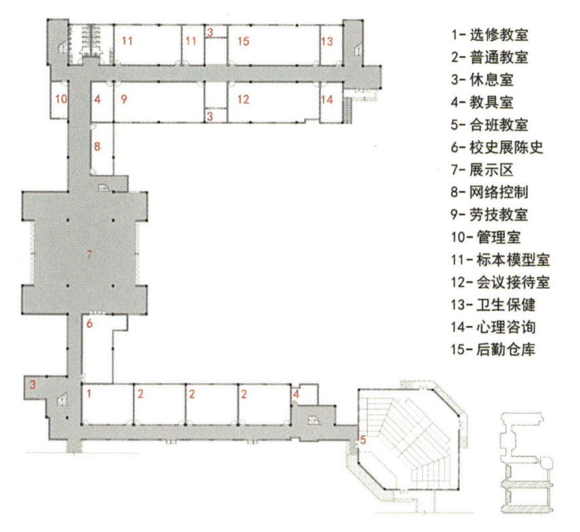

图书行政楼一层平面图

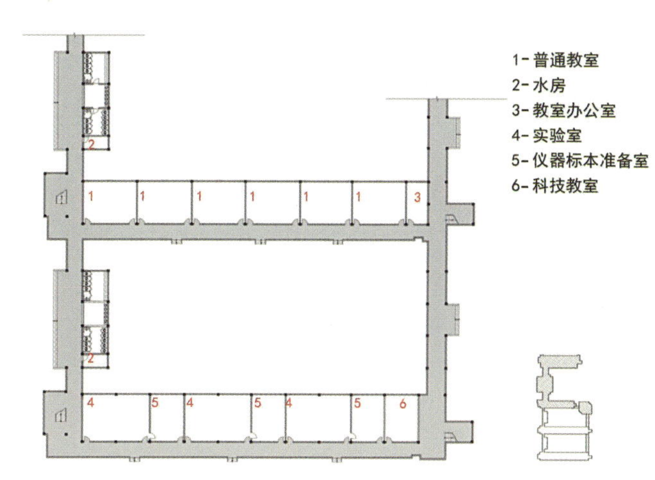

教学楼一层平面图

校园现场透视照片（3）

校园现场透视照片（4）

校园现场透视照片（5）

校园现场透视照片（6）

校园现场透视照片（7）

杭州外国语学校

项目地点 浙江省杭州市
设计时间 2011 年
竣工时间 2013 年 9 月
用地面积 101729.6m^2
建筑面积 69510m^2
班级规模 42 班

总体布局 设计强调城市道路景观的塑造，注重校园内部的整体性，将各个功能相对独立的组团有机融合，整体协调，内外兼修。

两片四区，融合互动：校园分为学习生活和体育运动两片，又细分为四个功能区——教学办公区、行政办公区、运动区和后勤生活区。

两轴三园，系统布局：通过两条贯穿校园的景观轴线统领校区的布局，由北至南串联校园三个重要的功能景观节点，形成具有变化的空间层次。

空间组织 结合保留改造建筑及环境与各项功能要素，塑造融于自然的有机校园空间是设计的主要目标。方案通过空间的大与小、收与放、隔与透的对比，组织了完整统一的空间序列。在处理校园建筑层次与景观方面，突出建筑及空间起伏与层次，主从与重点。通过立体的空间竖向变化作为空间联系的系带，以期达到校园向心、内聚的空间效果，使有限的空间具有无限的开阔气氛，同时具有亲切、宁静、曲折和富有变化的感觉。力求通过大中见小、小中见大、虚实穿插、周回曲折的造园手法创造一种景象交替生辉的环境。庭院绿地采用了分散绿化办法，化整为零地将绿地分割成互相联通的若干小块，这样便可使中庭不会有拥挤之感，同时又能满足消防需要，各环境空间既自成一体又相互联通，构成了校园丰富的空间形态。

造型景观 建筑设计以校园规划为依据，延续其设计理念和指导思想，打造具有古典气息又蕴含时尚文化的生态校园，强调建筑与环境的融合和共生，设计重点把握以下几个方面：

1）崇尚自然、尊重环境、结合地形，注重建筑与周围环境的关系；

2）建筑形象力求体现时代性、历史文化性和校园文化气息，创造富有独特个性的园林式校园建筑；

3）建筑风格注重在统一中求变化。突出重点建筑，在统一中充分考虑院落建筑群之间的识别性和差异性；

4）注重建筑功能的合理性和功能的可转换性，以适应科技高速发展带来的功能变化；

5）注重建筑内外空间形态的组织和变化，强调空间形态与生态环境的关系，重视空间序列的节奏；

6）充分考虑建筑造型的可观赏性和标志性，注重各角度的景观效果，采用平坡结合手法，寻求建筑与环境协调，并且体现建筑的文化特征，注重总体效果和局部处理。

设计感悟 设计尊重原有自然环境，结合原有校园建筑布局，力求在改造旧建筑的同时，与新建建筑相互呼应，达成统一。尽量保留校园原有的生态环境；尽量保留大量的珍贵树木，创造生态校园，体现校园的园林特点。以新古典的设计手法和现代的材料来营造一个有文化内涵的园林校园，打造适合学生学习、成长的校园环境。

校园现场鸟瞰照片（1）

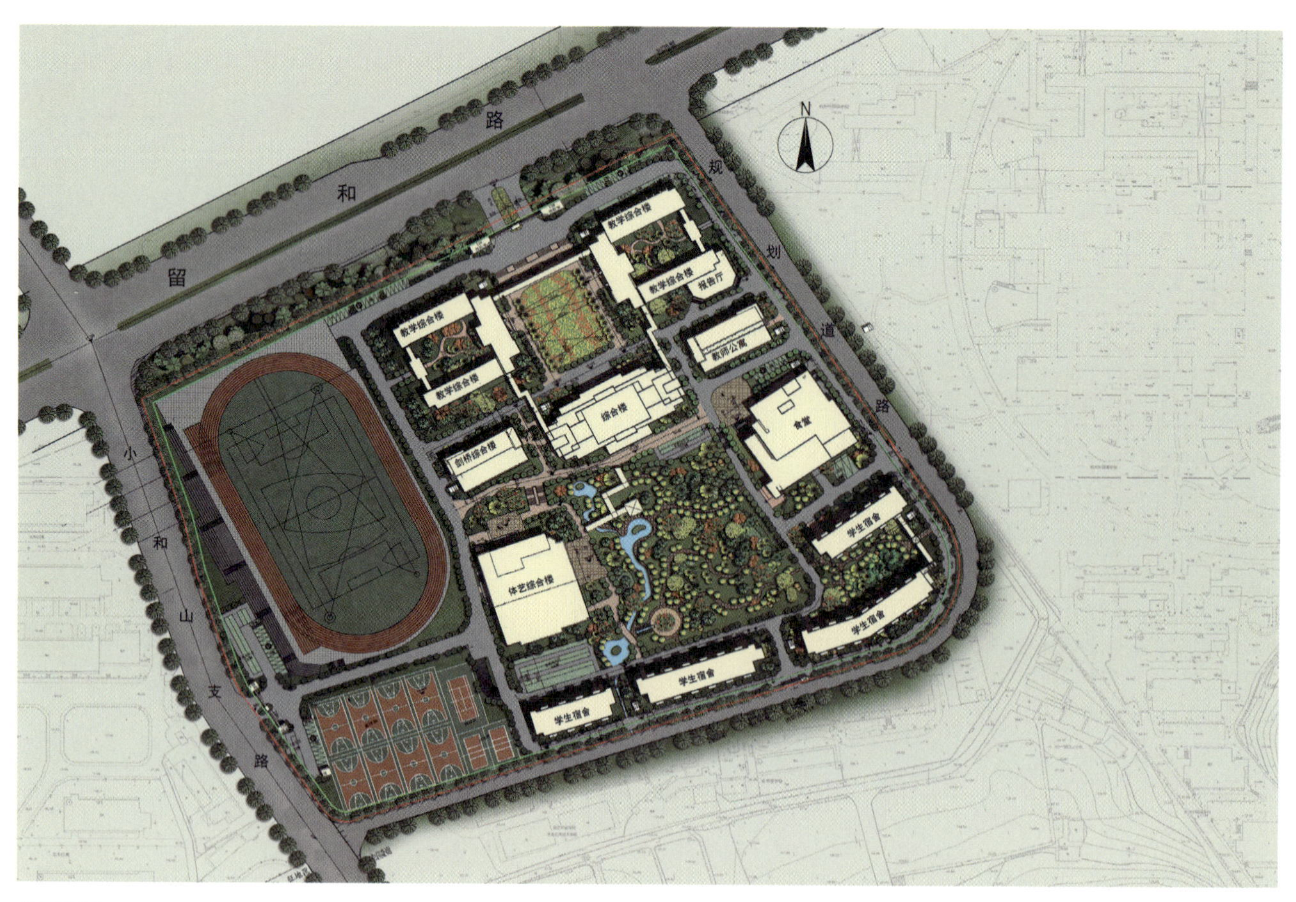

总平面图

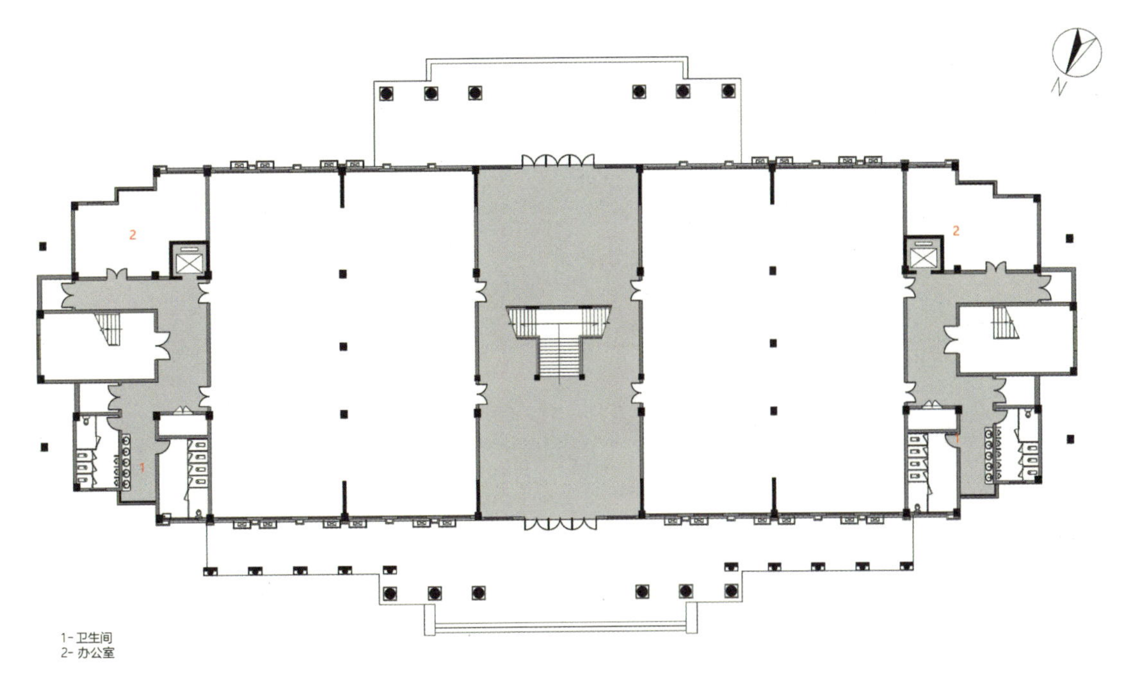

综合楼一层平面图

校园现场透视照片（1）

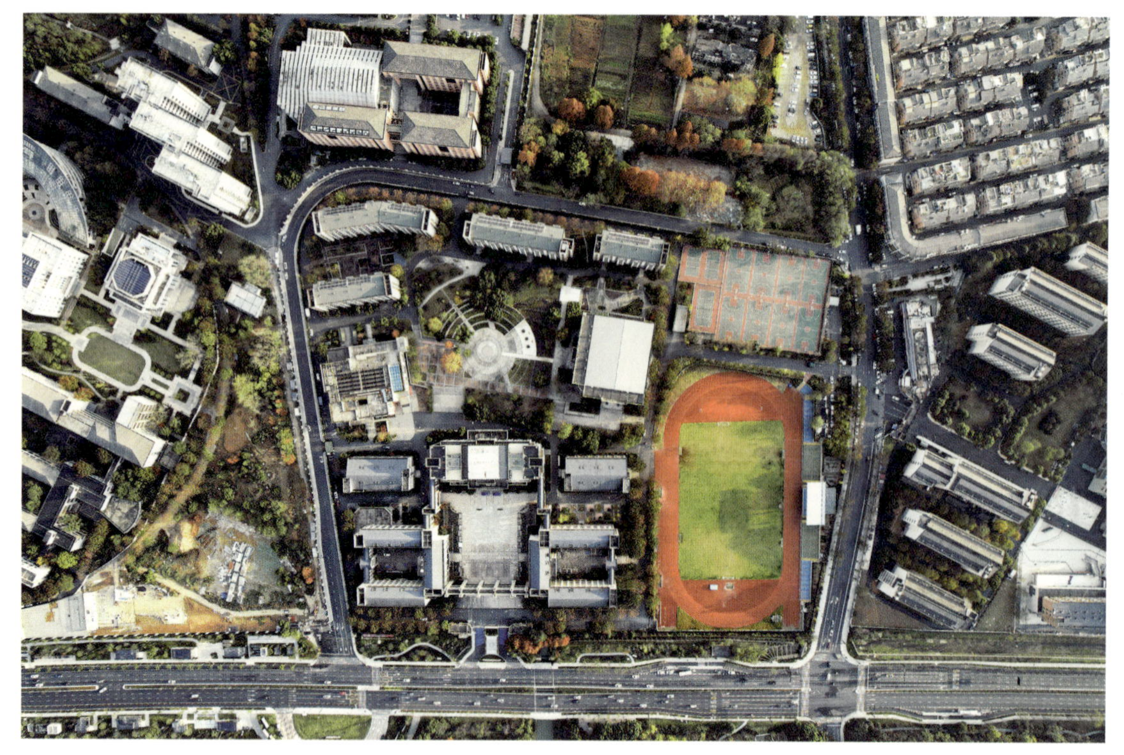

校园现场鸟瞰照片（2）

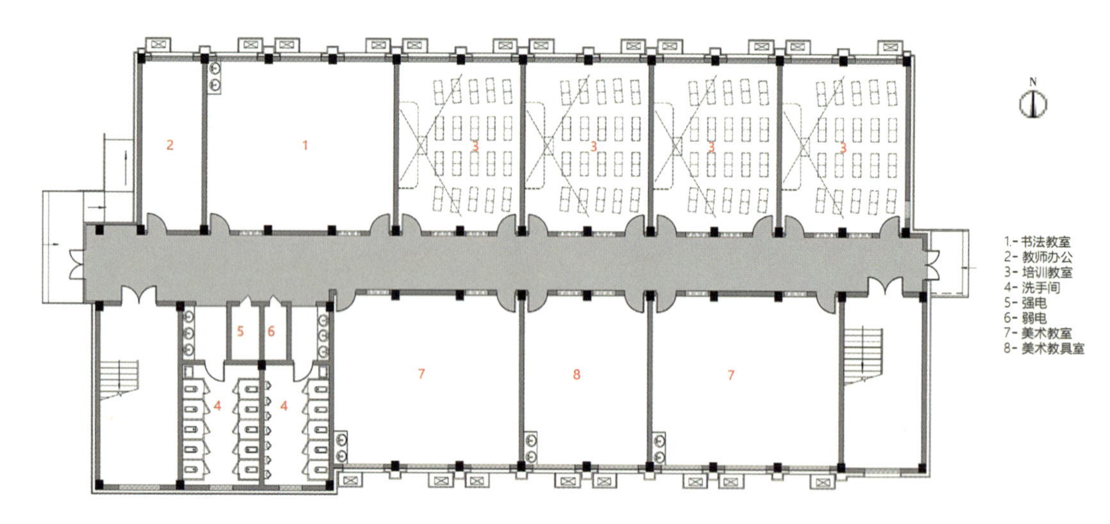

教学楼一层平面图

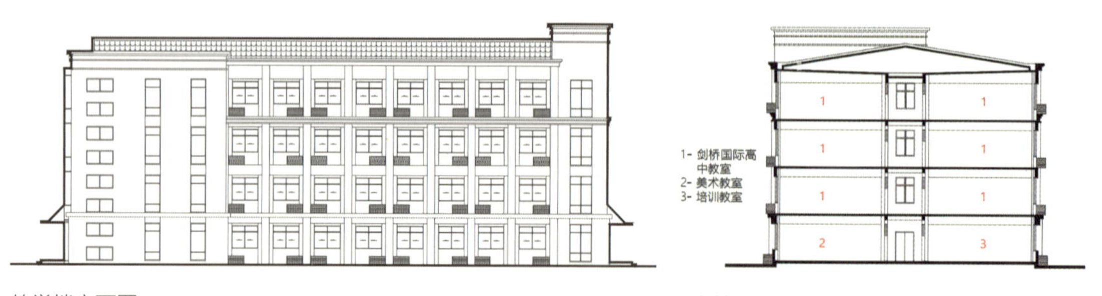

教学楼立面图

教学楼剖面图

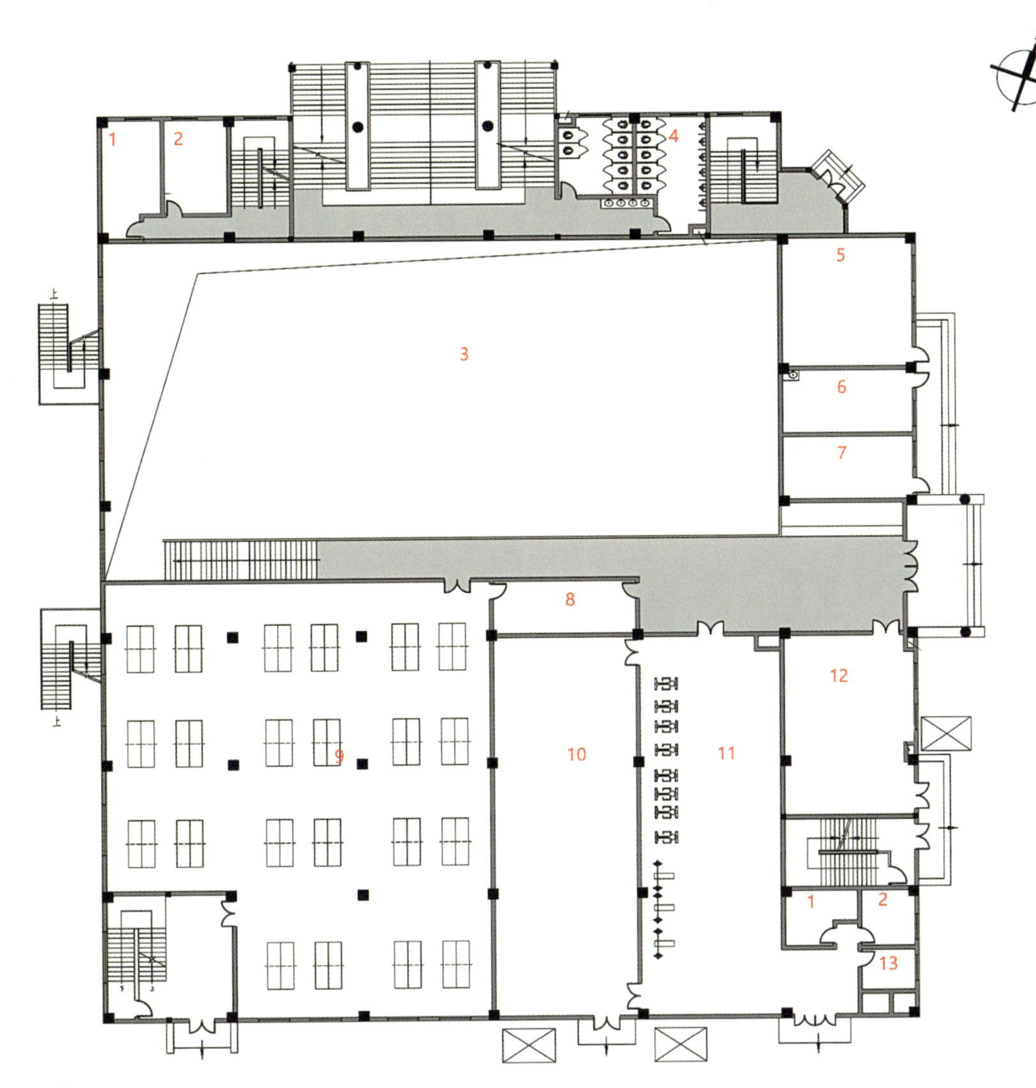

体艺楼一层平面图

校园现场透视照片（2）

校园现场透视照片（3）

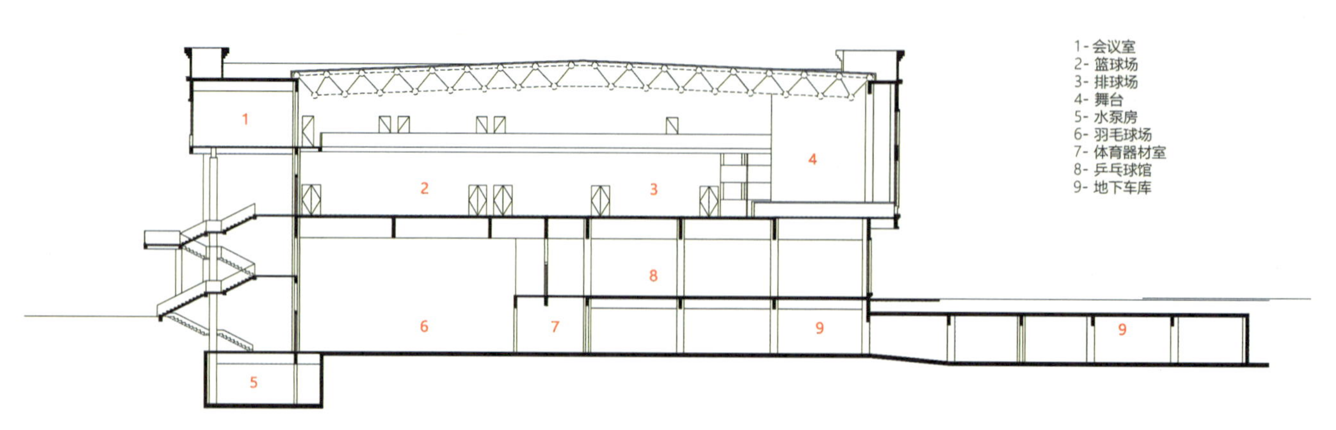

体艺楼剖面图

校园现场透视照片（4）

校园现场透视照片（5）

校园现场透视照片（6）

杭州市学军中学海创园校区

项目地点 浙江省杭州市
设计时间 2015 年
竣工时间 2017 年 7 月
用地面积 141501m^2
建筑面积 11453m^2
班级规模 12 班

总体布局 轴——校园主入口的设计保留了自然景观园林。通过蜿蜒曲折的入园景观大道以及报告厅曲线形的文化墙，使人的视线自然地转向了校园的规划主轴。规划主轴两侧的景观连廊，由南至北联系了行政楼、高一到高三教学组团、图书行政楼、宿舍和餐饮中心等。景观连廊的设置一是弱化了保留山体横卧地块带来的南北区域联系不畅——从景观连廊通过综合楼退台屋面拾级而上，保留山体十几米的高差；二是增强了学校各个普通教学组团和综合楼、图书楼、行政楼、生活区之间的紧密联系；三是景观连廊的开放式平台不仅是校园的景观平台，更是师生交流的互动平台。

核——图书楼作为校园的核心区建筑。这里溪水环绕、绿树成荫，造型上层层叠落，并结合前后绿地、水面和交流广场共同构成了校园的视觉核心。

区——校园西侧沿东西大道布置体育运动区。校园东侧景观最佳区域由保留山体分割为南北两块，其中北区为生活后勤区，南区为行政办公区、普通教学区以及公共教学区。校园西南角设置后期发展用地，它邻近荆余路，比较方便后期独立施工开口。建筑群体呈串联式布局，各功能区形成组团，既相对独立，又相互联系，为师生提供了最适宜的人性化学习生活与交流空间。

空间组织 学生在校园中的活动情形是影响校园空间规划的主要因素。因此，校园布局主要贯彻“互动性空间、多元化空间、开放性空间”的设计理念，并充分考虑学生讨论、自习、交友、交流、集会以及锻炼等诸多需求，通过设计灵活自由的建筑空间，以及教学组团和公共空间紧密相连的布局模式，建立起开放性的师生互动交流平台，实现学生的人性化诉求。

造型材料 建筑单体设计以总体规划为依据，延续其设计理念和指导思想，进一步体现和深化具有古典特质、书卷气息又蕴含时尚文化的生态校园，强调建筑与环境的融合与共生。采用中国古典建筑围与合的手法，形成封闭、半封闭的大空间秩序，并借鉴传统民居合院的理念，让单体建筑与群体建筑相得益彰，同时也使得校园环境舒适、尺度亲切、氛围和谐。在建筑造型上则采用传统建筑坡屋面的做法。此外，又对坡屋面进行现代手法的改进，并大量采用了退台、叠落的造型手法，使建筑既有传统韵味，又有现代气息，形成类似山体的优美天际线。

校园现场透视照片（1）

校园现场透视照片（2）

校园现场透视照片（3）

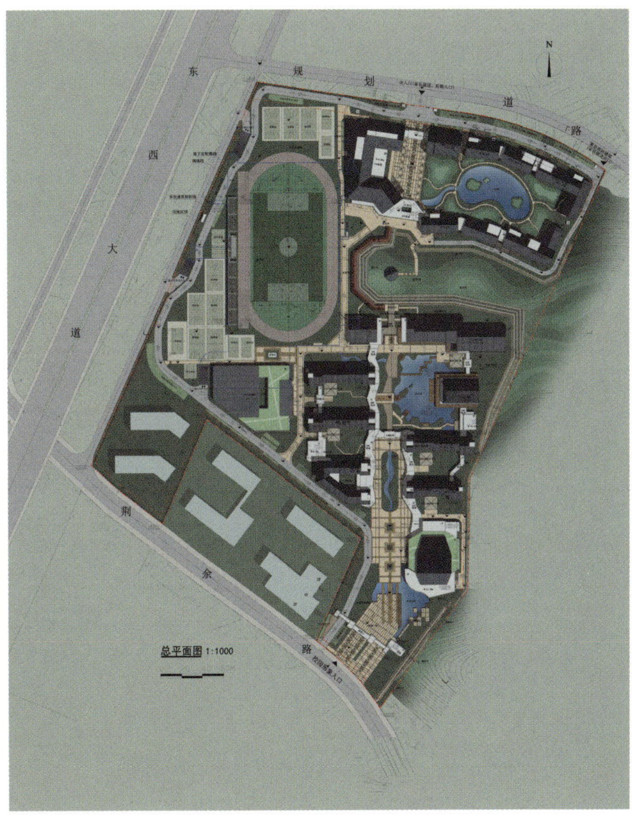

校园总平面

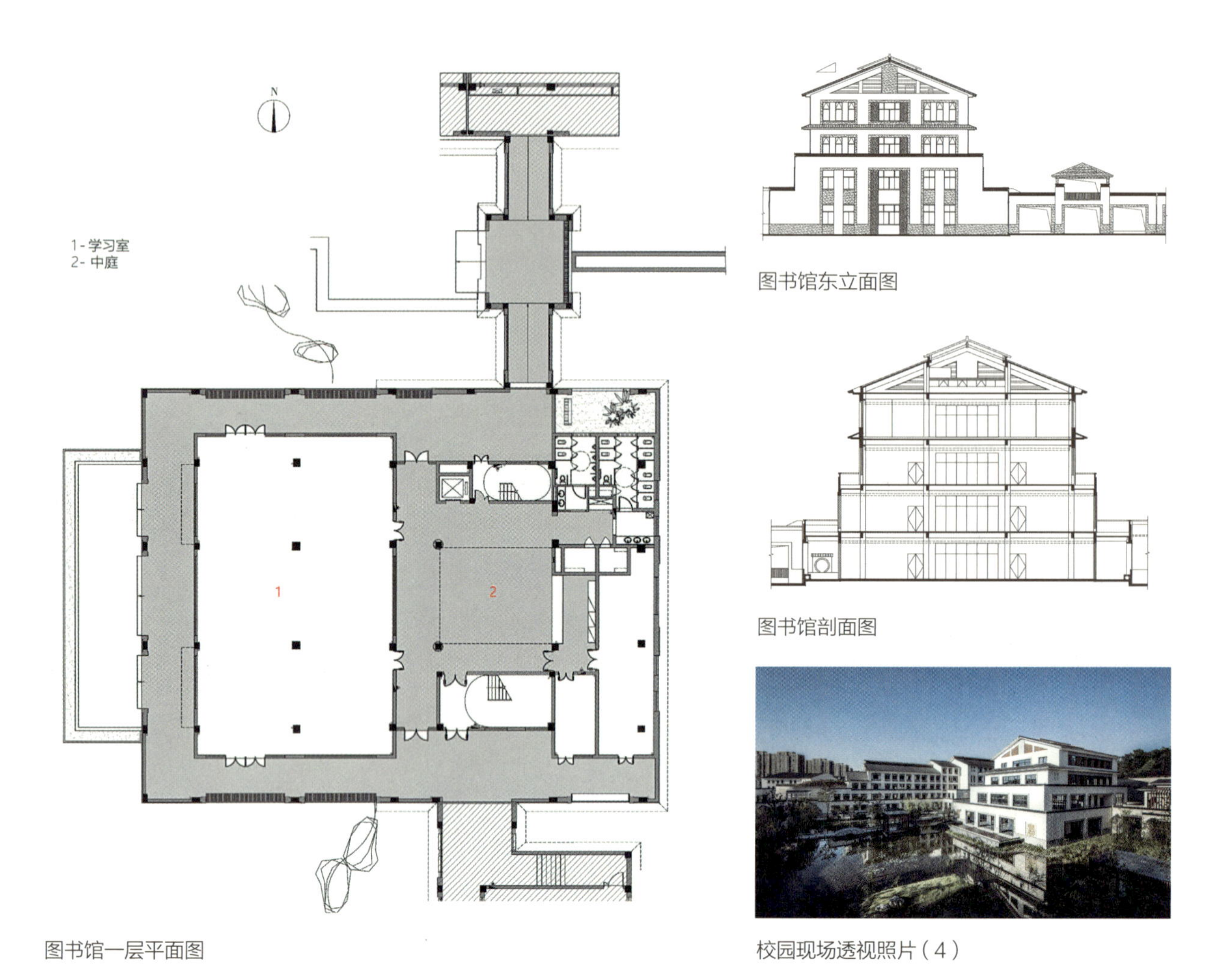

图书馆一层平面图

图书馆东立面图

图书馆剖面图

校园现场透视照片（4）

校园现场透视照片（5）

校园现场透视照片（6）

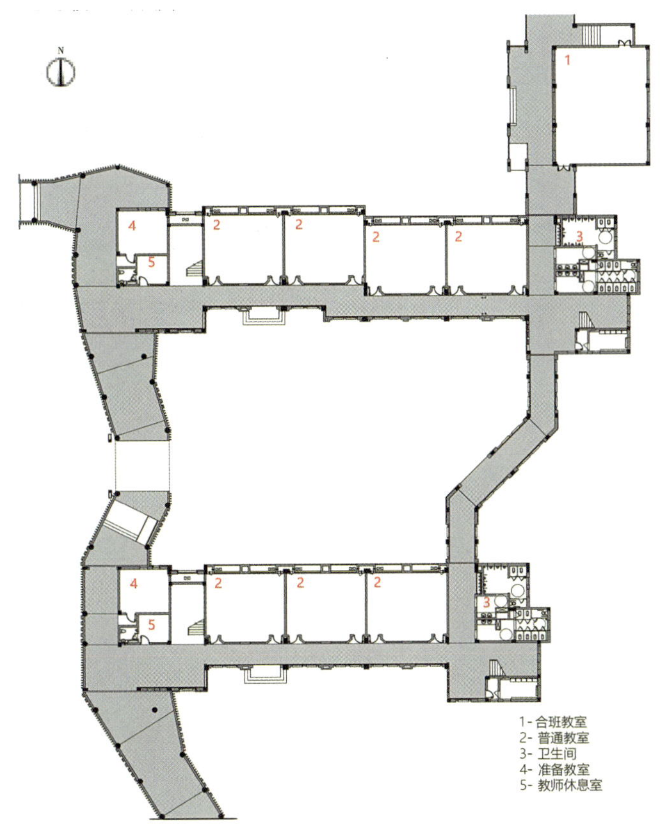

教学楼一层平面图

校园现场透视照片（7）

校园现场鸟瞰图

教学楼剖面图

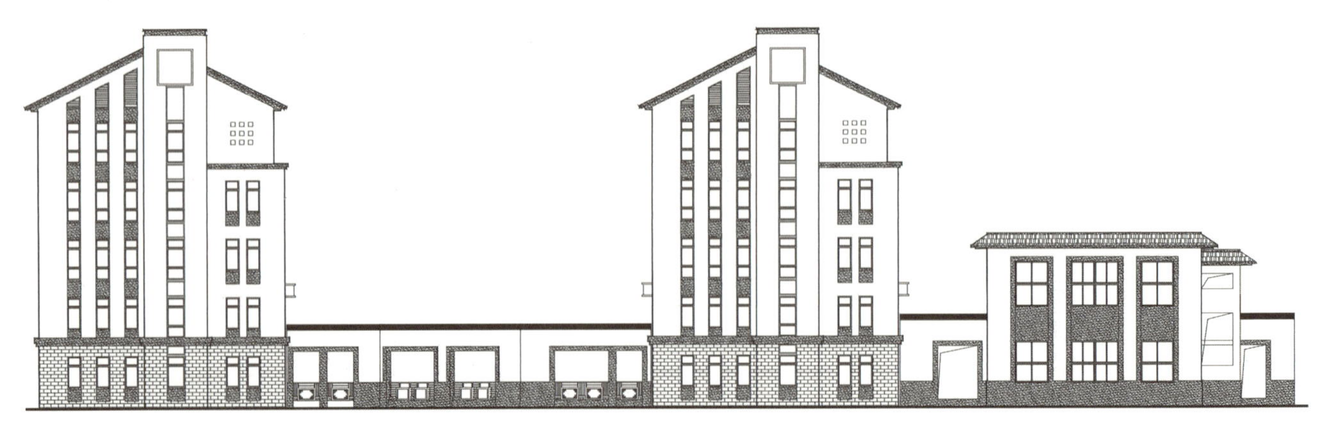

教学楼侧立面

衢州市第四实验学校

项目地点 浙江省衢州市
设计时间 2016 年
竣工时间 2018 年 12 月
用地面积 40028m^2
建筑面积 51381m^2
班级规模 48 班，共 2400 人

总体布局 项目整体采用了“一轴、两带、三节点、四片区”的规划策略。

一轴——地块中部的实验综合楼向南北两翼展开，向北连接普通教学楼、食堂以及宿舍，向南连接体艺馆。

两带——在主入口设置中心景观带，中心为宽阔平整的大草坪，两旁绿树成荫，宛如一幅百米画卷，结合绿地、景观铺地共同构成了校园的视觉核心。

三节点——根据功能需要，方案在建筑布局上分成三个节点，分别为教学空间节点、校前景观节点以及生活空间节点。

四片区——按使用需求划分为行政教学区、多元学习区、生活区以及运动区。

空间组织 建筑“平行方正”，整体呈“U”字形布局，形成一组以中央学习街为主轴，层次丰富、空间错落、格局开放的院落空间体系。院落东西向均开放布局，东西两侧皆设置景观平台，同中央学习街景观平台系统融为一体。平台和院落呈现水平方向的相互错叠，高低变化，与公园相映成趣，最大化地获取优良的城市景观。空间体系形成同城市的对话关系，“从都市回自然”，跃动的水平线拉开了自然的华美篇章，展现建筑空间浓郁的“趣味性”和韵律感。

造型材料 造型以充满韵律变化水平线条为基本骨架，平衡“趣味和典雅”，整体色调上以典雅的暖“灰、白、绿”为主基调，以温馨的木色为辅基调，造型取层层书册相叠的方式，展现出浓郁的学府文化氛围。建筑外墙材料以白色和灰色、绿色仿石涂料为主材，辅以灰白色铝合金格栅、竖向的木色“混凝土”遮阳。

设计感悟 设计贯彻“以教学为中心”的整体建设思想，构成具有现代主义风格的校园环境。项目主要设计理念为“从都市回自然”，以“回归自然，回归自我”为主题，采用“校园建筑综合体”的设计策略，引入“趣味书院”“主题街庭”等特色空间设计，将校园各功能区集约化，形成一个彼此关联的系统。

校园透视图（1）

校园透视图（2）

总平面图

校园透视图（3）

校园透视图（4）

校园透视图（5）

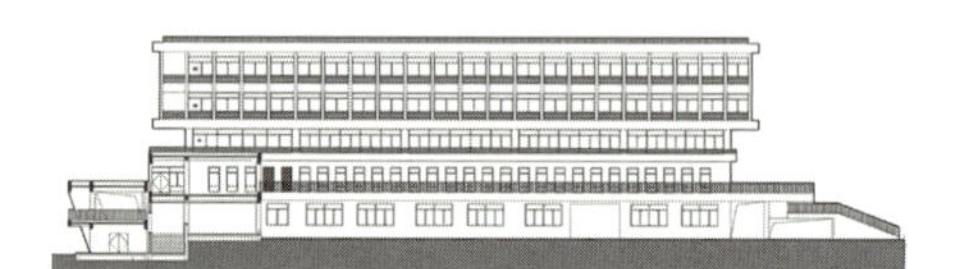

实验楼南立面

实验楼东立面

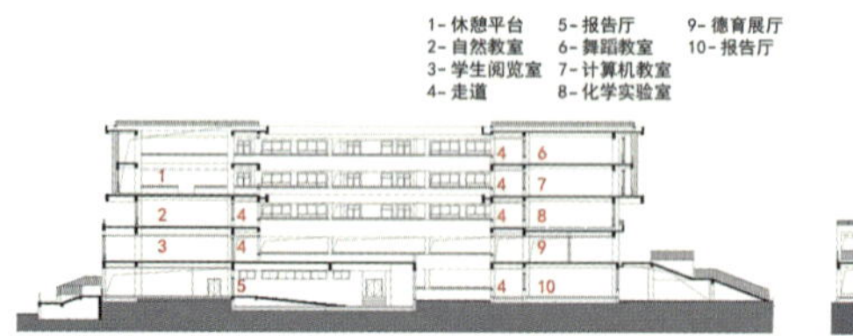

实验楼剖面图（1）

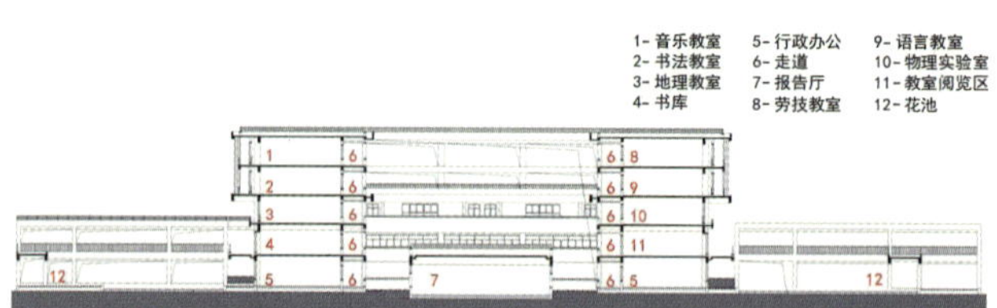

实验楼剖面图（2）

校园操场透视图

室内透视图（1）

室内透视图（2）

中庭透视图

走廊透视图

室内透视图（3）

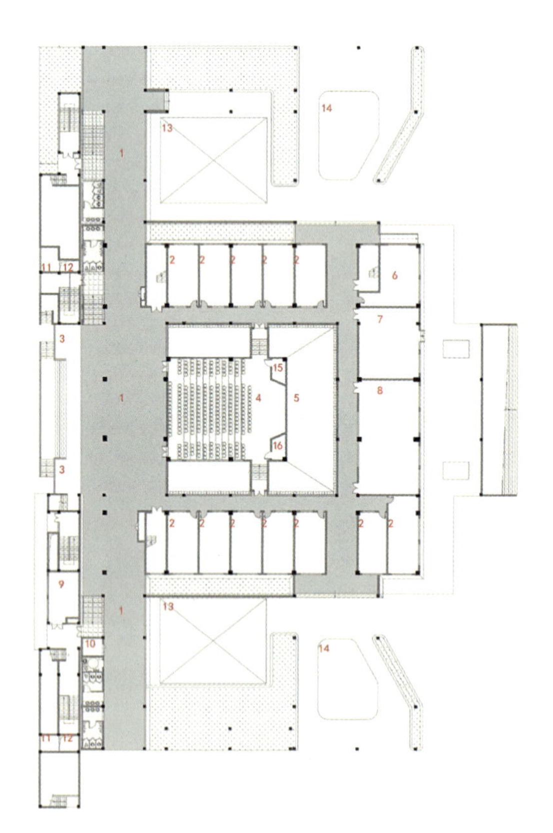

实验综合楼一层平面图

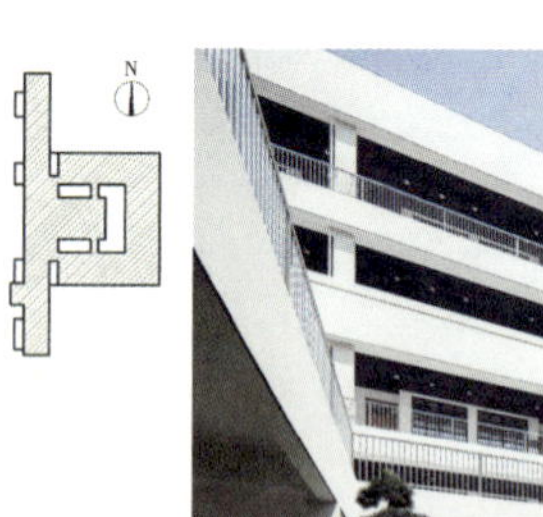

校园透视图（6）

1- 学习街
2- 行政办公
3- 观景台
4- 报告厅
5- 主席台
6- 心理咨询室
7- 监控消控室
8- 大型会议室
9- 广播室
10- 强电室
11- 进风通道
12- 进风井
13- 消防登高地
14- 自行车停车
15- 音控间
16- 杂物间

校园透视图（7）

建德市城东初级中学

项目地点 浙江省建德市
设计时间 2016 年
竣工时间 2019 年 6 月
用地面积 34440.9m^2
建筑面积 21260m^2
班级规模 24 班

总体布局 基地东侧为杭新景高速，北侧有山，西侧有高约20m的山体，对建筑布置影响较大。为保证校园安全，营造舒适、安静的教学环境，校园被南北向中轴线划成两块，主要教学区布置在场地西南侧，运动区布置在距高速公路较近的东侧，体育馆与食堂沿南侧马路布置，方便运动场开放以及食堂后勤运输，同时，利用北侧山谷凹地建设学生室外活动场地（早读园），营造更好的校园空间环境。校园整体布置动静分区明确，主要建筑与周边山体有足够的安全距离，教学区也尽可能远离高速公路，保证教学区安静舒适。

空间组织 校园规划重视生态空间，注意校园空间的营造，重视空间的尺度。通过建筑群体合理、有机布置，创造出一个尊重环境、以人为本、具有浓郁文化氛围的建筑精品。单体建筑立面造型具有强烈的地域气息，并注重简洁、庄重，强调建筑空间的连贯。将建筑内外空间的渗透、伸延与融合、美感与舒适作为空间塑造的重点。建筑造型设计方面，在追求建筑、空间及环境和谐的前提下，努力追求富有独特个性的建筑空间及建筑形象。

造型材料 校园总体结构及立面构图采用较为严谨的理性主义风格，简约大气。以不同层次的院落、广场串联组合各建筑形体，同时以活跃的架空连廊、内院走廊作点缀，富有浪漫主义色彩。吸取江南传统建筑的精华，用现代的建筑手法加以演绎。建筑立面材料选择为涂料，红色墙面与深灰色屋顶，颜色大气沉稳，适当点缀暖色。各组团内院相对活跃，每个内院设置一种主色彩，结合空间合理布置。

设计感悟 项目用地三面环山，南侧为现有的建德市城东实验学校（未来为新安江职业学校）和新建的安置房小区。山麓主要为西北走向，西面最高高程约为105m，北面最低高程为55m，落差达50m左右，山形地貌较为复杂，如何在建筑布局时，与山体景观融合在一起，成为设计的重点和难点。

城东实验学校鸟瞰图（1）

城东实验学校鸟瞰图（2）

城东实验学校透视图（1）

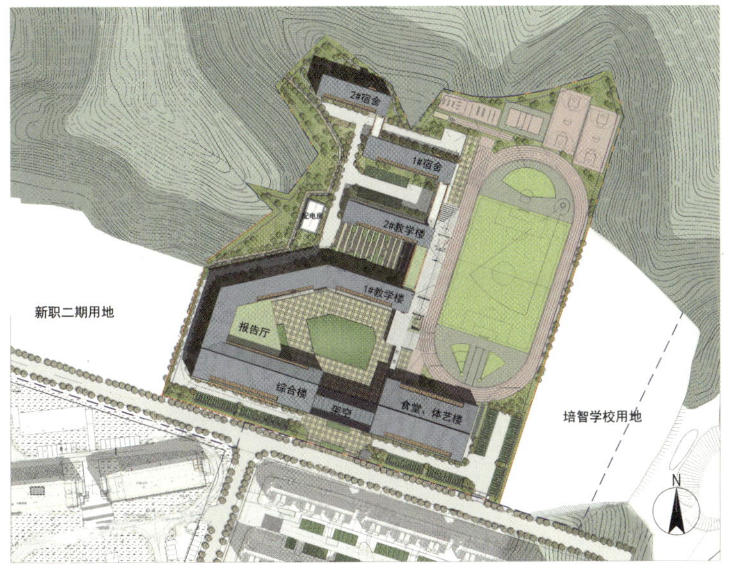

总平面图

城东实验学校室内透视图（1）

城东实验学校室内透视图（2）

城东实验学校透视图（2）

城东实验学校透视图（3）

城东实验学校透视图（4）

城东实验学校透视图（5）

城东实验学校透视图（6）

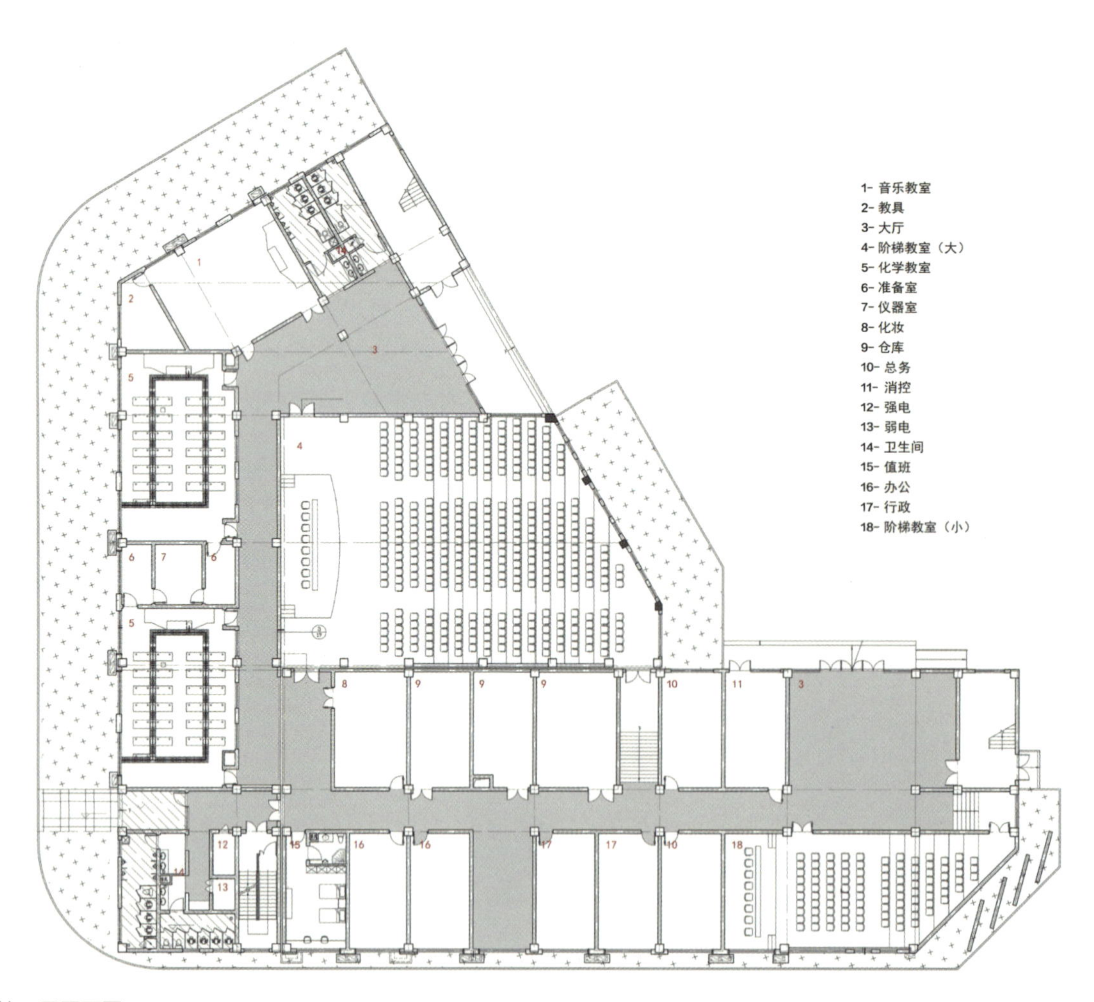

城东实验学校一层平面图

临海市灵江中学（高中部）

项目地点 浙江省临海市
设计时间 2017 年 6 月
竣工时间 2021 年 1 月
用地面积 93345m^2
建筑面积 52571m^2
班级规模 48 班，共 2400 人

总体布局 项目采用“一轴、两片区、三广场”的规划策略。

一轴——在地块南北向设置景观中轴线，由南至北联系了行政综合楼、实验楼、教学楼、食堂宿舍和体艺大楼。

两片区——学校以自然山体为界，分为行政教学片区和生活运动片区。教学组团和生活运动组团南北分界明确，互不干扰。

三广场——学校北部教学组团，从北向南，分为校前广场、入口广场和中心广场。校前广场作车辆暂时停留的区域；入口广场可供家长车辆进入接送学生；中心广场作为学生最主要的学习交流场所。

空间组织 本方案交通组织从校园的安全及管理需要出发，分别设置步行、车行以及消防三个独立的交通体系，体现“人车分流”的组织原则。在校园内部，交通以步行为主，强调相互之间的交通便捷与紧密联系。校园环道主要发挥消防功能，机动车平时基本不进入校园，后勤车辆从次入口进入食堂后勤区，不穿越校园。实验教学楼位于用地东北侧；行政综合楼位于用地西北侧；体艺大楼位于用地中心位置；食堂位于体艺大楼西侧；宿舍位于用地西南侧，从南至北共四栋；运动场地布置于用地东南侧。

造型材料 造型上提取台州的山水文化的精髓，紧扣“书院文化”的母题，在青砖白墙间起、承、转、合，在廊道回转间曲尽其态，历久弥新、源远流长。整体色调上以典雅的暖“灰、白”为主基调，以温馨的木色为辅基调，造型取层层书册相列的方式，结合空调机位格栅形成少量竖向遮阳系统，体现“书韵飘香”意向，融入“现代祥符”整体语境中，展现出浓郁的学府文化氛围。

设计感悟 设计采用“回归自然，灵秀书院，点睛体艺”的设计理念。回归自然：建筑群面与周边区域景观形成完整的景观体系；灵秀书院：台州母亲河灵江寓意为灵秀之江，使灵江中学拥有独特的定位和情怀；点睛体艺：体艺区块是整个校园的点睛之笔，体现灵江中学体艺特色。

校园鸟瞰效果图（1）

总平面图

校园鸟瞰效果图（2）

校园鸟瞰效果图（3）

校园透视图（1）

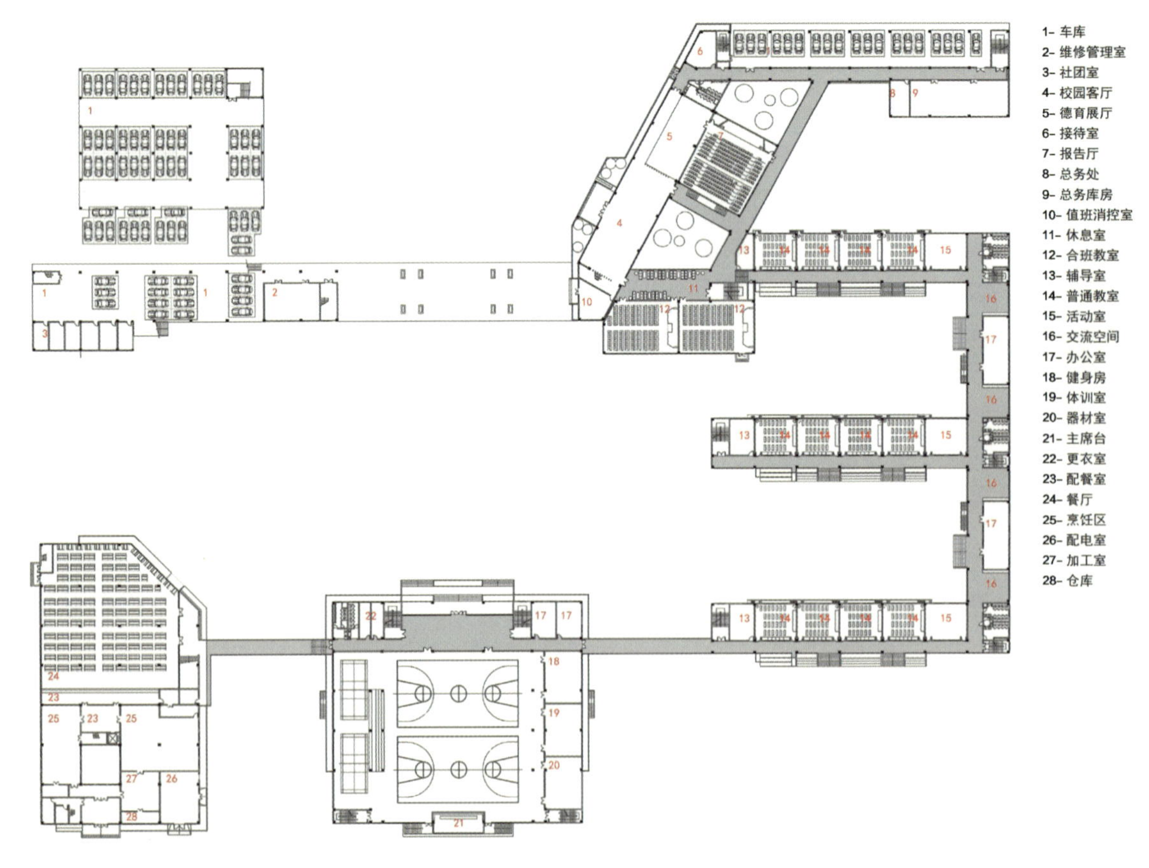

灵江中学一层平面图

校园透视图（2）

校园透视图（3）

室内透视图

校园透视图（4）

校园透视图（5）

校园透视图（6）

校园透视图（7）

校园透视图（8）

校园透视图（9）

威宁自治县民族中学

项目地点 贵州省威宁自治县
设计时间 2019 年 6 月
竣工时间 未竣工
用地面积 $205212m^2$
建筑面积 $119900m^2$
班级规模 120 班

总体布局 学校位于乌撒大道以东，铁路干线北侧100m处，外有风景优美的干海子公园，内有连绵起伏的山脉，风景优美。从大门一直往东，是学校的主轴线，布置有校前广场、大门、入口广场、水景、大踏步、景墙、图书馆、中心下沉广场以及体育馆等，这些空间及建筑形成主轴线序列。园区还结合河道设计了一条景观通廊，将基地两边的城市公共绿化带连接为一个有机整体，进一步提升校园的形象。学校定位为现代化、文化型、绿色型校园，分成四大区域：教学行政区域、生活区域、运动区域及对外区域。建筑空间从东北到西南逐渐由开放过渡到私密。教学、生活、运动三个区域相对独立，形成和谐的三角空间序列关系。

空间组织 整个学校以院落为空间结构组织的基本要素，每处空间都设置相关的民族文化视觉焦点和民族文化主题，再融入错落有致的书院园林空间，空间层层相套，开合有度。教学区和办公区形成多个主题院落空间，各空间相互渗透，层次丰富，各种自然元素渗透其中，局部点缀景观小品，彰显出学校海纳百川、生生不息的人文精神。

造型材料 建筑是一个地区的产物，世界上没有抽象的建筑，它总是扎根于具体的环境之中，受当地自然人文条件的影响，建筑设计利用当地的材料和施工工艺等来营造出独具地方特色的校园环境。屋顶采用坡屋顶瓦屋面的形式，墙面采用石材作为主要围护材料，通过精巧的石材砌筑手法，将大小不同的石材充分利用，并使用当地独有的混凝土实心砖，丰富建筑立面的造型。校园建筑以传统民族建筑色调为主，在细部还能看到一些具有地域特色的木竹、钢管构件和夯土结构，最终打造出一座自然、生态、粗中有细和具有强烈地域文化的学校。

设计感悟 威宁自治县地处中国西部，基础设施相对较弱，学子们求学并非易事，所以设计的初心就是要给学生们提供一个具有民族特色、归属感、自信心的校园空间。项目通过对民族文化的探究，结合当地传统建筑形式，使学校体现名城名校的民族文化和地域特色。建筑立面用构成等手法描绘点、线、面的艺术画面，建筑造型体现了宁静、祥和、广阔、深邃和厚重的校园文化及民族文化，用现代建筑语言和传统建筑材料来诠释学校建筑应有的时代感和文化感。

校园透视图

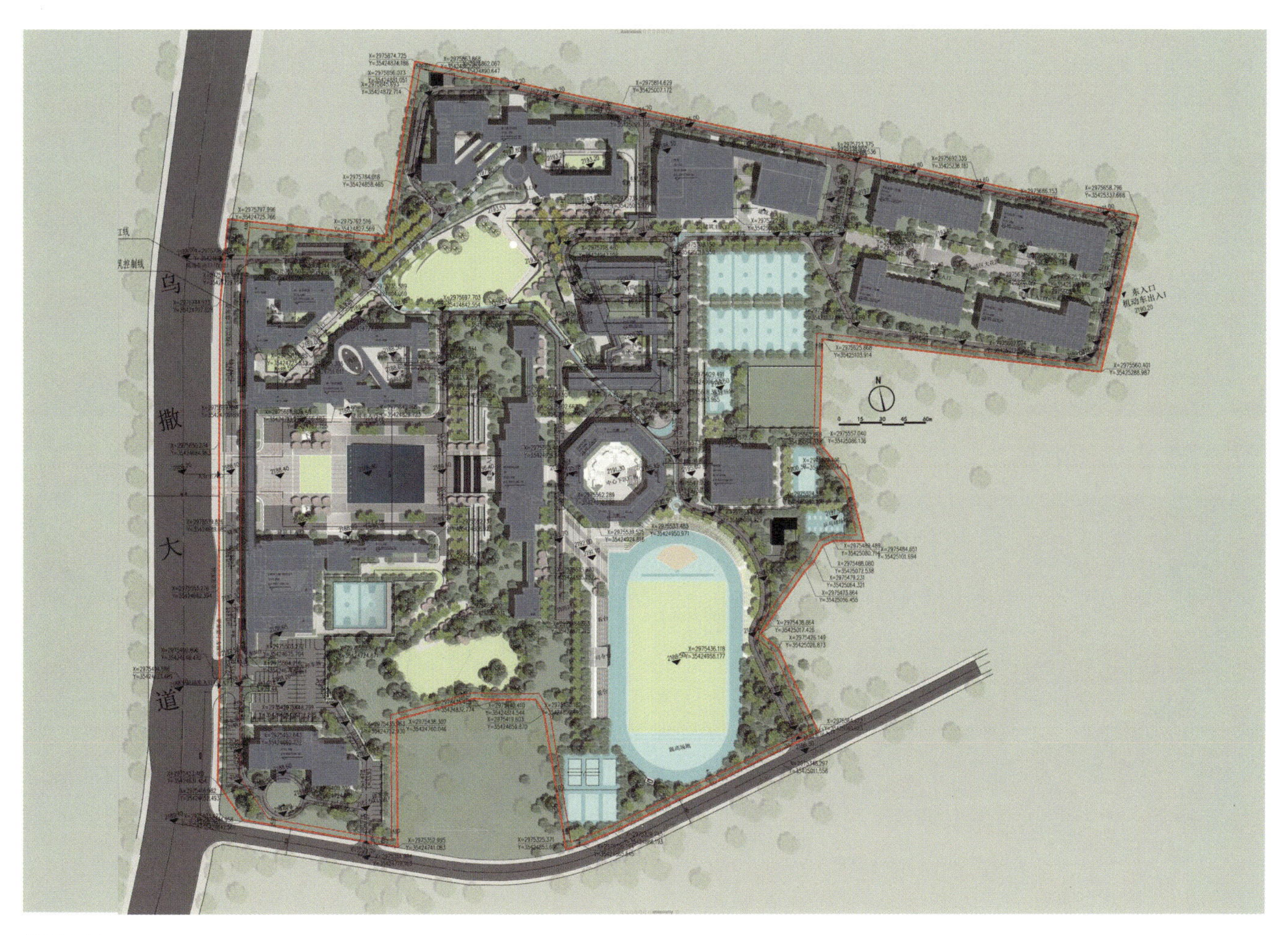

总平面图

校园鸟瞰图（1）

食堂透视图

教学楼透视图（1）

教学楼透视图（2）

教学楼透视图（3）

教学楼透视图（4）

教学楼透视图（5）

校园鸟瞰图（2）

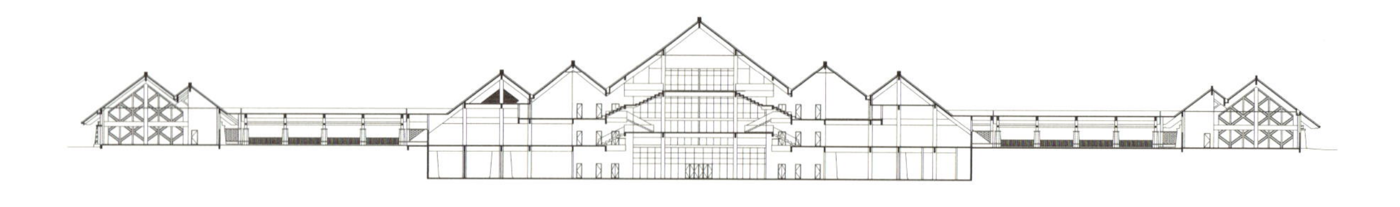

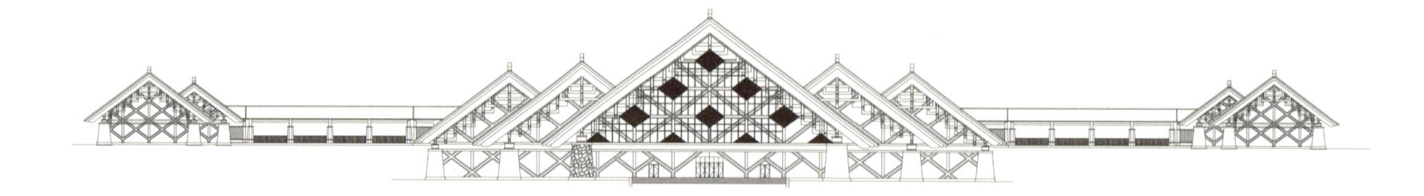

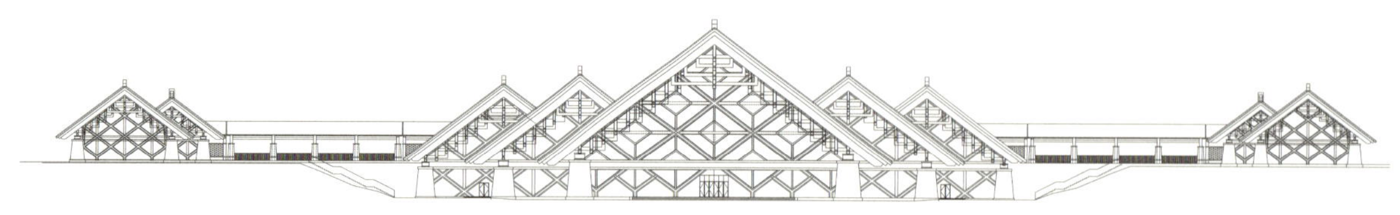

立面图

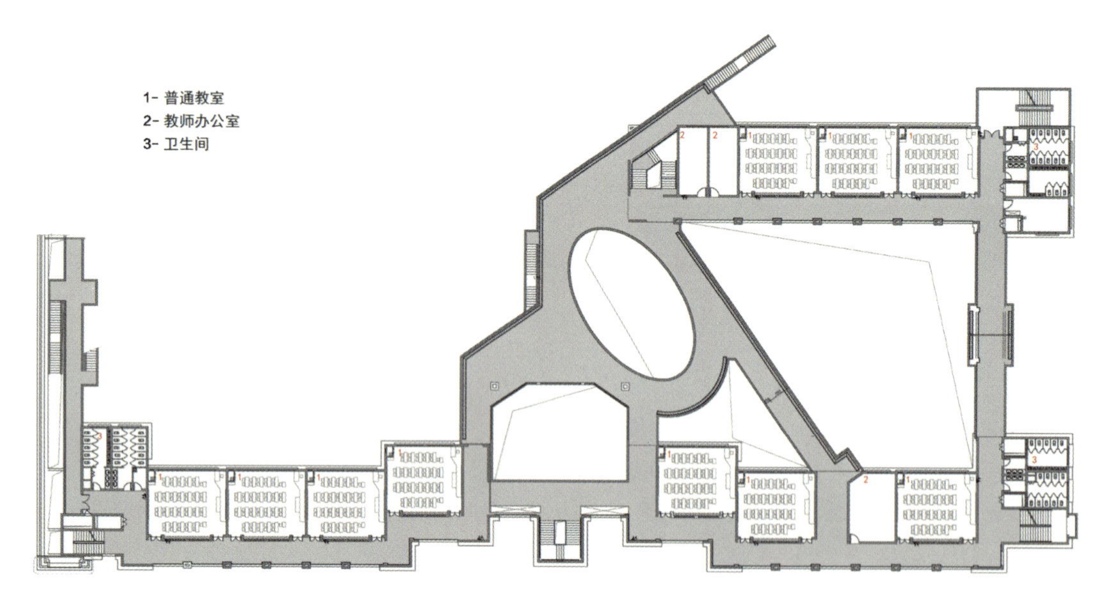

高一组团二层平面图

教学楼透视图（6）

校园鸟瞰图（3）

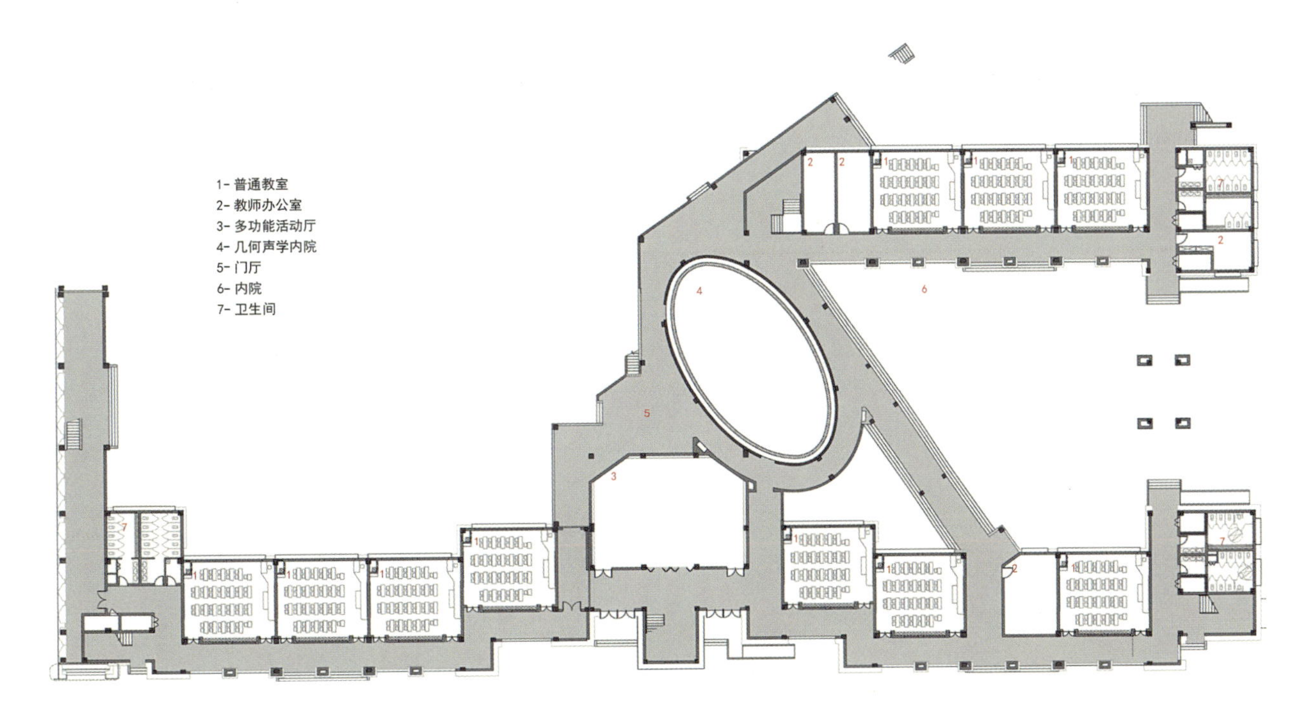

高一组团一层平面图

教学楼透视图（7）

教学楼透视图（8）

教学楼透视图（9）

杭州市西兴北单元中小学

项目地点 浙江省杭州市
设计时间 2014 年
竣工时间 2019 年 10 月
用地面积 58574m^2
建筑面积 10279m^2
班级规模 36 班小学，36 班中学

总体布局 规划设计将教学区布置在场地中央，南北设较大退界，以规避城市交通噪声。同时，设置带状绿化，集中隔离城市道路的噪声，营造安静的教学环境。将行政综合区结合入口设置，有利于入口形象的设计，有一定导向作用。后勤综合区设置在场地西南角，方便后勤出入，且与主要出入口保持一定距离。体育运动场地利用道路退让线，以便两个学校共同使用，并形成良好的城市界面。

空间组织 通过设置公共空间综合体，将校园垂直空间分割为素质教育区与应试教育区。其中，素质教育区域包含了学生活动、多媒体教室、报告厅、校史陈列、荣誉展览以及师生交流等多种功能区，形成了多层级交错复合的趣味空间体系；而应试教育区域相对规整有序，可充分满足现阶段教育形式对建筑形态的要求，沿袭传统又升华传统，形成教学楼垂直的轴线与两大圆形公共空间综合体相呼应的布局。

造型材料 造型上，通过曲线元素的运用构建多维公共空间综合体，利用垂直绿化设计丰富城市绿色景观，并形成亲和友好的城市公共界面；材料上，局部采用玻璃砖增加建筑墙体透光率的同时，还能起到隔热隔声作用；总之，整体上，契合滨江区高新技术的形象，并塑造出崭新校园的时代感与科技感。

设计感悟 整体设计既满足应试教育的需求，同时也借鉴欧美学校的空间模式，将合班、报告、展览、图书、社团以及交流等功能整合成公共空间的综合体。

校园鸟瞰效果图

校园透视效果图

总平面图

功能分区分析图

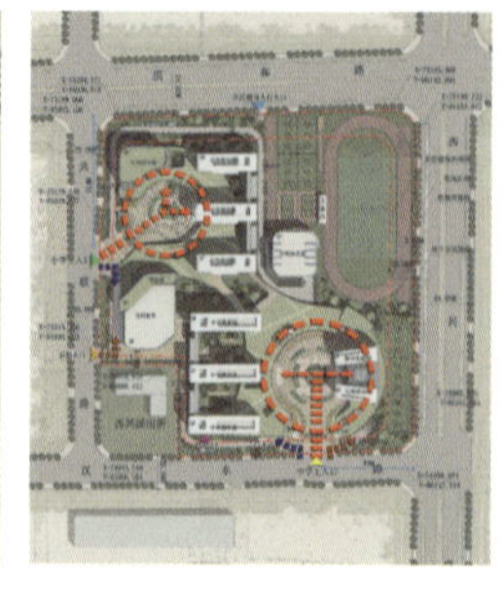

交通流线分析图

景观绿化分析图

校园航拍图（1）

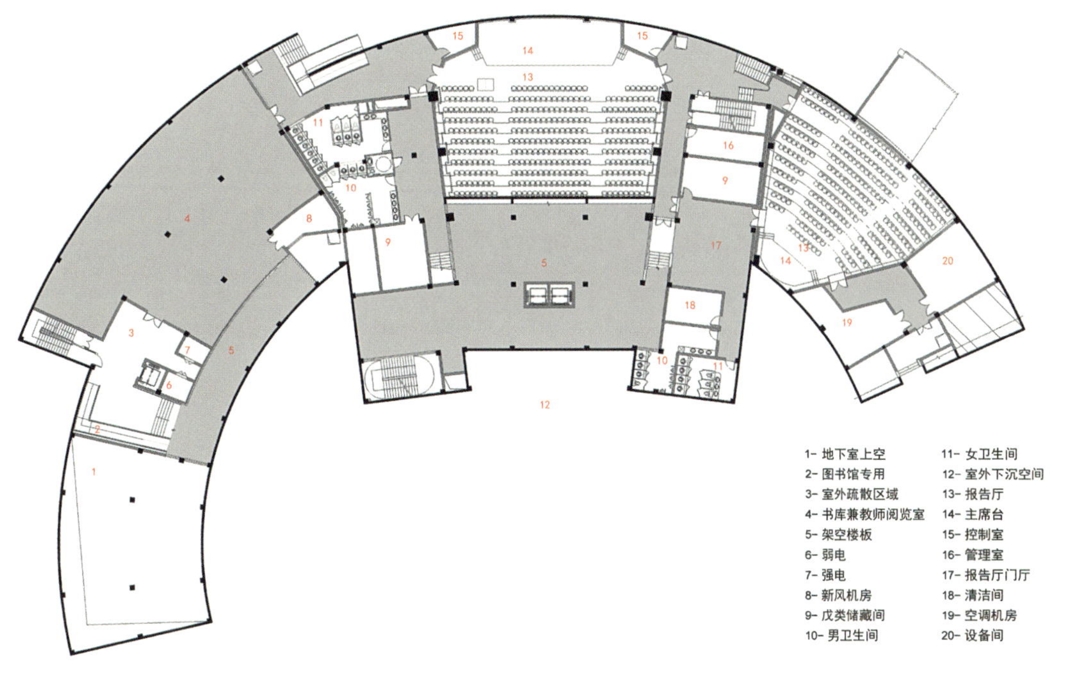

中学部行政楼一层平面图

校园航拍图（2）

校园航拍图（3）

校园航拍图（4）

校园航拍图（5）

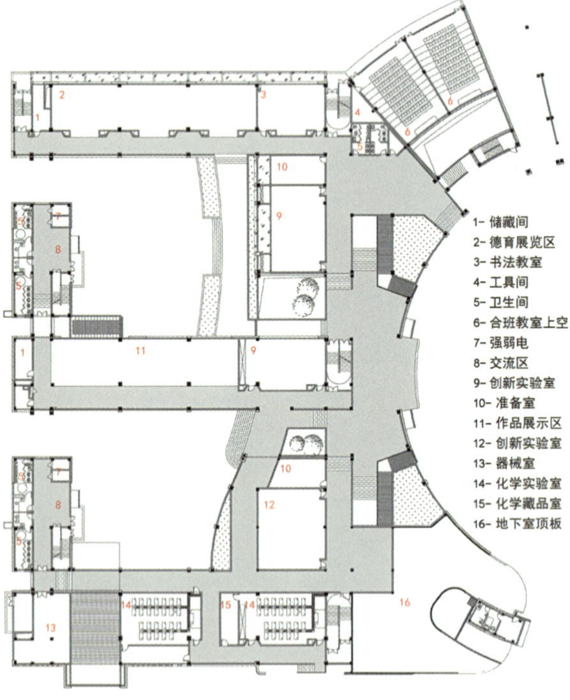

中学教学楼一层平面图

中学教学楼南立面图

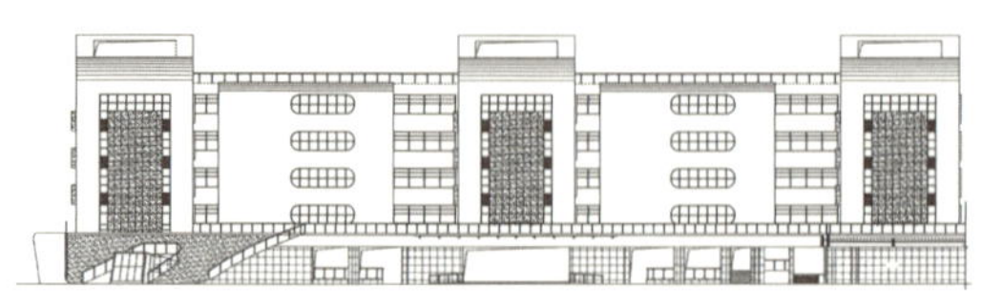

中学教学楼东立面图

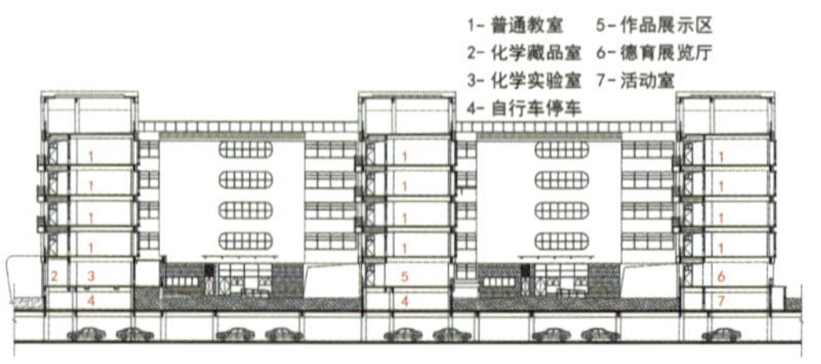

中学教学楼剖面图

温州市泰顺明德实验学校

项目地点 浙江省温州市
设计时间 2018—2020 年
竣工时间 2021 年 7 月
用地面积 69500m^2
建筑面积 62000m^2
班级规模 36 班小学，24 班中学

总体布局 本方案一期用地为不规则长条形地块，西侧为文祥大道，北侧为天关山路。设计中将学校的主入口开设于地块北侧道路上。交通组织从地形条件出发，围绕建筑外围，自然形成环线，作为道路网骨架。整体建筑布局顺应地势，由北向南分别是运动区、教学区以及生活区。生活区沿天关山路的风雨操场和一栋二期用房围合成主入口，向南侧则是足球场，四栋教学楼相连形成一个建筑体面朝文祥大道，作为形象入口。由北向南延伸的开阔的中央景观大道，成为景观核心。室外田径场、风雨操场以及地块西南侧的运动场地组成运动区。

空间组织 方案以综合教学楼为中心，整个校园由北向南以中央景观大道作为主轴线，建筑之间围合形成若干个尺度不同的庭园，庭园空间收放有致，体现出传统建筑的庭园情怀。严整有机的规划结构实体以建筑群为依托，虚空间以道路、水系、广场、绿化系统为主线，相互渗透、相互融合，形成了丰富的空间层次和环境层次。精心雕琢的建筑单体，使学习、运动、生活相互紧密联系，又带来了多样的校园形体，校园景观得到有机结合。单体不仅追求体量关系、美感，也对细部进行细致的刻画，力求形成具有传统特色的建筑。每栋建筑均穿插布置活动平台，为师生提供生态的休息场所。

造型材料 本项目地形较为复杂，外部山体环绕，周边皆为田地。建筑依据地势进行布局，区域动静分隔，建筑物基本以缓坡屋面为主，在建筑的外立面上进行了木结构外廊和木格栅的交错设计，融入了泰顺当地传统及廊桥文化，在丰富外立面的同时，使建筑造型和文化传统相结合。

设计感悟 为响应政府号召，坚持“生态立县、绿色崛起”的理念，本方案把绿色生态贯穿于设计之中，诗意的空中绿化，学校文化与景观相融，形成独有的绿色的学习氛围。建筑被绿化环绕，在为学生读书、休息提供更好保障的前提下，也是泰顺县重要的城市名片。

校园鸟瞰图

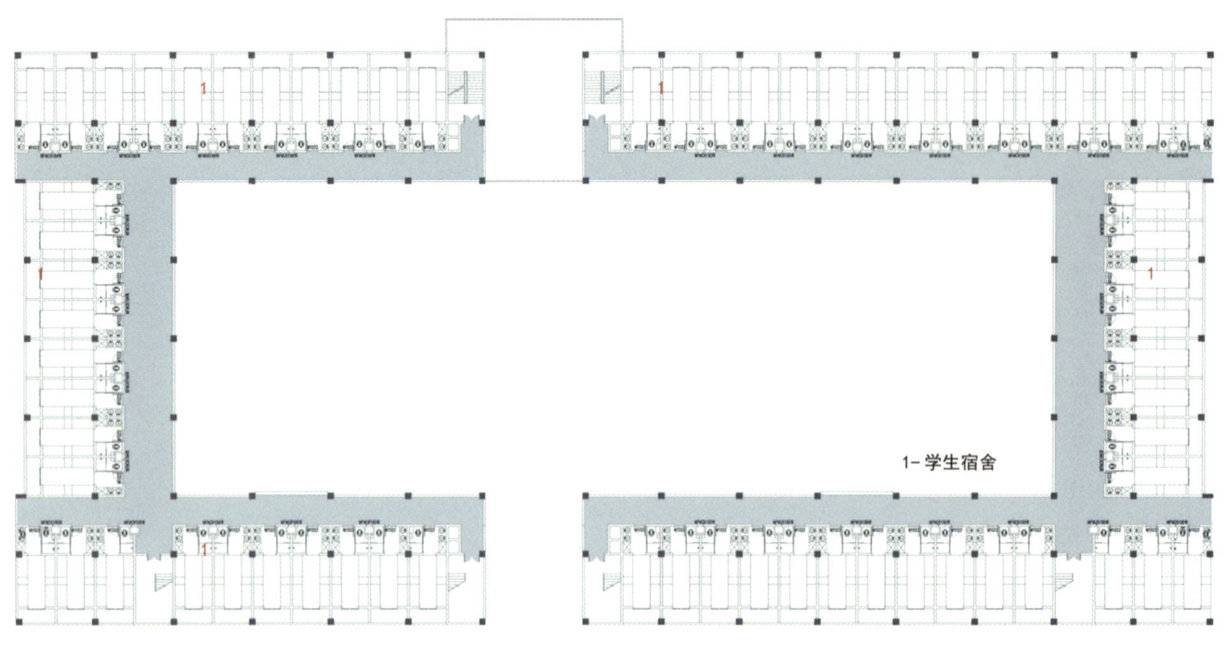

学生宿舍二层平面图

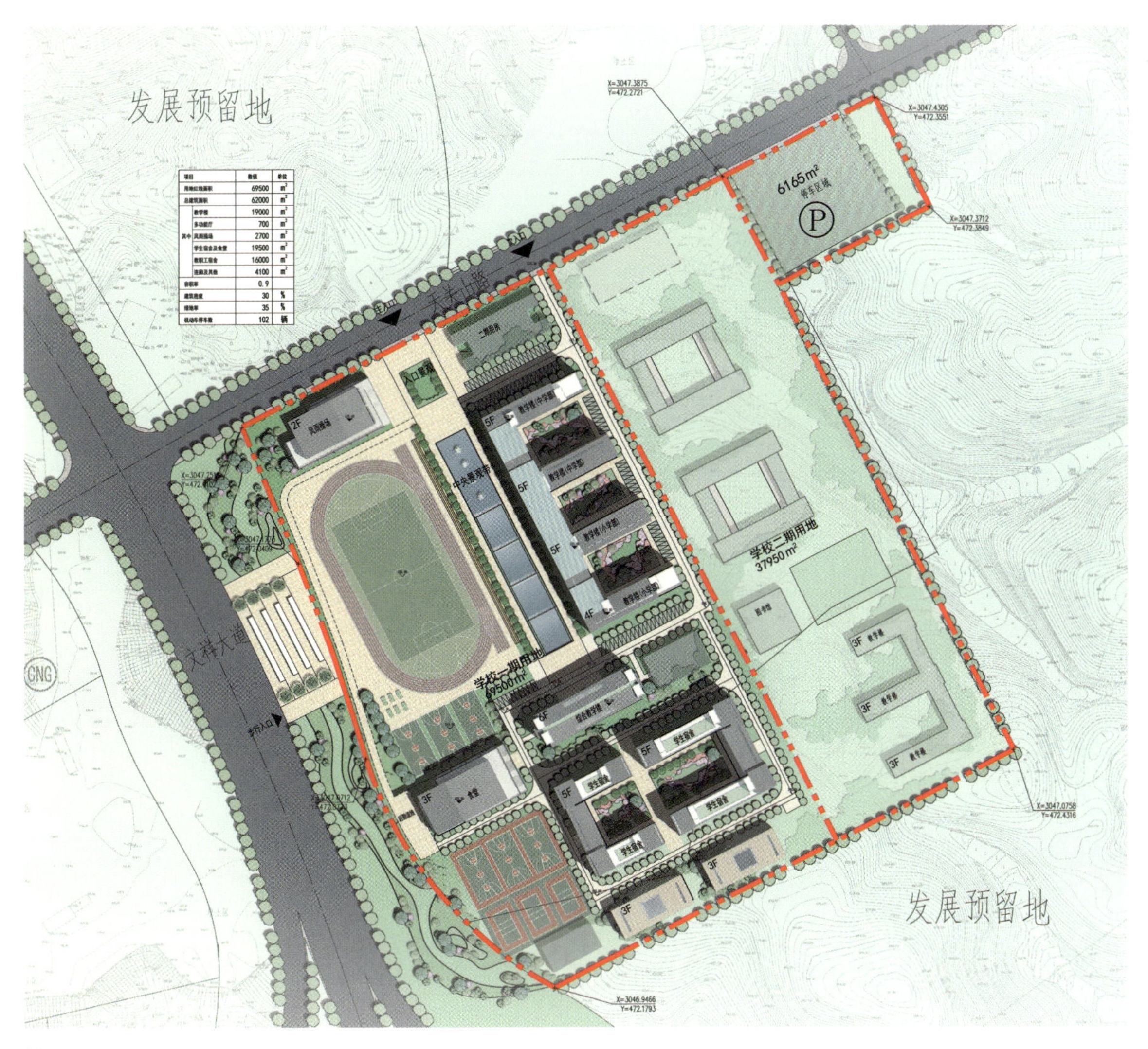
发展预留地
项目 | 数值 | 单位
用地红线面积 | 69500 | m²
总建筑面积 | 62000 | m²
其中 教学楼 | 19000 | m²
多功能厅 | 700 | m²
风雨操场 | 2700 | m²
学生宿舍及食堂 | 19500 | m²
教职工宿舍 | 16000 | m²
连廊及其他 | 4100 | m²
容积率 | 0.9 |
建筑密度 | 30 | %
绿地率 | 35 | %
机动车停车数 | 102 | 辆
6165m²
停车区域
学校二期用地
37950m²
学校一期用地
69500m²
文祥大道
CNG
发展预留地

总平面图

警务联系点

校门口效果图

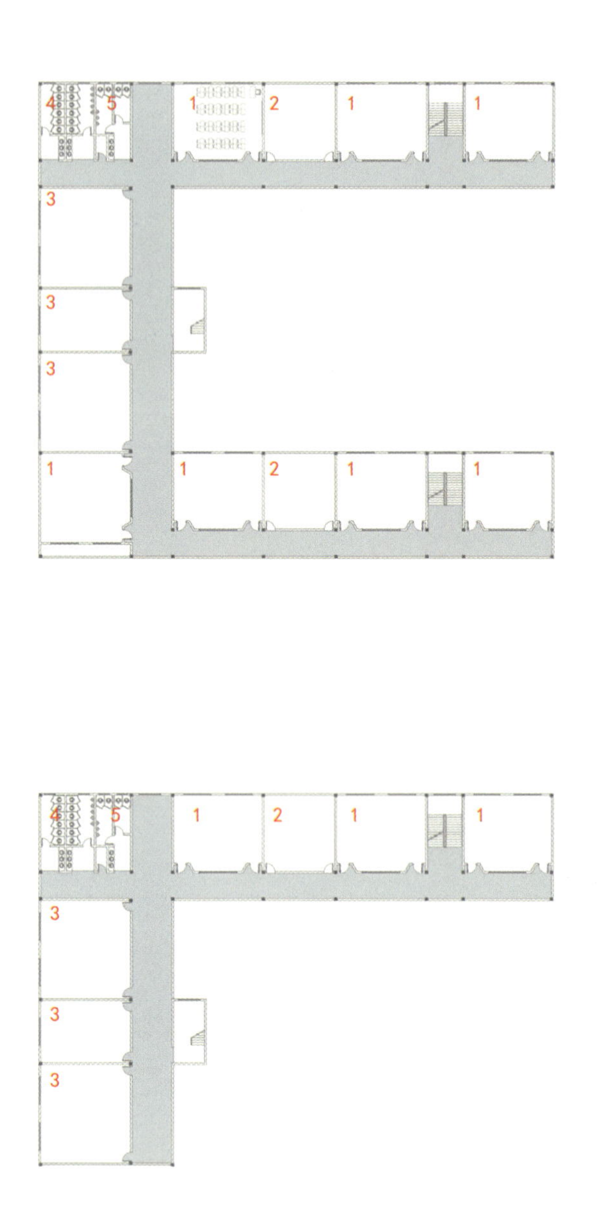

教学楼一层平面图

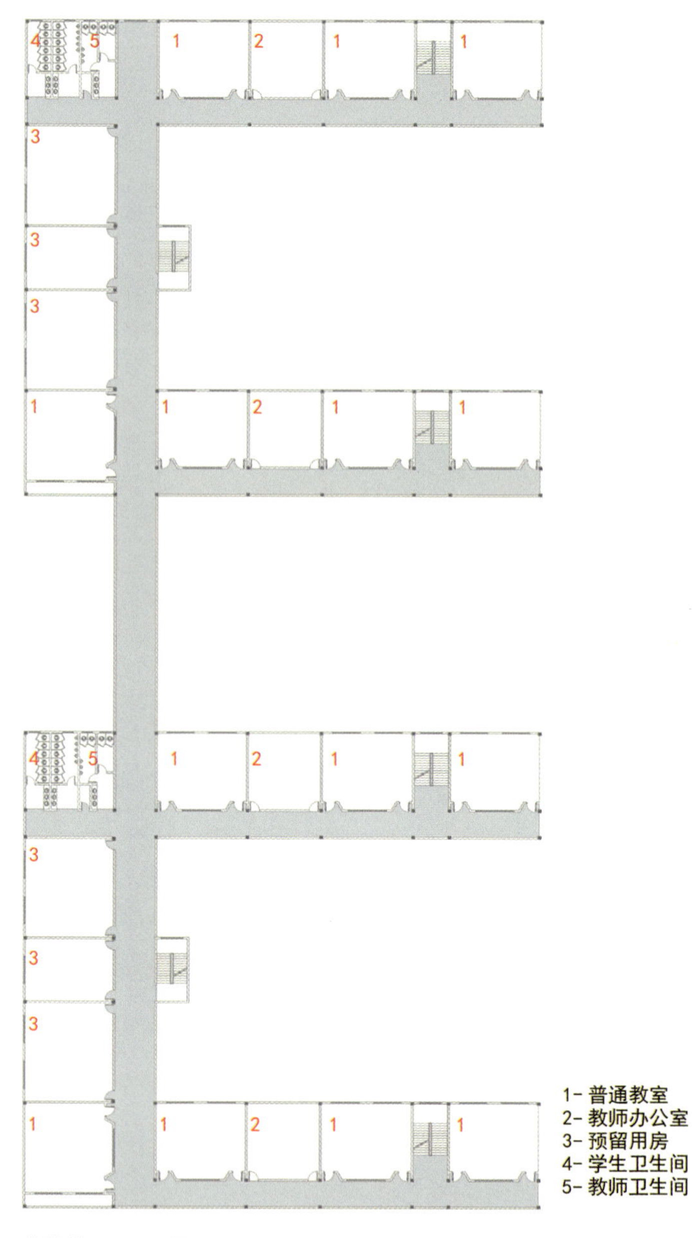

教学楼二层平面图

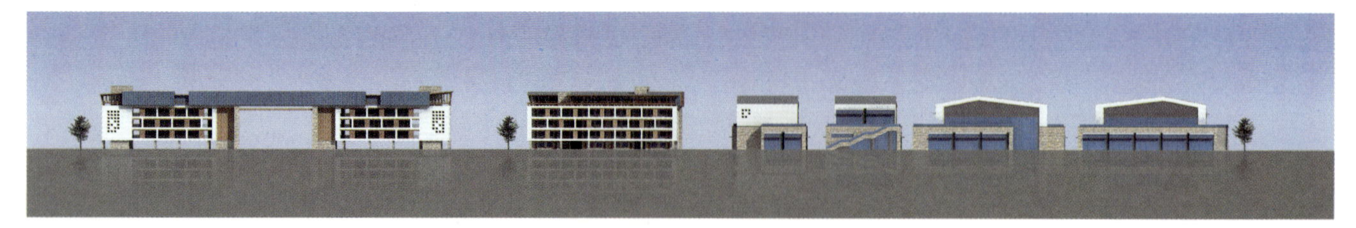

立面图（1）

立面图（2）

校园鸟瞰图

教学楼透视图

主入口透视图

操场透视图

教学楼透视图

连云港市赣榆高铁拓展区初级中小学

项目地点 江苏省连云港市
设计时间 2020 年 10 月
竣工时间 2022 年 8 月
用地面积 108038m^2
建筑面积 94955m^2
班级规模 18 班幼儿园，48 班小学，30 班中学

总体布局 本方案总体布局主要分成三个部分，分别是位于西侧校前广场的入口区，场地北侧的建筑教学区，以及南侧的室外活动区。在整体布局上，中学教学主楼设置在地块中部，北面布置实验楼、食堂，东面布置综合学习街、校园客厅等；小学教学主楼设置在地块中部，东面布置校园客厅、学习街等；幼儿园的幼儿活动室、寝室等设置在地块中南部，东面布置室外活动场地。

空间组织 中学地块东侧与北侧都贴临城市绿化带，南侧为沿河景观绿道，均不适合开设机动车出入口，所以选择在西侧 16 m规划支路设置机动车和后勤入口。小学地块与中学地块周边道路相近，同样选择在西侧 16 m规划支路设置机动车和后勤入口。两地块南侧设车行次入口。幼儿园地块位于小学地块南侧，西侧、南侧与其他地块相连，东侧贴临城市绿化带，只有在北侧临振武路开设出入口。

造型材料 在方案设计中，通过圆润屋顶强调外形轮廓线条面，中廊等交通空间或收窄或放大，连廊采用实体栏板。立面上运用彩色铝合金竖向装饰构件不规则排布，增加立面层次感。室内局部使用自然采光天井以及大面积平台系统。运用绿建技术将绿化空间自然地引入建筑内部，弱化了建筑结构的冰冷感，把单纯重视装饰功能的灵活性和显示空间的艺术性转向重视空间环境、文化传统与视觉生态平衡，空间层层叠叠，一派朗然大度。

设计感悟 本案取“端木书台”立意，以有序的节奏变化把中小地块链接起来。平台系统也营造了“问学书台”的整体学术氛围，体现教育建筑的特有气质。另外运用了“复合首层”的设计手法，加强空间引导，提供丰富多元的活动场所。充分保留并利用地块中河道的自然景观资源，大尺度架空层保证了校园地面自然环境的整体性，而不似往常被建筑割裂为无数零碎院落，将学校的地面层塑造为一个整体的大花园。

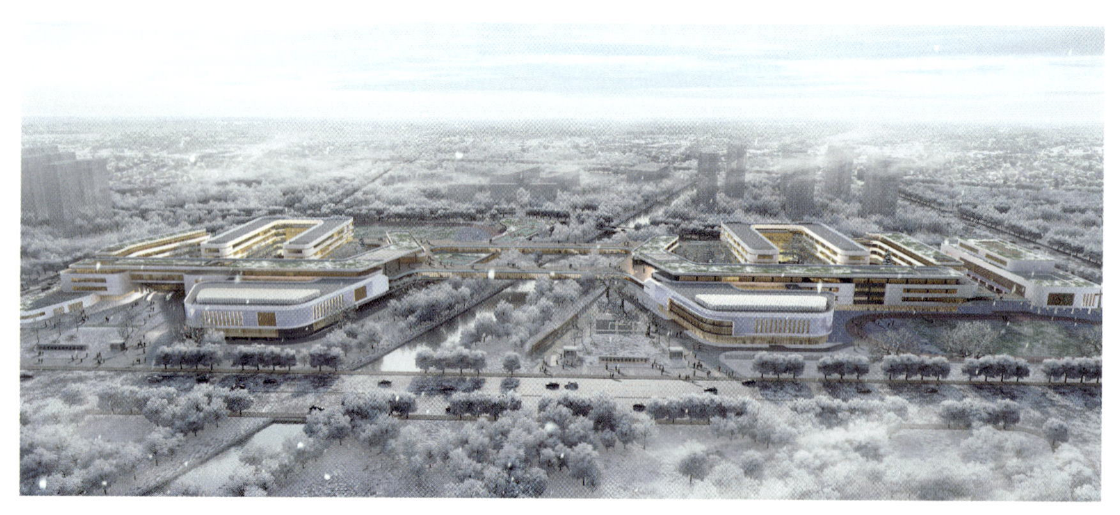

校园鸟瞰效果图（1）

总平面图

校园鸟瞰效果图（2）

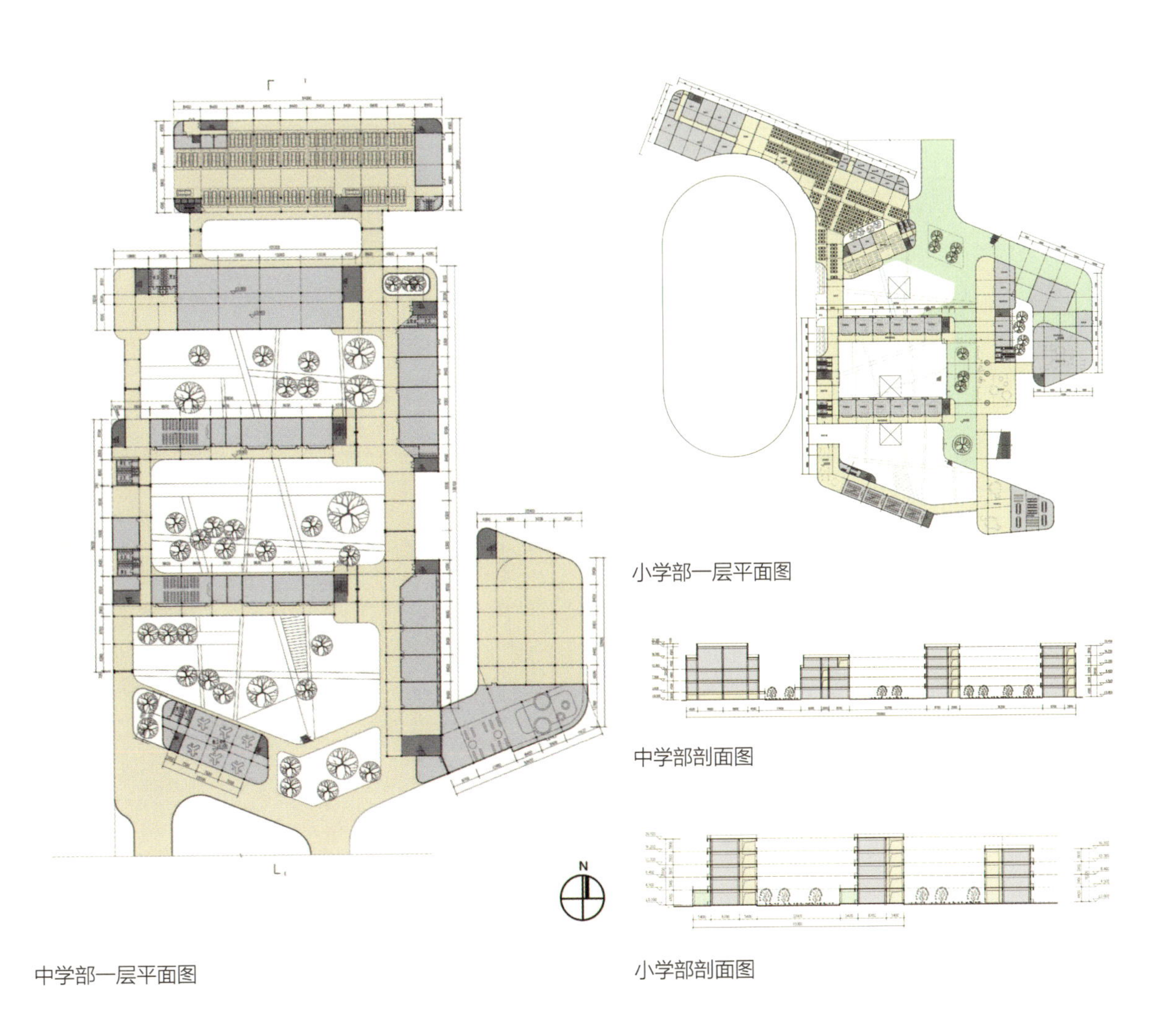

小学部一层平面图

中学部剖面图

小学部剖面图

中学部一层平面图

校园鸟瞰效果图（3）

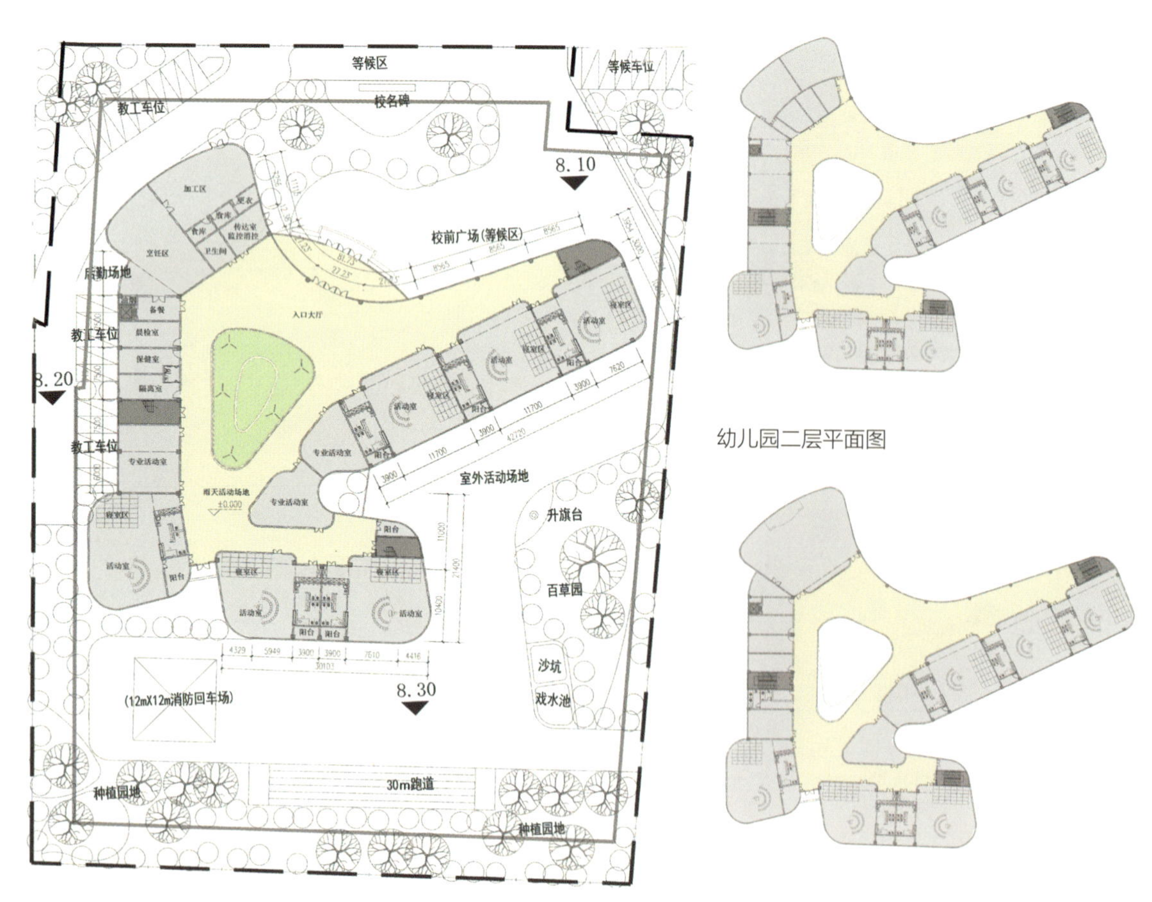

幼儿园二层平面图

幼儿园一层平面图

幼儿园三层平面图

校园透视效果图（1）

校园透视效果图（2）

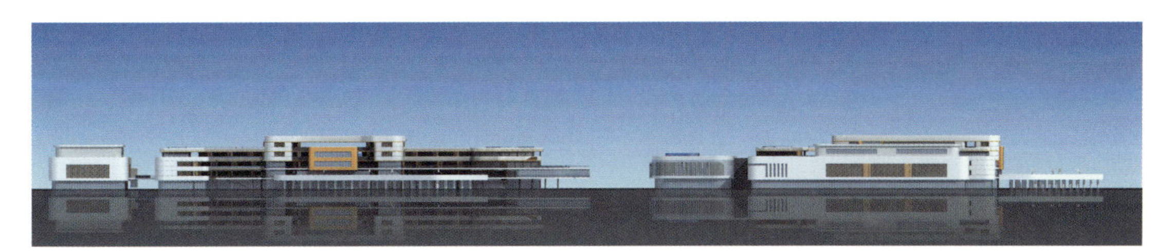

初中部西立面图　　初中部北立面图

小学部西立面图　　幼儿园东立面图

杭州市大关小学

项目地点 浙江省杭州市
设计时间 2019 年
竣工时间 未竣工
用地面积 29009m^2
建筑面积 42559m^2
班级规模 27 班，共 1215 人

总体布局 规划以“一核、一轴、两区”为基础来组织总体建筑空间。

一核——汇聚之核。地块在东侧即民生路一侧设置主广场空间，结合城市绿化打造景观纵深，成为学校的汇聚之核。

一轴——共享之轴。规划由南往北形成一条中央学习街，通过中央学习街连接教学组团区及公共扩展区。

两区——动区、静区。普通教学用房沿地块北侧文教路及民生路设置，形成完整的组团式教学功能区，成为静区；在地块噪音干扰较大的南侧设置综合扩展区，主要设置食堂体育楼、音乐教学综合楼以及综合楼，形成动区。

空间组织 体育区共位于用地西侧，包括一处 250m跑道操场、2 处篮球场、1 处排球场。教学区布置于综合环境最好的地块东北侧，有两幢 U 形教学楼围合成一个教学组团，形成既封闭又开放的书院式教学组团。综合扩展区设置于地块的东南侧，通过校园主广场串联组织交通。食堂、体育楼设置于综合区块的西南侧，临近体育区。综合楼位于综合扩展区的中心位置。综合扩展区的北侧为行政办公楼，行政办公楼利用地块内历史保留建筑，一层为校史展览区，二层为行政办公区。

造型材料 立面设计以新中式为主基调，既保持了传统建筑的精髓，又有效地融合了现代建筑元素与现代设计元素，并在改变传统建筑功能的同时，也增强了建筑的识别性和个性。音乐教学综合楼和历史保留建筑采用铝板为主要材质，契合工业风的区块规划。同时，在立面处理形式上采用灵动的屋面及开窗形式来表现音乐的飘逸。通过材料对比和细部处理来丰富建筑形象，并以新颖别致的景观处理手法，使主体建筑漂浮于景观平台之上，从而赋予建筑新的时代特征。

设计感悟 本项目设计灵感源自古典书院之美。将书院的围合感与韵律感融入校园的空间肌理，并将各个功能空间彼此有机串联、紧密结合，在提高整体空间利用率的同时，为学生提供富有层次的交流场所，展现了学校旺盛的生命力与凝聚力。

校园鸟瞰效果图

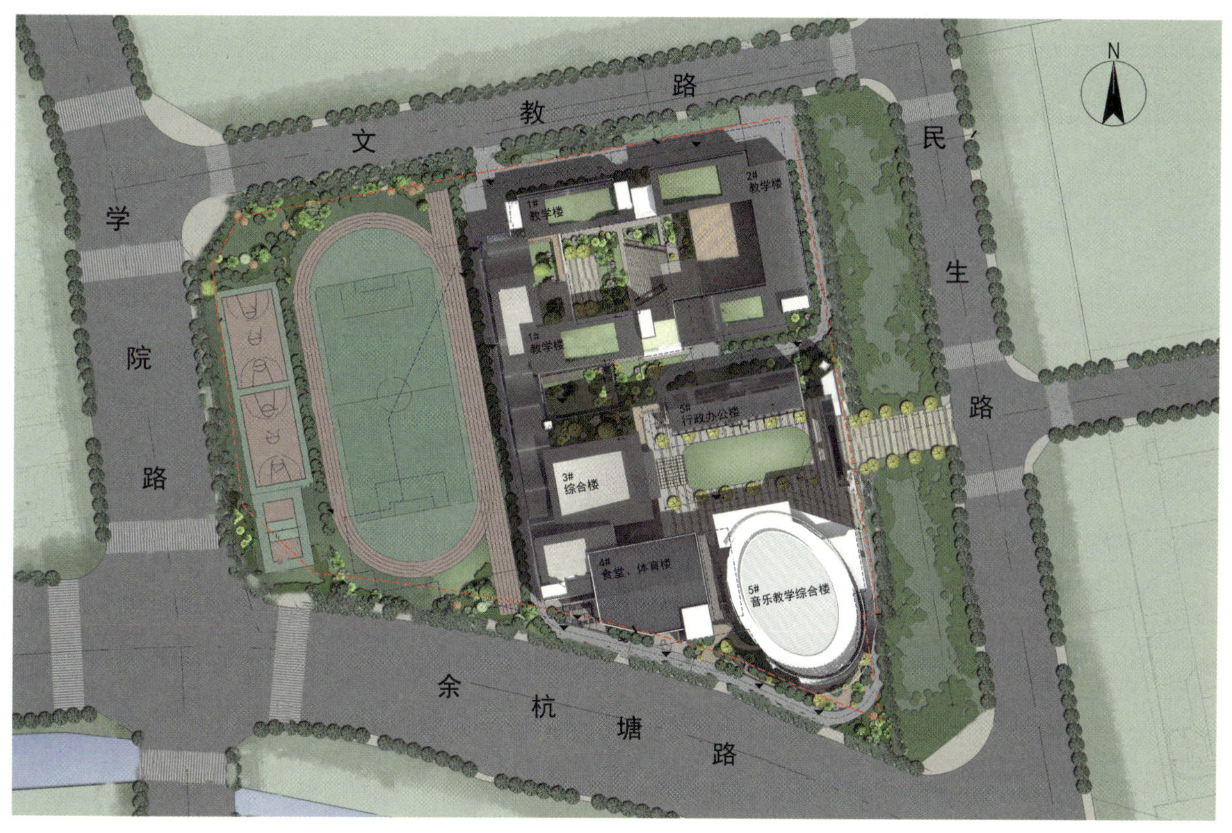

校园总平面图

校园东立面效果图

校园西立面效果图

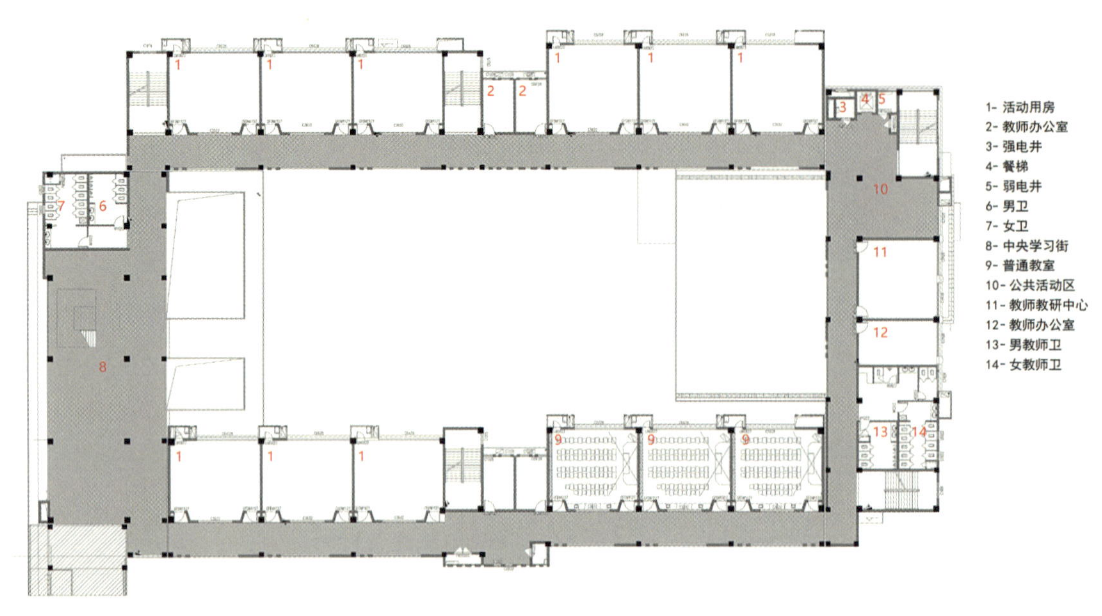

校园教学楼二层平面图

校园行政楼改造效果图

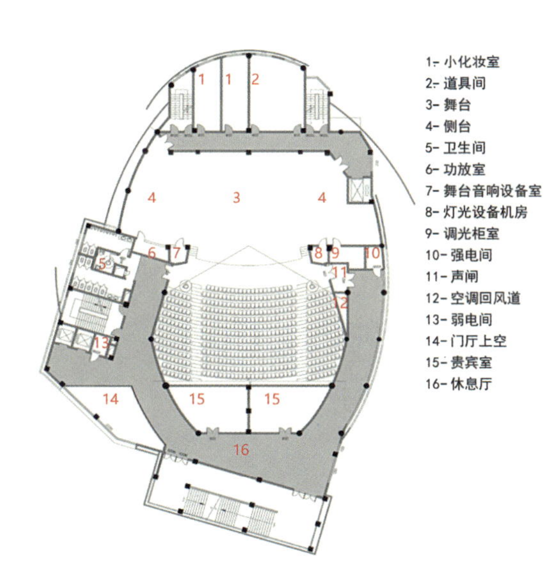

校园音乐厅室二层平面图

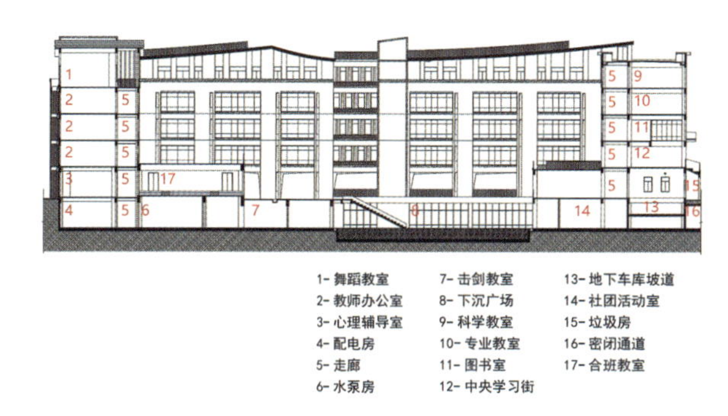

校园教学区剖面图

校园教学区立面图

校园音乐厅室内效果图

校园阅读交流区效果图

校园庭院效果图

校园教学区透视效果图

杭州市钱江农场学校

项目地点 浙江省杭州市
设计时间 2020 年
竣工时间 未竣工
用地面积 39378m^2
建筑面积 58723m^2
班级规模 36 班

总体布局 进入校园后可分上下两个并联入口，主入口正对通向二层的大台阶，通过大台阶可到达二层的校园大平台，校园客厅（家校共建中心）、中庭、休息厅、翠苗原等延续着南北向的空间气势主轴；另一个入口分布在大台阶两侧的校园客厅入口通道，进入后为校园客厅，与钱江农场历史展厅相隔一个中庭，两侧的连廊形成空间骨架，联系教学楼、行政楼、后勤综合楼以及实验综合楼等主要教学空间。

空间组织 各个单体间通过绿化庭院将教学空间隔离，开放式的院落空间灵活布置，自由渗透、融合，公共交流空间融入教育功能体。由于南侧杭甬高速路的存在，设计师将普通教室尽可能靠北侧设置，超过规范要求的退让高速路 80m，将车辆噪声对学生的影响降到最小。

造型材料 屋面绿化及活动空间的柔性边界通过覆盖不同材质的方式，增加了更浓郁的建筑形象，也减弱了对周围建筑的视线压迫。在整体色调达到统一和谐的前提下，利用活泼明快的色彩作为修饰，极大丰富了建筑的造型语言，并且增强了特定功能空间的可识别性，符合小学建筑使用特征，对儿童产生积极的影响。

设计感悟 项目中活泼灵动的造型契合了学生的个性表达，教学楼立面上运用错落的、不同节奏的开窗造型，整体韵律取书册相叠的韵味，营造出浓郁的“书院飘香”氛围，彰显学府情怀，也为广大师生提供充满回味的书院空间。

校园透视效果图（1）

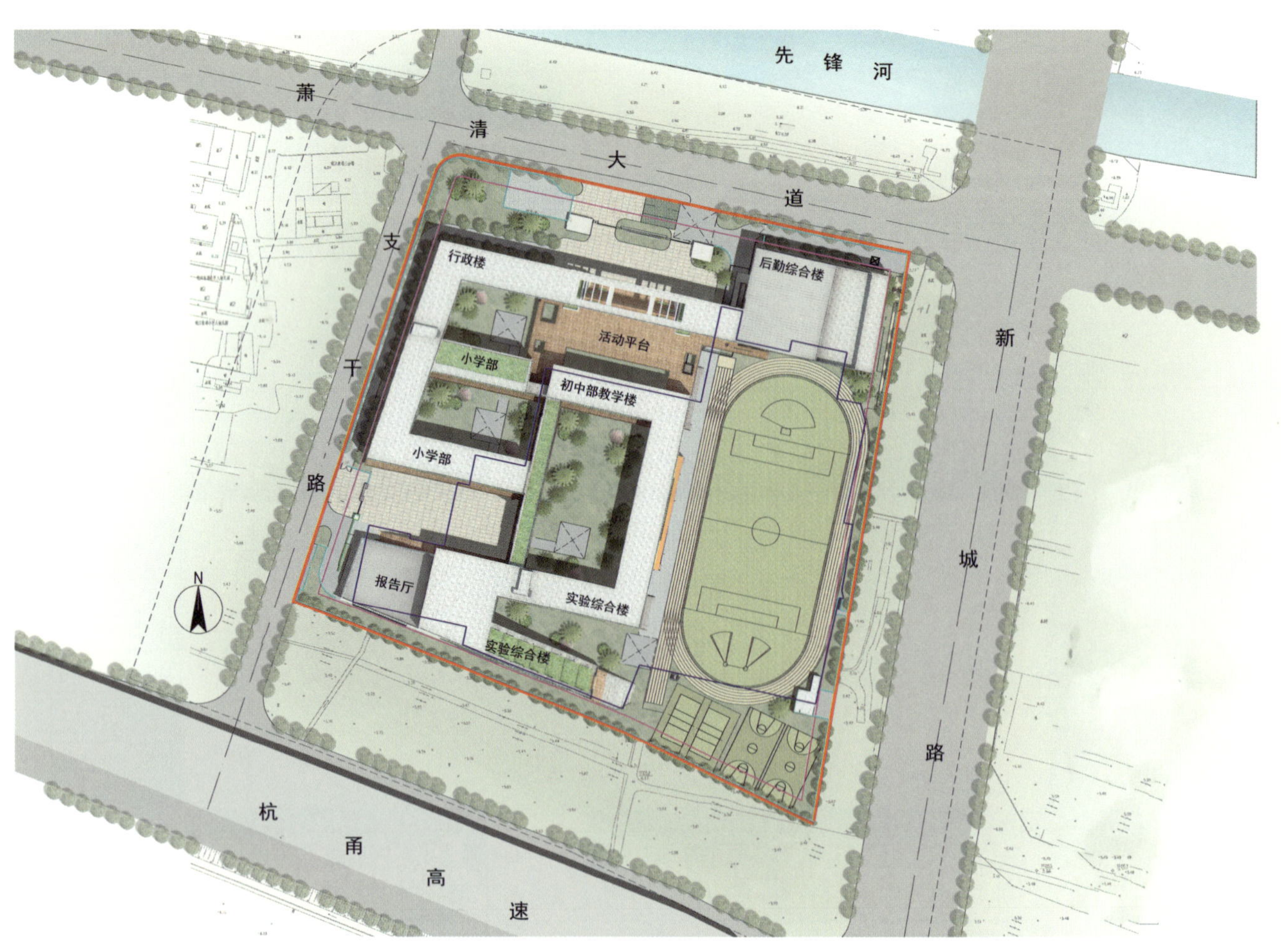

总平面图

校园鸟瞰效果图（1）

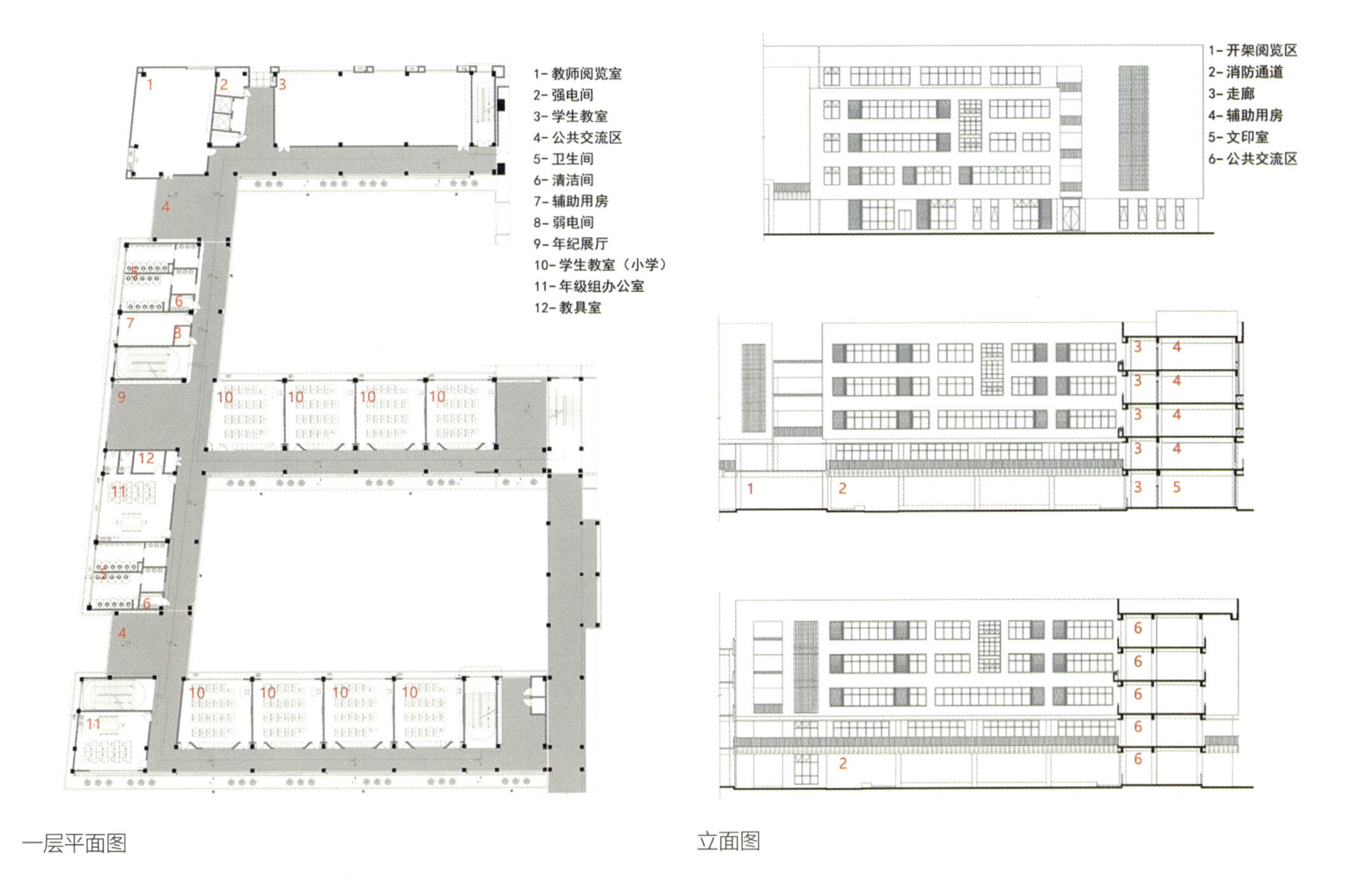

一层平面图

立面图

校园鸟瞰效果图（2）

校园透视效果图（2）

施工现状图（1）

施工现状图（2）

杭州市星灿九年一贯制学校

项目地点 浙江省杭州市
设计时间 2021 年
竣工时间 未竣工
用地面积 63417m^2
建筑面积 82871m^2
班级规模 63 班

总体布局 学校整体朝向依据南侧上塘河的流向及周边建筑肌理生成，形成“缘河而生”的朝向态势。主入口校前广场分别设置于星灿路南北两侧，由两个学部的综合实验楼和行政楼围合而成，并通过跨路环廊串联环抱。两个学部的综合实验楼靠近布局有利于教学空间和师资力量的共享，有利于提升效能。教学组团则通过中央学习街平台系统串联，在南北两端分别以国学馆和艺术会议中心两馆作为结尾。将食堂与风雨操场设置于北侧地块的东南角，偏安一隅，与西侧的教学组团形成物理隔离。

空间组织 项目地处上塘河北侧，历史悠久，宋代班荆馆彰显地方特征。方案以“宋韵”为文脉基因，汲取宋式建筑细部特征，结合大运河文化风貌，打造宋韵“上塘书院”。校园整体的教学空间形态布局遵循宋式合院形制，由南至北串联而成，起伏的屋面层层叠叠与远山交织呼应。体艺馆、艺术会议中心以及图书馆等附属空间以亭台之势作为收尾。校园整体空间布局疏密有致，与远山，与上塘河形成和谐之势。

造型材料 项目在材料选用上也充分考虑宋韵特征。外立面材料主要采用浅灰色真石漆；屋面采用具有宋式风格的深灰色铝镁锰板材料，轻盈与雅致；檐口下的线脚转译宋式斗栱，采用深灰色铝合金；局部门窗处采用铝合金宋式格栅窗；沿上塘河侧的初中部采用宋式栏杆做法；体艺馆与图书馆外侧采用折形多孔铝板，既现代又有古韵。

设计感悟 “上塘河上烟雨濛，黄鹤山下青云悠。”昔时五云星桥跨上塘河，以桥而得名的星桥，周边一带原有临平湖，历史悠久、人文荟萃。追本溯源，设计师在设计策略上始终贯穿对地域特质的回应、提炼，从建筑和场所的历史文脉关系中挖掘，因地制宜打造符合时代气质的学校，并与学校育人理念目标结合为一体。好的设计源于对场所精神的真实表达，是回眸文脉与展望未来的最佳结合体。

校园透视效果图（1）

停车配建计算表

项目	类别	教工人数或班级数或操场面积		配建指标：机动车（个/100人、个/班、个/100m²）	配建指标：非机动车（个/100人、个/班）	应配数：机动车	应配数：非机动车
初中	教工	教工人数 64	师生人数 945	20	60	13.0	606.0
	家长接送	21		1.2	2	26.0	42.0
	配建合计					39	648
小学	教工	128		20	30	26.0	39.0
	家长接送	42		1.8	3	76.0	126.0
	配建合计					102	165
公共停车位		12400		2.5	/	310	0
合计	应建合计					451	813
	实配					466(满足)	818(满足)

机动车统计表格

项目	普通机动车	充电车位	无障碍车位	实配车位	应配车位
学校接送车位	101	0	1	102	102
学校教工停车位	23	14	2	39	39
社会公共停车位	271	49	5	325	310
总　　计	395	63	8	466	451
大巴车位				3	3

主要经济技术指标

序号		项目	数量	单位	备注
1		总用地面积	63417	m^2	
2		总建筑面积	82871.31	m^2	
其中		地下建筑面积(含人防)	23945.66	m^2	
		地上建筑面积	58925.65	m^2	
	其中	1#初中部教学楼（含图书馆）	10746.16	m^2	
		2#初中部综合楼	10465.10	m^2	
		3#小学部综合楼	10140.28	m^2	
		4#食堂体艺楼	7479.61	m^2	
		5#小学部教学楼	13132.28	m^2	
		6#艺术会议中心	2473.00	m^2	
		5G汇聚机房	100	m^2	
		过街连廊	749.20	m^2	红线外不计入容积率
		门卫门斗	249.17	m^2	
		架空活动区	3390.85	m^2	
3		建筑占地面积	18459.99	m^2	
4		容积率	0.93		
5		建筑密度	29.11	%	
6		绿地率	35.0	%	
7		班级数	63	班	小学42班、初中21班
8		学生数	2835	人	45人/班
9		教职工人数	192	人	
10		机动车停车位数	473	辆	
其中		临时大客车位	3	辆	地上(折算为7辆)
		地下车库停车位	466	辆	地下
	其中	教职工机停车位	39	辆	地下
		学生接送停车位	102	辆	地下
		社会停车位	325	辆	地下
11		非机动车位数	818	辆	
12		围墙总长度	1455	米	

总平面图

校园鸟瞰效果图

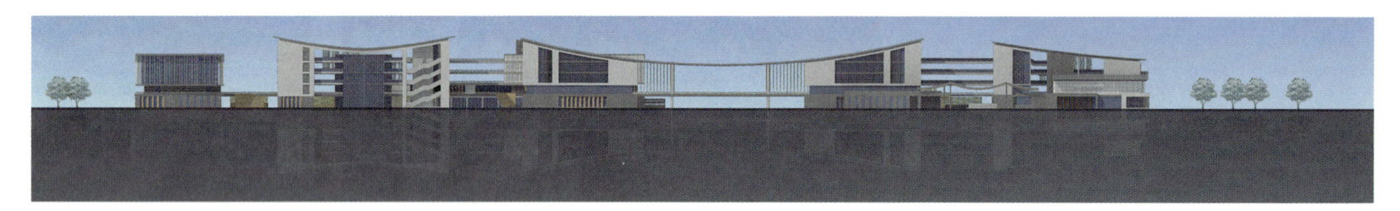

校园西立面图

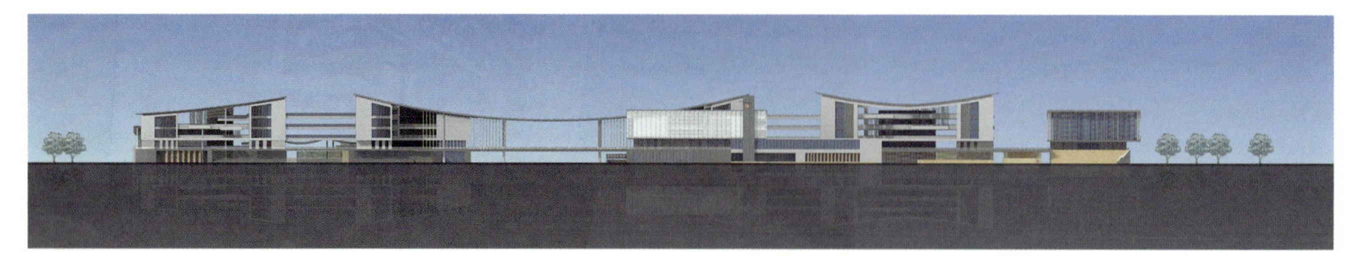

校园东立面图

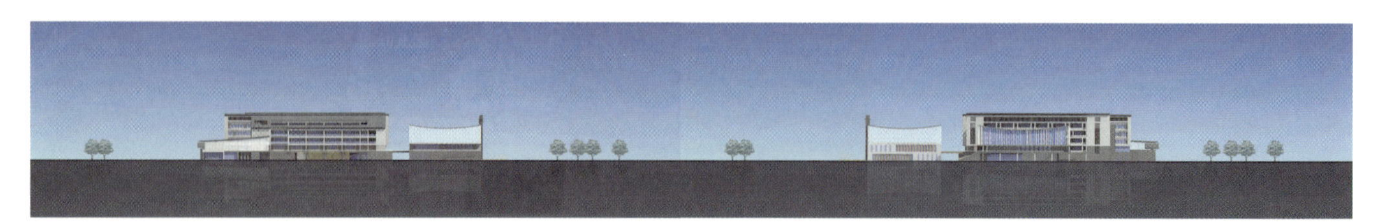

校园南立面图　　校园北立面图

校园透视效果图（2）

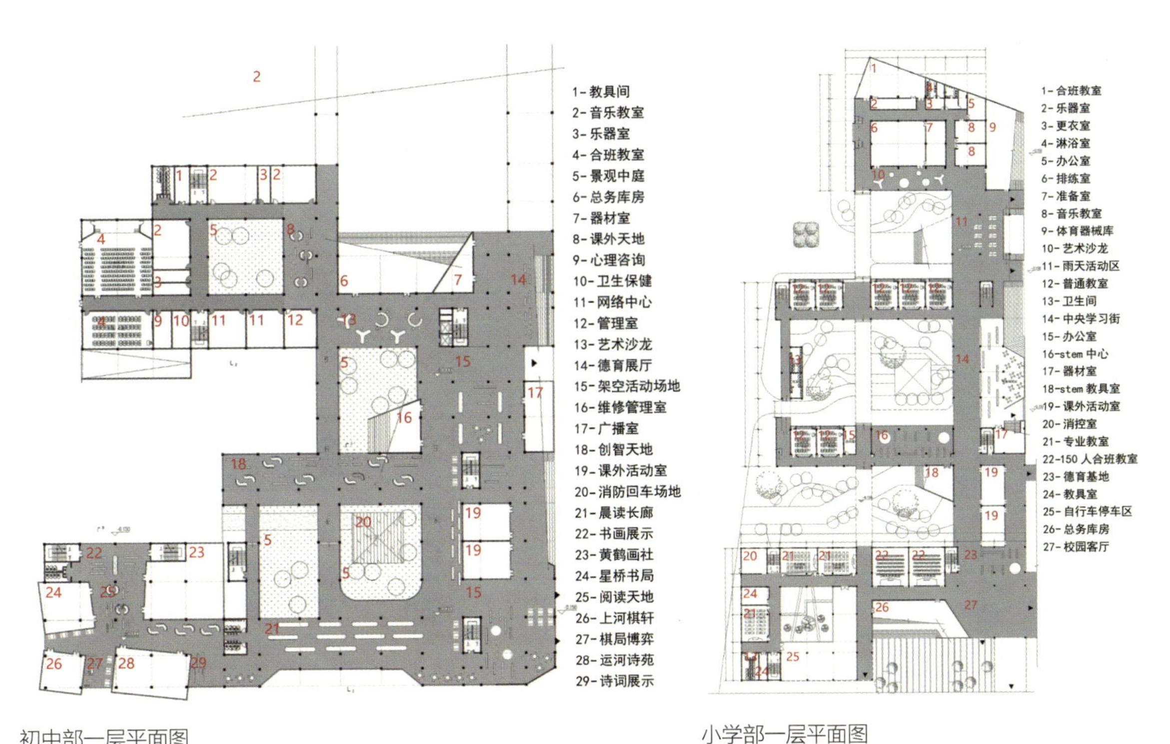

初中部一层平面图

小学部一层平面图

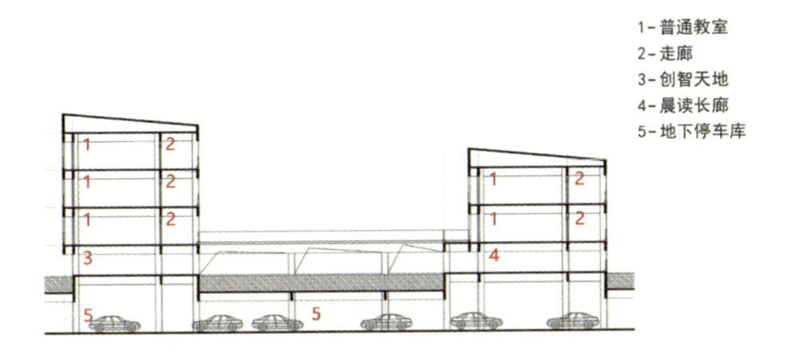

初中部剖面图

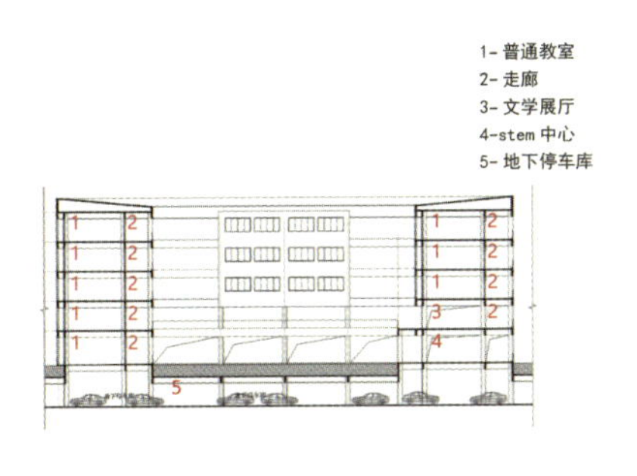

小学部剖面图

校园透视效果图（3）

校园透视效果图（4）

校园透视效果图（5）

青川职业高级中学

项目地点 四川省广元市青川县
设计时间 2009 年 8 月
竣工时间 2010 年 8 月
用地面积 71451m^2
建筑面积 50445m^2
班级规模 30 班，共 1500 人

总体布局 设计沿主入口形成主控制轴线，依次是校前广场、中心广场及学术广场，并以轴线为中心布局学校的三大功能区。其中，教学区位于西侧，最大限度远离东面的铁路及规划的污水处理厂；运动区位于东南侧，它有效阻隔城市道路对校园的干扰；生活区则位于教学区与运动区两者之间。行政图书楼是学校的视觉控制中心和标志性建筑，其西北侧为教学楼、实训楼和连廊。而院落式设置的教学实训楼则方便各楼联系。

空间组织 若干组建筑围合成不同的空间，形成序列并构成空间的节奏与韵律。入口中心广场作为空间联系纽带具有向心、内聚的作用，它使有限的空间变得无限的开阔，而教学区与宿舍区的院落空间又使得校园具有亲切、宁静、曲折与变化之感。

造型材料 建筑造型设计注重各角度的景观效果，同时关注第五立面和城市界面等。建筑以青灰色和白色为主基调，在现代建筑语汇中融入江南韵味。风雨操场主要体现建筑的运动美和现代感。建筑整体上体现了学校的文化底蕴与时代特色，并注重总体与局部的和谐统一。对宿舍楼进行节能设计，其余建筑按《公共建筑节能设计标准》GB 50189—2015 设计。屋面采用保温隔热处理，窗户采用双层中空玻璃，外墙采用保温砂浆等措施以满足相关规范对围护结构的要求。

设计感悟 尊重历史文脉，弘扬人文文化：在日益注重环境保护和可持续发展的今天，“天人合一”的中国传统文化思想随着时代的变迁而有了新的意义，特别是其地域中所蕴含的浓郁文化积淀；

尊重自然生态，营造秀美校园：引入周边水体自然景观，将校园整体融入区域景观，使新建的学校具有自然的文化气质，拥有宁静秀美的校园环境；

教学融入绿色，彰显建筑格调：优美的基地环境和物候条件为建筑形态的塑造奠定了良好的基础，精心雕琢建筑单体，既将学习、运动、生活各功能区相互紧密联系，又将建筑形体与景观有机结合。单体不仅追求体量的逻辑、美感，也对细部进行了精致的刻画。

校园效果图（1）

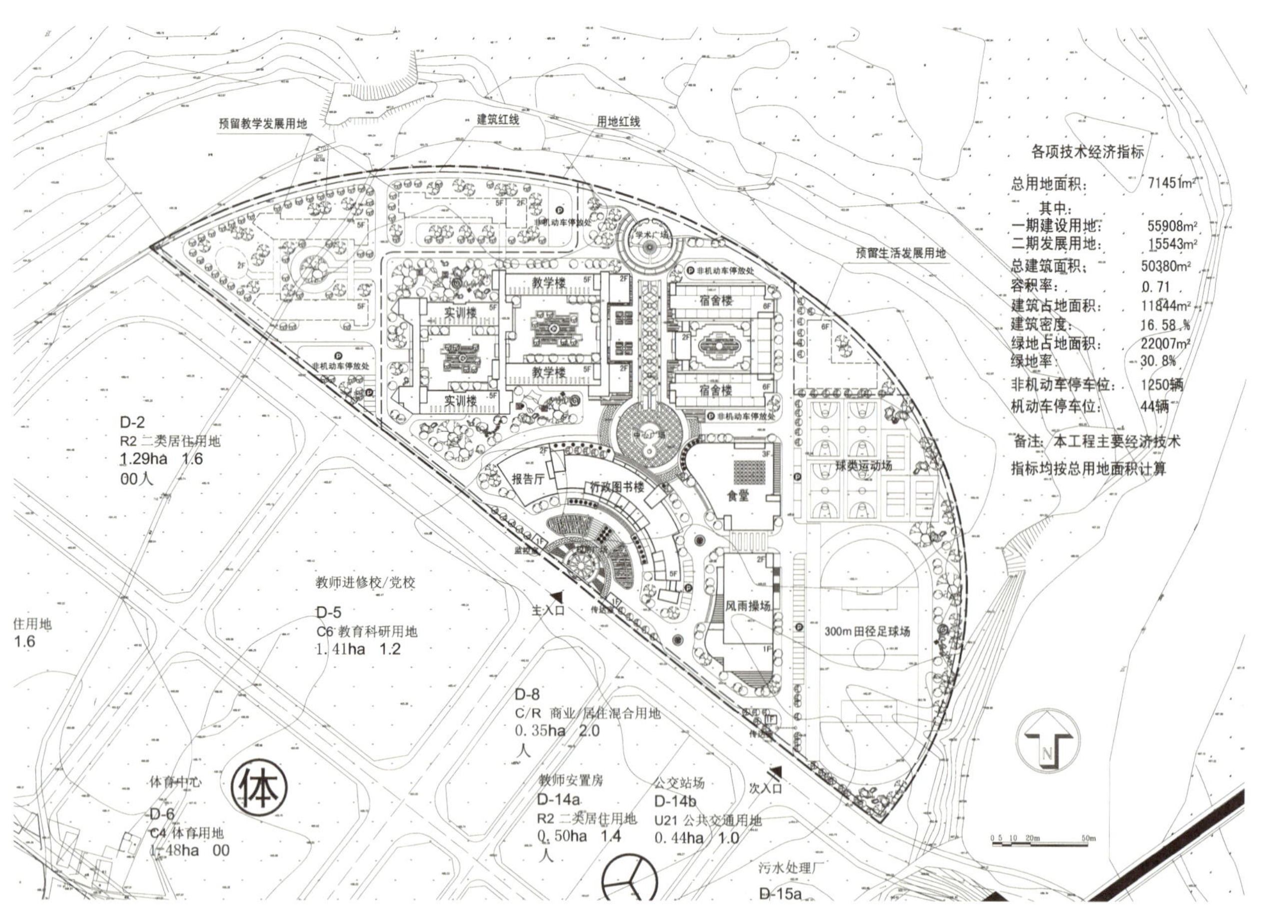

校园总平面图

校园鸟瞰图

校园效果图（2）

现场照片（1）

现场照片（2）

现场照片（3）

现场照片（4）

现场照片（5）

现场照片（6）

现场照片（7）

现场照片（8）

兰溪市职业技能培训基地

项目地点 浙江省金华市
用地面积 60199m²
建筑面积 56005m²
班级规模 48 班

总体布局 校园以“梦舞台”多功能会议中心为核心。前广场设置于南侧华丰路中部，以人行道为主，内凹形成礼仪性广场。靠近体艺馆侧设置机动车入口及 60 个机动车停车位，以方便家长早上送学生上学时临时停靠，而傍晚家长接学生则可由体艺馆北侧地下车库入口进入地下校园月台去休息等候，避免地面道路拥挤。教工停车及后勤入口则由北侧规划道路进入。学校总体上形成“中人西车”的分隔方式，以保证师生安全。校前广场之东西两侧如大雁环抱，其中东侧为专教综合楼，西侧为行政楼和体艺馆，中间为校园客厅。教学区布局于场地的东侧，这里有着良好的兰江景观。后勤食堂及教工宿舍则布置于场地的北侧，通过景观水池和树林与南侧教学楼分隔开。

景观组织 校园整体景观由北向南，由东及西依次布置校前广场、校园客厅、李渔戏苑、诸葛智院、伊山别院、枫山书院，再到兰溪棹歌。方案以多功能会议中心为学校的视觉中心并形成校园舞台。舞台位于艺术会议中心的东侧，其背景墙可以打开，室内外均可同时观看，它已成为整个校园景观的核心。各个庭院结合原有湿地环境，并依地势叠石理水，从而营造人文与自然融为一体的校园环境。师生们在此可以静思、悟道、清谈与挥毫。

校园效果图（1）

校园鸟瞰图（1）

校园鸟瞰图（2）

校园效果图（2）

校园效果图（3）

武义县职业技术学校

项目地点 浙江省金华市武义县
用地面积 344150m^2
建筑面积 210000m^2
班级规模 48 班

设计理念 田园书院——一座拥有超级田园与活力溪谷的生态书院

为保留场地的乡土记忆，设计通过合理布局形成了位于校区中央的超级田园，这不仅为校园发展提供更多的可能性，而且还成了整个校区的中央花园与“绿肺”。设计师利用天然高差来组织建筑群落并形成层叠起伏的天际线。此外，利用场地水系打造连通校园南北的活力溪谷，在分割两个校区的同时，又与超级田园相融合，从而形成了景色优美的日常生活与学习动线。

书香文脉——以门为迎，以轴为礼，以院为学，以庭为趣

以中式传统的书院文化为蓝本，营造以门为迎、以轴为礼、以院为学、以庭为趣的校园空间。

复合校园——复合多变，校社共享

教学区与宿舍区均采用书院式布置，在教学空间内融入交流空间、休憩空间和阅读空间；而在住宿空间内又融入自习空间、活动空间和轻餐空间，从而将教学区与宿舍区打造成功能复合、空间多变的现代书院模式，以此改变传统宿舍和教学区功能单一的特点，使课外学习交流延伸到学生的生活中。此外，将剧院与中职体育馆打造为校舍共享模式，通过独立出入口和管控卡口，实现分时向社会开放。

整体规划 一心——超级田园核心

向日葵与油菜花在永农地块实行两季混播，以实现对永农地块的合理保护和利用。同时，它又与茶田景观融合，为师生提供了一个可以亲近自然、追寻乡土记忆的中央公园。

两轴——校园学术中轴

两个学校分别用东西向和南北向的学术轴线打造校园的空间秩序。

一谷——生态活力溪谷

运用景观水系分隔中职与高职校区，并以学智桥相互联系。为丰富学生的课余生活，在溪谷中设置学生街、漫步道、水畔舞台等设施。

设计感悟 设计师希望创造一个在生活中包容学习研究、在学习中渗透休闲交往的校园，真正把学生从宿舍、教室“请”出来，以模糊教室内外分界线，并通过大量非正式教学空间将学习讨论带到校园的各个地方，从而为学生打造一个具有乡土记忆、生态和谐的书院式校园。

校园鸟瞰图（1）

校园效果图（1）

校园鸟瞰图（2）

校园效果图（2）

校园效果图（3）

杭州聋人学校

项目地点 浙江省杭州市
设计时间 2005 年 3 月
竣工时间 2007 年 6 月
用地面积 66666.67m^2
建筑面积 35000m^2
班级规模 54 班

背景介绍 杭州聋人学校创建于1931年，是浙江省历史最悠久、办学规模最大的聋人教育学校。新校区用地100亩（6.67hm^2），总建筑面积35000m^2，规模54班（每班定额14名学生），涵盖学前教育、小学、初中、普高和职高各学龄阶段，是一所寄宿制综合性特殊教育学校。

总体布局 校园总体布局沿南北纵向空间序列展开，将入口广场、校前区广场、中心广场和生活区广场等依次串联起来，构成舒展流畅的空间主轴序列。

空间组织 各建筑单体围绕空间序列分布，主要有学前教育楼、小学教学楼、初高中普通教学楼、专用教学楼、公共教学楼、风雨操场及康复训练楼、报告厅、食堂及学生（教工）宿舍、行政综合楼等。

造型材料 建筑形态吸取江南地方风格，双坡屋顶，错落有致，形成丰富的天际线。建筑色彩以暖灰色为主调，灰白与赭红色面砖相间，立面造型清新隽秀，温润雅致。

设计感悟 杭州聋人学校下沙新校区于2007年9月开学，正式投入使用。回顾设计历程，始终以对聋人的人文关怀为主线，以温馨和谐的情感表达为基调，渗透在校园空间塑造和建筑形态的细节之中，使杭州聋人学校成为全国特殊教育领域的展示窗口。

校园鸟瞰图

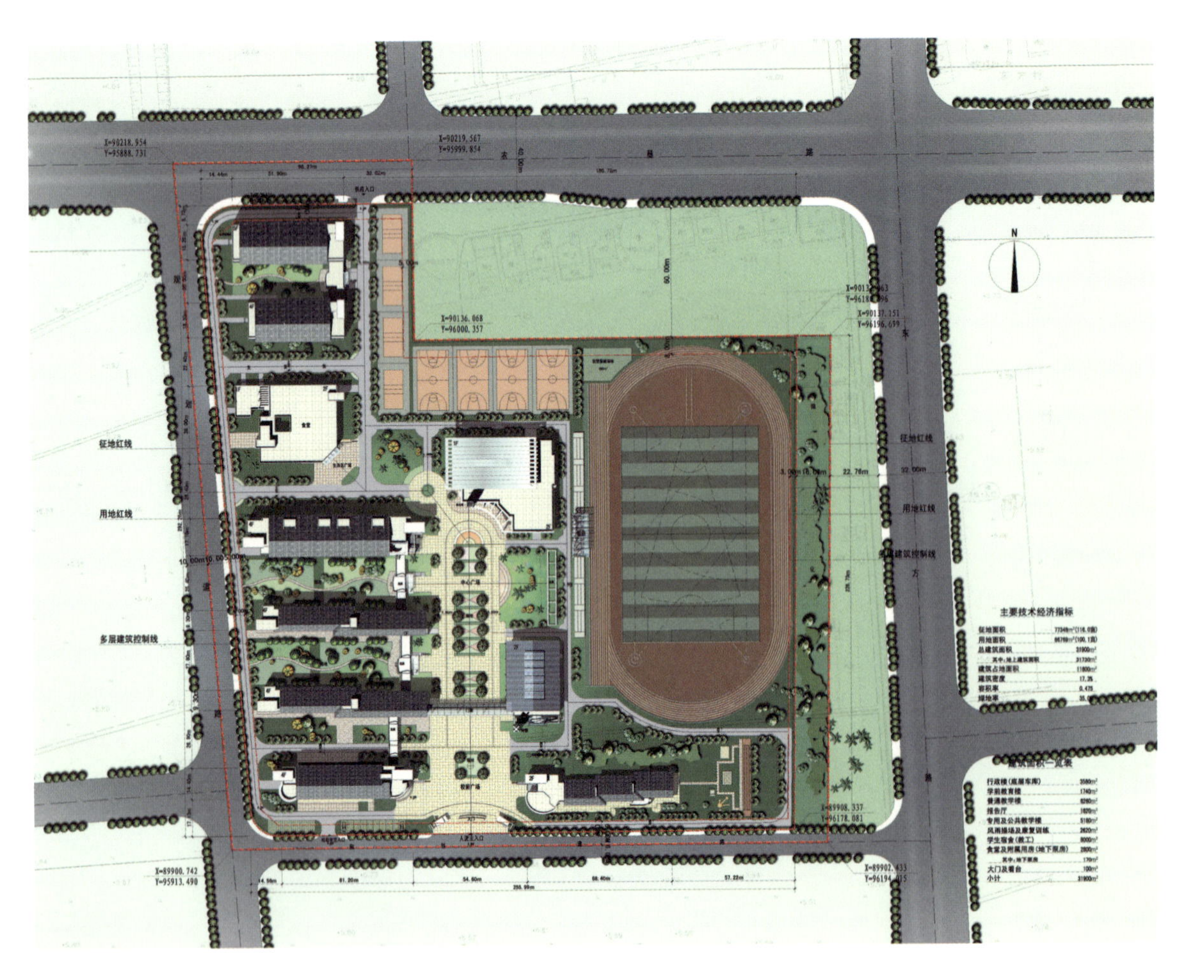

校园总平面图

校园现状图（1）

校园现状图（2）

校园现状图（3）

校园现状图（4）

校园现状图（5）

校园现状图（6）

校园现状图（7）

校园现状图（8）

体艺楼南立面图

参考文献

[1] 中华人民共和国住房和城乡建设部. 中小学设计规范：GB 50099—2011［S］. 北京：中国建筑工业出版社，2010.

[2] Jorm A F，Barney L J，Christensen H，et al. Research on Mental Health Literacy: What we know and what we Still Need to know[J]. Australian and New Zealand Journal of Psychiatry，2006，40(01): 3-5.

[3] Shoemaker B J E. Integreted education: a curriculum for the twenty-first century[J]. Oregon School council Bulletin，1989，33 (02): 1-46.

[4] 百度百科. 走班制［EB/OL］.［2023-04-18］. https://baike.baidu.com/item/%E8%B5%B0%E7%8F%AD%E5%88%B6.

[5] 曹华娟. 基于心理发展规律视角的中学地理教材图像系统评价及优化研究——以湘教版必修二为例［D］. 湘潭：湖南科技大学，2019.

[6] 陈骏峰. 基于“接送需求”的中小学地下集散空间设计研究［D］. 杭州：浙江大学，2021.

[7] 陈晓宇. 教育公平与中小学布局研究［R］. 北京：北京大学基础教育中心，2020.

[8] 陈永金. 新的学期怎能以悲剧开始?［EB/OL］.（2014-09-02）［2023-04-18］. https://blog.sciencenet.cn/blog-200380-824229.html.

[9] 褚成霞. 高中生物高效课堂教学研究［C］. 中国教育学会基础教育评价专业委员会2017年专题研讨会论文集. 2017：677-678.

[10] 戴莉芳. 基于儿童心理学的小学室内教学空间设计研究［D］. 桂林：广西师范大学，2020.

[11] 范钦锋. 基于教育社会性的中小学教学空间组织［D］. 南京：东南大学，2021.

[12] 杜惠洁，舒尔茨. 德国跨学科教学理念与教学设计分析［J］. 全球教育展望，2005，34（08）：28-32.

[13] 关于进一步做好小学升入初中免试就近入学工作的实施意见［J］. 基础教育参考，2014（05）：3-4.

[14] 郭亨杰主编. 童年期发展心理学［M］. 南京：南京大学出版社，2000：291.

[15] 国家中长期教育改革和发展规划纲要（2010—2020年）［N］. 人民日报，2010-07-30（013）.

[16] 国务院. 国务院关于印发汶川地震灾后恢复重建总体规划的通知 国发〔2008〕31号［EB/OL］.（2008-09-24）［2023-04-16］. http://www.gov.cn/zhengce/content/2008-09/24/content_6121.htm.

[17] 国务院. 国务院关于印发玉树地震灾后恢复重建总体规划的通知国发〔2010〕17号［EB/OL］.（2010-06-09）［2023-04-16］. http://www.gov.cn/zhengce/content/2010-06/13/content_5598.htm.

[18] 国务院办公厅. 关于印发发达省（市）对口支援四川云南甘肃省藏区经济社会发展工作方案的通知 国办发〔2014〕41号［EB/OL］.（2014-08-23）［2023-04-16］. http://www.gov.cn/zhengce/content/2014-08/23/content_9044.htm.

[19] 国务院关于加快发展民族教育的决定［J］. 中华人民共和国国务院公报，2015，No.1528（25）：25-32.

[20] 国务院关于支持汶川地震灾后恢复重建政策措

施的意见［J］．中华人民共和国国务院公报，2008（19）：7-14.

[21] 国务院关于做好汶川地震灾后恢复重建工作的指导意见［J］．中华人民共和国国务院公报，2008（20）：4-7.

[22] 韩笑，石岱青，周晓文，等．认知训练对健康老年人认知能力的影响［J］．心理科学进展，2016，24（06）：909-933.

[23] 杭州市教育局．2019杭州教育年鉴［EB/OL］．（2020-12-31）［2023-04-16］．https://edu.hangzhou.gov.cn/art/2020/12/31/art_1228971565_49669359.html.

[24] 杭州市教育局．2022年杭州市小学毕业生升学操作政策问答［EB/OL］．（2022-07-08）[2023-04-16]. https://www.hhtz.gov.cn/art/2022/7/8/art_1229506924_4066247.html.

[25] 杭州市教育局．关于2020年杭州市区各类高中招生工作的通知 杭教基〔2020〕3号［EB/OL］．（2020-05-08）［2023-04-16］．https://edu.hangzhou.gov.cn/art/2020/5/8/art_1228921851_42850454.html.

[26] 杭州市教育局．关于进一步推进杭州市高中阶段学校考试招生制度改革的实施意见 杭教基〔2019〕3号［EB/OL］．（2019-4-3）[2023-04-16]. https://edu.hangzhou.gov.cn/art/2019/4/3/art_1229360236_1612631.html.

[27] 杭州市教育局．关于印发杭州市教育改革和发展“十三五”规划的通知［EB/OL］．（2021-05-18）［2023-04-16］．https://edu.hangzhou.gov.cn/art/2021/5/18/art_1229424802_3872784.html.

[28] 杭州市教育局．关于做好2020年义务教育阶段学校招生入学工作的通知［EB/OL］．（2020-05-12）［2022-09-06］．http://edu.hangzhou.gov.cn/art/2020/5/12/art_1228921851_42919186.html.

[29] 杭州市教育局．杭州市教育局关于做好2020年义务教育阶段学校招生入学工作的通知［EB/OL］．（2020-05-12）［2023-04-18］．https://edu.hangzhou.gov.cn/art/2020/5/12/art_1228921942_42919195.html.

[30] 何健翔，蒋滢．走向新校园：高密度时代下的新校园建筑［R］．深圳：深圳市规划和自然资源局，2019.

[31] 何心勇．民办教育发展的回顾与思考［J］．许昌学院学报，2013，32（04）：140-142.

[32] 黄珉珉．心理学［M］．合肥：中国科学技术大学出版社，1995：45.

[33] 黄小梅．规训与教化——基于教育目的的研究［D］．广州：华南师范大学，2012.

[34] 加拿大留学和移民有限公司．加拿大小学生混班教学是利是弊?［EB/OL］．（2015-10-12）［2022-09-06］．https://www.canadaae.net/zhonghenews/2256.html.

[35] 江净帆．小学全科教师的价值诉求与能力特征［J］．中国教育学刊，2016（04）：80-84.

[36] 姜沂林．伦理学视角下的未成年人犯罪问题研究［D］．曲阜：曲阜师范大学，2015.

[37] 教育部 发展改革委 财政部 卫生健康委 市场监管总局．教育部等五部门关于全面加强和改进新时代学校卫生与健康教育工作的意见 教体艺〔2021〕7号［EB/OL］．（2021-08-02）［2023-04-28］．http://www.gov.cn/zhengce/zhengceku/2021-09/03/content_5635117.htm.

[38] 教育部．2018年全国教育事业发展统计公报[EB/OL]．（2019-07-24）［2023-04-16］．http://www.moe.gov.cn/jyb_sjzl/sjzl_fztjgb/201907/t20190724_392041.html.

[39] 教育部．2020年全国教育事业发展统计公报［EB/OL］．（2021-08-27）［2023-04-16］．http://www.moe.gov.cn/jyb_sjzl/sjzl_fztjgb/202108/t20210827_555004.html.

[40] 教育部．关于进一步做好小学升入初中免试就近入学工作的实施意见 教基一〔2014〕1号［EB/OL］．（2014-01-14）［2023-04-16］．http://www.gov.cn/gongbao/content/2014/content_2679352.htm.

[41] 教育部．教育部关于印发《中小学心理健康教育指导纲要（2012年修订）》的通知 教基一〔2012〕15号［EB/OL］．（2012-12-07）［2023-04-16］．http://www.gov.cn/

zwgk/2012-12/18/content_2292504.htm.

[42] 教育部办公厅．教育部办公厅关于加强学生心理健康管理工作的通知 教思政厅函〔2021〕10号［EB/OL］.（2021-07-12）［2023-04-18］. http://www.moe.gov.cn/srcsite/A12/moe_1407/s3020/202107/t20210720_545789.html.

[43] 教育部办公厅．教育部办公厅关于征求对《关于“十三五”期间全面深入推进教育信息化工作的指导意见（征求意见稿）》意见的通知［EB/OL］.（2015-09-02）［2023-04-18］. http://www.moe.gov.cn/srcsite/A16/s3342/201509/t20150907_206045.html.

[44] 教育部发展规划司．中国教育统计年鉴2015［G］．北京：中国统计出版社，2016.

[45] 教育部发展规划司．中国教育统计年鉴2016［G］．北京：中国统计出版社，2017.

[46] 教育部发展规划司．中国教育统计年鉴2017［G］．北京：中国统计出版社，2018.

[47] 教育部发展规划司．中国教育统计年鉴2018［G］．北京：中国统计出版社，2019.

[48] 教育部发展规划司．中国教育统计年鉴2019［G］．北京：中国统计出版社，2020.

[49] 教育部发展规划司．中国教育统计年鉴2020［G］．北京：中国统计出版社，2021.

[50] 教育部关于印发《教育信息化“十三五”规划》的通知［J］．中华人民共和国教育部公报，2016（Z2）：46-52.

[51] 教育部学校规划建设发展中心.我国基础教育发展现状与政策走向［EB/OL］.（2020-05-19）［2022-09-06］. https://www.csdp.edu.cn/article/6105.html.

[52] 蓝冰可，董灏．北大附中朝阳未来学校改造项目［J］．建筑学报，2018（06）：50-55.

[53] 赵亮．建筑设计与场地层面环境［D］．合肥：合肥工业大学，2006.

[54] 李惠民．上海交通港航干部教育培训工作的思考［J］．城市公用事业，2010，24（02）：37-38+44.

[55] 李明，潘福勤．AQAL模型及其心理学方法论意义［J］．医学与哲学（人文社会医学版），2008（01）：37-39.

[56] 李萍．“走班制”十字路口的冷思考［N］．中国教育报，2015-11-12（006）.

[57] 李帅超．城乡义务教育一体化研究［D］．郑州：郑州大学，2016.

[58] 历年素质教育政策回顾［J］．西部素质教育，2015（01）：1-2.

[59] 罗琴．教育心理学研究领域转化的轨迹、原因及启示［J］．扬州大学学报（高教研究版），2004（01）：38-40.

[60] 朱宇．北京市中心城区高密度城市环境下小学校园空间拓展设计策略研究［D］．北京：北京交通大学，2022.

[61] 马程宏．学区划分的法律程序研究［D］．温州：温州大学，2021.

[62] 8+1建筑联展［J］．世界建筑导报，2021，36（01）：48-64.

[63] 肖毅强，邹艳婷，肖毅志．叠园：营造高密度都市的课间乐园——深圳市福田区新洲小学设计思考［J］．建筑学报，2021（03）：27-34.

[64] 宋琪．被动式建筑设计基础理论与方法研究［D］．西安：西安建筑科技大学，2015.

[65] 刘延川，王振飞．顺势而为——中新生态城滨海小外中学部设计对谈［J］．建筑学报，2015（04）：58-65.

[66] 高密度之上的构想深圳红岭实验小学［J］．室内设计与装修，2020（02）：52-57.

[67] 董屹，何一雄．基础教育教学模式转型下校园建筑空间公共性图解研究［J］．城市建筑，2016（01）：34-37.

[68] 庞海芍．素质教育/通识教育在中国的实践历程与未来发展［J］．教学研究，2022，45（02）：1-9.

[69] 彭红超，祝智庭．深度学习研究:发展脉络与瓶颈［J］．现代远程教育研究，2020，32（01）：1-10.

[70] 曲连坤，傅荣，王玉霞.第三部分 中小学生心理特点与心理健康教育 第二讲 中小学生情感、个性发展特点及品德、社会发展特点［J］．中小学心理健康教育，2002（08）：33-35.

[71] 任艳．中学生心理特征与提高生物教学有效性的研究［D］．上海：上海师范大学，2013.

[72] 药志伟．当代城市小学活动场所竖向空间设计

研究［D］．长沙：湖南大学，2016.
[73] 荣维东．美国教育制度的精髓与中国课程实施制度变革——兼论美国中学的“选课制”“学分制”“走班制”［J］．全球教育展望，2015，44（03）：68-76.
[74] 史建．建筑还能改变世界——北京四中房山校区设计访谈［J］．建筑学报，2014（11）：1-5.
[75] 董屹，邹天格．宁波赫威斯肯特学校（一期）［J］．城市建筑，2018（10）：84-89.
[76] 苏婷．伴随改革开放而来的教育和社会变革［N］．中国教育报，2008-11-05（004）.
[77] 苏笑悦，陶郅．综合体式城市中小学校园设计策略研究［J］．南方建筑，2020（01）：73-80.
[78] 苏笑悦．适应教育变革的中小学教学空间设计研究［D］．广州：华南理工大学，2020.
[79] 唐文韬．基于STEAM教育理念的中学阶段教学空间环境模式研究［D］．西安：西安建筑科技大学，2020.
[80] 王捷，Ilan Katz，岳经纶．素质教育政策、新自由主义与影子教育在中国的兴起［J］．中国青年研究，2021（07）：110-119.
[81] 王琨．开放式教育理念下小学公共空间设计研究［D］．大连：大连理工大学，2021.
[82] 王文静．情境认知与学习理论:对建构主义的发展［J］．全球教育展望，2005（04）：56-59+33.
[83] 王义遒．素质教育：回顾与反思［J］．北京大学教育评论，2019，17（04）：58-74+185-186.
[84] 陈宇青．结合气候的设计思路——生物气候建筑设计方法研究［D］．武汉：华中科技大学，2005.
[85] 温凯．“全课程”背景下的包班制班级建设［J］．教育理论与实践，2018，38（23）：25-27.
[86] 习近平．决胜全面建成小康社会，夺取新时代中国特色社会主义伟大胜利——在中国共产党第十九次全国代表大会上的报告［J］．党建，2017（11）：15-34.
[87] 新学说Hans.从鼓励到规范、限制，中国民办教育发展三十年［EB/OL］.（2021-09-22）［2022-09-06］．https://www.sohu.com/a/482441722_380485.
[88] 熊睿．基于小学生心理发展特点的小学音乐欣赏教学研究［D］．长沙：湖南师范大学，2019.
[89] 许政援，沈家鲜等编著．儿童发展心理学［M］．长春：吉林教育出版社，1987.
[90] 严文清．素质教育的历史演进及价值探析［J］．学校党建与思想教育（上半月），2008（02）：8-11.
[91] 谢娜．长沙市绿色中小学教学楼适宜技术研究［D］．长沙：湖南大学，2017.
[92] 严晓丽．基于音乐活动的小学心理健康教育校本课程开发研究——以上海市P小学为例［D］．上海：上海师范大学，2018.
[93] 杨兆山，时益之．素质教育的政策演变与理论探索［J］．教育研究，2018，39（12）：18-29+80.
[94] 房涛，李洁，王崇杰，等．能耗导向下的性能化设计方法研究与实践——山东建筑大学超低能耗教学实验楼设计［J］．新建筑，2020（4）：76-80.
[95] 王崇杰，刘薇薇．中小学绿色校园研究［J］．中外建筑，2013（08）：50-53.
[96] 王媛媛．适应学生成长的小学校园空间设计研究［D］．南京：南京工业大学，2016.
[97] 尹英．STEM教育：迎接变革时代新浪潮［N］．社会科学报，2020-10-29（001）.
[98] 于国文，曹一鸣．跨学科教学研究：以芬兰现象教学为例［J］．外国中小学教育，2017（07）：57-63.
[99] 张春兴．教育心理学［M］．杭州：浙江教育出版社，2005.34-45.
[100] 张佳晶．高目设计过的K-12［R］．上海：北京中外友联建筑文化交流中心，等，2019.
[101] 张振辉．从概念到建成：建筑设计思维的连贯性研究［D］．广州：华南理工大学，2017.
[102] 浙江省教育厅．浙江省教育厅关于进一步规范义务教育阶段公办学校学区划分调整和招生入学工作的意见 浙教基〔2018〕19号［EB/OL］.（2018-03-22）［2023-04-16］．http://jyt.zj.gov.cn/art/2018/3/22/art_1229106823_609412.html.
[103] 浙江省人民政府.浙江省人民政府关于统筹推进县域内城乡义务教育一体化改革发展的实施意

见 浙政发〔2017〕25号［EB/OL］.（2017-06-29）［2023-04-16］. https://www.zj.gov.cn/art/2017/7/3/art_1229017138_64617.html.
[104] 浙江省人民政府办公厅. 浙江省人民政府办公厅关于规范农村义务教育学校布局调整的实施意见 浙政办发〔2013〕32号［EB/OL］.（2013-06-14）［2023-04-16］. https://www.zj.gov.cn/art/2013/6/14/art_1229400468_59052880.html.
[105] 智谷趋势. 砍掉一半招生名额! 中国教育格局大洗牌，民办学校到底做错了什么?［EB/OL］.（2021-08-10）［2022-09-06］. https://xw.qianzhan.com/analyst/detail/329/210810-e280dda1.html.
[106] 中共中央国务院关于深化教育改革全面推进素质教育的决定［J］. 中华人民共和国国务院公报，1999（21）：868-878.
[107] 中共中央国务院关于印发《中国教育改革和发展纲要》的通知［J］. 中华人民共和国国务院公报，1993（04）：143-160.
[108] 中共中央办公厅、国务院办公厅印发《加快推进教育现代化实施方案（2018—2022年）》［J］. 中华人民共和国教育部公报，2019（Z1）：6-8.
[109] 中共中央办公厅国务院办公厅印发《关于深化教育体制机制改革的意见》［J］. 中国民族教育，2017（10）：4-7.
[110] 中共中央关于教育体制改革的决定［J］. 中华人民共和国国务院公报，1985（15）：467-477.
[111] 中共中央关于进一步加强和改进学校德育工作的若干意见［J］. 人民教育，1994（10）：3-5+11.
[112] 中共中央国务院关于深化教育教学改革全面提高义务教育质量的意见［N］. 人民日报，2019-07-09（001）.
[113] 中共中央国务院印发《中国教育现代化2035》［N］. 人民日报，2019-02-24（001）.
[114] 中华人民共和国民办教育促进法［J］. 中华人民共和国国务院公报，2003（02）：5-9.
[115] 中华人民共和国民办教育促进法实施条例［J］. 中华人民共和国国务院公报，2004（14）：11-17.
[116] 朱洞风，王晓露，翟爱斌. 让优质教育资源普惠广大学生——西安市大学区制和小升初改革探讨［J］. 陕西教育（综合），2014（07）：71-74.
[117] 朱智贤. 儿童心理学［M］. 北京：人民教育出版社，2003：443.
[118] 叶楠. 中世纪西欧城市对14世纪文艺复兴的影响［D］. 呼和浩特：内蒙古大学，2008.
[119] 赵婧. 再识“作坊”美术教育——中世纪、文艺复兴时期的艺术教育机构［J］. 艺术教育，2006（11）：52+51.
[120] 马清运. 西方教育思想及校园建筑——新校园建筑溯源［J］. 时代建筑，2002（02）：10-13.
[121] 李曙婷，李志民，周昆，张婧. 适应素质教育发展的中小学建筑空间模式研究［J］. 建筑学报，2008（08）：76-80.
[122] 杨晴文. 基于“资源共享”模式的中小学建筑设计研究［D］. 深圳：深圳大学，2019.
[123] 张艳颖. 当代教育新理念下的中学建筑教育空间模式与设计探讨［D］. 杭州：浙江大学，2015.
[124] 卢程坤. 基于复合设计理念的中小学校园设计策略研究［D］. 南京：南京工业大学，2018.
[125] 王海洋. 我国当代城市新型小学校建筑空间设计初探［D］. 北京：中央美术学院，2018.
[126] 苏笑悦. 深圳中小学建筑环境适应性设计策略研究［D］. 深圳：深圳大学，2017.
[127] 周亚虹. 深圳近五年来中小学设计新趋势研究［D］. 深圳：深圳大学，2019.
[128] 陈丽爽. 深圳地区中学校园规划布局研究［D］. 北京：北京建筑大学，2018.
[129] 周崐，李曙婷，李志民，李玉泉.中小学校普通教学空间设计研究［J］. 建筑学报，2009（S1）：102-105.
[130] 张永. 西方教育学知识形态演进初探［D］. 上海：华东师范大学，2006.
[131] 袁朝晖，杨潇. “选课走班制”高中教学楼空间模式研究［J］. 西安建筑科技大学学报（自

然科学版），2020，52（03）：424-432.
[132] 陈天意．中小学校“教学街”设计研究与应用［D］．西安：西安建筑科技大学，2021.
[133] 付涵葳．高密度中小学校园设计策略研究［D］．深圳：深圳大学，2019.
[134] 伍一．新加坡教育改革背景下中小学设计理念研究及应用［D］．北京：清华大学，2015.
[135] 顾相刚．适应当代教育理念的小学教学空间设计研究［D］．成都：西南交通大学，2009.
[136] 高汝熹，周波．知识交易的经济特征［J］．研究与发展管理，2007（03）：69-77.
[137] 张雯，万秀兰．杜威教育目的论：辨析、评价与启示［J］．宁波大学学报（教育科学版），2022，44（06）：42-50.
[138] 闫秋月．从深圳“福田新校园行动计划”出发看当今中小学建筑公共空间设计［D］．昆明：昆明理工大学，2021.
[139] 袁雷庭．适应开放式教育的国际学校教学空间设计研究［D］．苏州：苏州科技大学，2017.
[140] 杨晴文．基于“资源共享”模式的中小学建筑设计研究［D］．深圳：深圳大学，2019.
[141] 李铁．“非学校化”进程中的学校设计研究［D］．北京：中央美术学院，2017.
[142] 陈永琪．武汉高密度城区中小学校园地下空间设计研究［D］．武汉：华中科技大学，2017.
[143] 庄梓涛．城市中小学地下空间综合利用设计研究［D］．广州：华南理工大学，2019.
[144] 张文东．北京市中小学校园地下空间设计研究［D］．北京：北京建筑大学，2020.
[145] 徐培超．基于接送行为的小学空间整合设计［D］．南京：东南大学，2018.
[146] 徐鹏聪．开放共享下的中小学体育馆及周边设施的优化设计研究［D］．大连：大连理工大学，2017.
[147] 王帅．高密度中小学校园的空间集约化设计研究［D］．济南：山东建筑大学，2022.
[148] 马晖．“没有班级”的学校：北京十一学校改革考［N］．21世纪经济报道，2014-4-29.
[149] 戴季瑜．我国走班制教学的类型与特点［J］．教学与管理（理论版），2016（04）：54-56.
[150] 姜平．“走班制”改革下的普通高中教学空间特点研究［D］．杭州：浙江大学，2018.
[151] 余炎宏．学校开展STEAM教育的几点思考［N］．浙江教育报．2019-5-31.
[152] 曲媛媛．模块化建筑空间设计的发展研究［D］．苏州：苏州大学，2009.
[153] 胡钦太，郑凯，林南晖.教育信息化的发展转型：从“数字校园”到“智慧校园”［J］．中国电化教育，2014（01）：35-39.
[154] 黄超，唐子蛟．基于云计算技术的智慧校园平台建设研究［J］．软件，2018，39（05）：27-30.
[155] 吴细花．智慧校园云平台的关键模块设计与实现［D］．长沙：湖南大学，2014.10.
[156] 黄荣怀，王运武，焦艳丽.面向智能时代的教育变革——关于科技与教育双向赋能的命题［J］．中国电化教育，2021（07）：22-29.
[157] 黄荣怀，张进宝，胡永斌，杨俊锋．智慧校园：数字校园发展的必然趋势［J］．开放教育研究，2012，18（04）：12-17.
[158] 吴正旺，王伯伟．大学校园规划的生态化趋势——华中农业大学校园规划［J］．新建筑，2003（06）：45-47.
[159] 郭臻．绿色校园设计策略初探［D］．上海：上海交通大学，2014.
[160] 涂慧君．大学校园整体设计［M］．北京：中国建筑工业出版社，2007.
[161] 王崇杰，杨倩苗，房涛，等．低碳校园建设［M］．北京：中国建筑工业出版社，2022.
[162] 杨柳．建筑气候分析与设计策略研究［D］．西安：西安建筑科技大学，2003.
[163] 李愉．应对气候的建筑设计——在重庆湿热山地条件下的研究［D］．重庆：重庆大学，2006.
[164] 陈斯莹．基于自然通风的教育建筑空间形态设计研究［D］．呼和浩特：内蒙古工业大学，2021.
[165] 梅洪元，张向宁，林国海.东北寒地建筑设计的适应性技术策略［J］．建筑学报，2011（09）：10-12.
[166] 王润生，刘慧君.浅析生态建筑因地制宜的发

展策略［J］．工业建筑，2011，41（10）：51-54+58.

[167] 边策．地形建筑的形态设计策略研究［D］．北京：北京工业大学，2010.

[168] 苗会平．高校教育建筑被动式太阳能利用设计理论研究［D］．郑州：中原工学院，2019.

[169] 周璐．集约化城市背景下中等职业学校规划设计——南京市玄武中专规划设计［D］．南京：东南大学，2018.

[170] 马文．内蒙古自治区农村牧区中等职业教育发展的问题与对策研究［D］．呼和浩特：内蒙古农业大学，2005.

[171] 王思远．中等职业学校制造业类实训楼空间适应性设计研究［D］．重庆：重庆大学，2016.

[172] 陈衡．中职校园规划策略研究［D］．广西：广西大学，2019.

[173] 金涛．职业技术学校新校区规划建筑设计探究［D］．西安：西安建筑科技大学，2015.

[174] 梁海岫．协同发展观念下的广东高等职业技术学院校园规划设计研究［D］．广州：华南理工大学，2009.

[175] 王晓勇．建筑工程专业实施“五年一贯制”人才培养模式的探索［J］．中国多媒体与网络教学学报（中旬刊），2020（02）：197-198.

[176] 余梦云．聋哑类特殊教育学校校园景观营建研究［D］．福州：福建农林大学，2012.

[177] 王晓瑄．特殊教育学校教学生活一体化单元设计研究［D］．广州：华南理工大学，2012.

[178] 朱捷．感官障碍类特殊教育学校景观交互设计研究［D］．徐州：中国矿业大学，2015.